"十二五"职业教育国家规划教材
经全国职业教育教材审定委员会审定
国家林业和草原局职业教育"十三五"规划教材

森林资源经营管理

（第3版）

管 健 主编

中国林业出版社
China Forestry Publishing House

图书在版编目(CIP)数据

森林资源经营管理/管健主编. — 3 版. —北京：中国林业出版社，2021.5(2025.3 重印)
"十四五"职业教育国家规划教材　国家林业和草原局职业教育"十三五"规划教材
ISBN 978-7-5219-1189-3

Ⅰ.①森…　Ⅱ.①管…　Ⅲ.①森林经营–高等职业教育–教材　Ⅳ.①S750

中国版本图书馆 CIP 数据核字(2021)第 102920 号

责任编辑：范立鹏　　　　　　　　　　责任校对：苏　梅
电　话：(010)83143626　　　　　　　传　真：(010)83143516

出版发行　中国林业出版社(100009　北京市西城区德内大街刘海胡同 7 号)
　　　　　E-mail:jiaocaipublic@163.com　电话:(010)83143500
　　　　　http://www.forestry.gov.cn/lycb.html
印　　刷　北京中科印刷有限公司
版　　次　2007 年 7 月第 1 版
　　　　　2021 年 6 月第 3 版
印　　次　2025 年 3 月第 5 次印刷
开　　本　787mm×1092mm　1/16
印　　张　18.5
字　　数　439 千字　数字资源：603 千字(拓展知识+典型案例 336 千字，教学课件 668 页 267 千字)
定　　价　60.00 元

数字资源

未经许可，不得以任何方式复制或抄袭本书之部分或全部内容。

版权所有　侵权必究

《森林资源经营管理》(第3版)
编写人员

主　编：管　健
副主编：廖彩霞　邢海涛　应启围
编　者：(按编写章节次序排列)
　　　　管　健　辽宁生态工程职业学院
　　　　王年锁　山西林业职业技术学院
　　　　廖彩霞　江西环境工程职业学院
　　　　何彦峰　甘肃林业职业技术学院
　　　　林小青　福建林业职业技术学院
　　　　李秀梅　湖北生态工程职业技术学院
　　　　亓兴兰　福建林业职业技术学院
　　　　程晓琳　辽宁生态工程职业学院
　　　　邢海涛　云南林业职业技术学院
　　　　应启围　广西生态工程职业技术学院
　　　　张秀峰　辽宁省林业调查规划监测院
主　审：王巨斌　辽宁生态工程职业学院

《森林资源经营管理》(第2版) 编写人员

主　　编：王巨斌

副 主 编：管　健

编　　者：(按姓氏笔画排序)

　　　　　王巨斌　王年锁　秦秀华　赵子忠

　　　　　管　健　吴林森　陈德成　廖彩霞

　　　　　胡忠庆　宋墩福

主　　审：秦学军

《森林资源经营管理》(第1版) 编写人员

主　　编：王巨斌

副 主 编：李云平　刘代汉

编　　者：(按姓氏笔画排序)

　　　　　王巨斌　刘代汉　李云平　何彦峰

　　　　　陈德成　胡宗庆　樊鸿章

第3版前言

在新时代职业教育的大改革、大发展背景下，国家加强教材管理体制的优化调整，职业教育教材建设工作迎来历史机遇期，政策保障进一步加强，建设环境进一步优化。教材建设要着力于赋予教材新定义，准确把握新定位，坚持类型特点；内容紧跟新发展，追踪产业升级；结构突出新编排，对标课程改革；呈现注重新形式，融汇信息技术。

我国林草事业的改革发展进入新时代，基本内涵更加丰富，森林经营理念不断更新。我们坚持绿水青山就是金山银山的理念，坚持山水林田湖草沙一体化保护和系统治理，生态文明制度体系更加健全。在全社会共同推动绿色发展、促进人与自然和谐共生的背景下，《中华人民共和国森林法》重新修订。本教材编写团队在认真贯彻落实《国家职业教育改革实施方案》基础上，紧密对接行业、专业发展和课程思政要求，结合行业、企业发展及校企深度合作模式，总结了《森林资源经营管理》（第2版）在使用过程中存在的问题，充分吸纳学生、教师和读者的意见和建议，结合职业教育改革和森林资源经营管理发展的需要进行重新修订和编写。本书在第2版总体框架基础上，在内容和结构上有大幅度的更新，在内容上注重吸收行业发展的新知识、新技术、新工艺、新方法；在结构上，在全面反映课程知识点和能力点的基础上，突出了使用者实践技能和实用技术的基本要求。

本教材编写坚持立德树人的总要求，落实课程思政要求，模式新颖，教材体现了高职特色，贯彻了"以服务为宗旨，以就业为导向"的职教方针，建立了以"工作项目为导向，用工作任务进行驱动，以行动体系为框架"的教材体系，有利于"教、学、做、研、创"的一体化教学；教材的各项目基于森林资源经营管理的工作过程按照模块进行优化重构，依据岗位对技能和知识的需求，突出对学生知识、能力和素质的培养，进一步完善教材的知识结构和能力结构体系，让学生完整体验森林资源经营管理工作的程序、内容和方法，有助于提高学生解决具体问题的能力；"工学结合"的职教特色突出，以二维码的形式植入工作成果典型案例，利用拓展训练完成双线并行的技能强化；教材的编写团队具有"校校联合"和"校企融合"的特点，提高了教材使用的宽度和广度。

本教材由管健担任主编，负责教材大纲设计、统稿、校稿和定稿工作；廖彩霞、邢海涛和应启围担任副主编，分别承担模块一、模块二、模块三的统稿和校稿工作。教材编写具体分工如下：管健编写课程导入、任务3.2、项目7，以及编制全书习题；工年锁编写项目1；廖彩霞编写项目2；何彦峰编写任务3.1；林小青编写项目4；李秀梅编写项目5；亓兴兰编写项目6；程晓琳编写项目8；邢海涛编写项目9；应启围编写项目10。辽宁生态工程职业学院王巨斌教授担任本教材的主审。辽宁省林业调查规划监测院的高级工程师

— 1 —

前言

张秀峰对教材的结构和编写层次提出了建设性意见，同时对教材内容进行了具体指导。

本教材在编写过程中得到了辽宁生态工程职业学院、辽宁省林业调查规划监测院的大力支持和协助，并参考引用了国内一些著作资料，再次特向上述单位和编著者表示谢意。同时，本书的编写也得到了中国林业出版社的大力支持，高兴荣编辑、范立鹏编辑为本书的出版付出了辛勤劳动，在此一并向所有帮助本书编写和出版的朋友表示诚挚的谢意。

由于作者水平有限，书中错误疏漏在所难免，诚盼广大读者在使用中批评指正。

管　健

2021年2月

第2版前言

森林资源经营管理是高等职业学校林业技术专业的核心专业课程。本教材的编写依据专业培养目标和课程教学标准、劳动和社会保障部林业职业技能鉴定标准和林业职业技能鉴定规范，同时根据课程的特点和当前高等职业学校的实际，吸收了近几年在林业科学研究和教学研究中的最新成果。

本教材编写模式新颖，教材体现了高职特色，贯彻了"以服务为宗旨，以就业为导向"的职教方针，建立了以"工作项目为导向，用工作任务进行驱动，以行动体系为框架"的教材体系，有利于"教、学、做"一体化教学；突出对学生森林资源经营管理思想、方法和能力的培养，教材的各项目按森林资源经营管理的工作过程进行编排，依据岗位对技能和知识的需求，重构教材的知识结构和能力结构体系，让学生完整体验森林资源经营管理工作的程序、内容和方法，有助于提高学生解决具体问题的能力；教材的编写团队具有"校校联合"和"校企融合"的特点，提高了教材使用的宽度和广度。

本教材编者的分工如下：辽宁林业职业技术学院王巨斌负责课程导入、项目1；山西林业职业技术学院王年锁负责项目2中的任务2.1、任务2.2、任务2.5；广西生态工程职业技术学院秦秀华负责项目2中的任务2.3、任务2.4；甘肃林业职业技术学院赵子忠负责项目3；辽宁林业职业技术学院管健负责项目4中的任务4.1、任务4.2、项目6；丽水职业技术学院吴林森负责项目4中的任务4.3、任务4.4；河南林业职业学院陈德成负责项目4中的任务4.5、任务4.6；江西环境工程职业学院廖彩霞负责项目5；福建林业职业技术学院胡宗庆负责项目7中的任务7.1、任务7.2、任务7.3；江西环境工程职业学院宋敦福负责项目7中的任务7.4、任务7.5。王巨斌任主编，负责统稿、定稿工作。管健任副主编，承担了教材的校稿工作和教材部分内容的统稿工作。辽宁省林业调查规划院教授级高工秦学军对教材的结构和编写层次提出了建设性意见，同时对教材内容进行了具体指导。

本教材在编写过程中得到了辽宁林业职业技术学院、辽宁林业调查规划院的大力支持和协助，并参考引用了国内一些编著及资料，在此特向上述单位和编著者表示感谢。

由于作者水平有限，书中错误疏漏在所难免，诚盼广大读者在使用中批评指正。

王巨斌
2014年1月

第1版前言

森林资源经营管理是高等职业学校森林资源类专业的骨干专业课程。本教材的编写依据了专业培养目标和课程教学大纲，依据课程的特点和当前高等职业学校的实际情况，吸收了近几年在林业科学研究和教学研究中的最新成果，同时，依据了劳动和社会保障部林业职业技能鉴定标准和林业职业技能鉴定规范。

本书编者的分工如下。王巨斌：绪论、第1单元；胡宗庆：第2单元、第6单元；李云平：第3单元、第4单元；樊鸿章：第5单元；陈德成：第7单元；何彦峰：第8单元；刘代汉：第9单元。王巨斌任本书主编，李云平、刘代汉任副主编。王巨斌负责统稿、定稿工作。

本书是高等职业学校森林资源类专业教材，也可供相近专业和短期培训班选用，还可作为中等职业教育教材及有关部门的工作人员自学和参考用书。

本书在编写过程中得到辽宁林业职业技术学院、山西林业职业技术学院、福建林业职业技术学院、杨凌职业技术学院、河南科技大学林业职业技术学院、甘肃林业职业技术学院、广西生态工程职业技术学院的大力支持和协助，并参考引用了国内一些专著及资料，在此特向上述单位和著者表示感谢。

由于作者水平有限，书中错误和疏漏在所难免，诚盼广大读者在使用中批评指正。

王巨斌
2006年5月

目 录

第 3 版前言
第 2 版前言
第 1 版前言

0 课程导入 ·· 1
 0.1 森林资源经营管理概述 ··· 1
 0.2 森林资源经营管理的模式发展演变 ······································· 5

模块一 森林资源数据采集与处理 / 17

项目 1 森林区划 ··· 18
 任务 1.1 森林分类及林种确定 ··· 18
 任务 1.2 林班区划 ·· 24
 任务 1.3 小班区划 ·· 31
 任务 1.4 组织森林经营单位 ·· 36

项目 2 森林经理调查 ·· 43
 任务 2.1 林业生产条件调查 ·· 43
 任务 2.2 林业专业调查 ·· 49
 任务 2.3 小班调查 ·· 56
 任务 2.4 多资源调查 ··· 70

项目 3 森林资源监测 ·· 78
 任务 3.1 国家森林资源连续清查 ··· 78
 任务 3.2 生态公益林监测 ·· 90

模块二 森林资源信息管理 / 105

项目 4 森林资源数据处理 ··· 106
 任务 4.1 森林资源数据采集统计 ·· 106
 任务 4.2 图面材料制作 ·· 111

项目 5 森林资源信息管理系统应用 ·· 120
 任务 5.1 森林资源信息与编码 ··· 120
 任务 5.2 信息管理系统应用 ·· 125

项目 6　森林资源档案数据变更 ··· 131
　　任务 6.1　林地遥感影像判读区划 ··· 131
　　任务 6.2　森林资源管理"一张图"档案数据库建立与更新 ···························· 140

模块三　森林资源管理综合能力运用　/ 151

项目 7　森林资源实务管理 ··· 152
　　任务 7.1　林权登记报批 ·· 153
　　任务 7.2　占用、征用林地报批 ··· 160
　　任务 7.3　森林采伐限额审批 ··· 168
　　任务 7.4　林木采伐许可证申请办理 ·· 174

项目 8　森林收获调整 ·· 180
　　任务 8.1　森林成熟与经营周期 ··· 180
　　任务 8.2　森林结构调整 ·· 193
　　任务 8.3　森林采伐量 ··· 197
　　任务 8.4　合理年伐量 ··· 210

项目 9　森林经营方案编制 ·· 215
　　任务 9.1　森林经营方案的认识 ··· 215
　　任务 9.2　编案准备与分析评价 ··· 223
　　任务 9.3　森林经营方案编制要点 ··· 230
　　任务 9.4　编案成果实施、评估与修订 ··· 244

项目 10　森林资源资产评估 ·· 252
　　任务 10.1　森林资源资产评估立项与评估委托 ·· 253
　　任务 10.2　森林资源资产核查 ··· 257
　　任务 10.3　评定森林资源资产 ··· 261
　　任务 10.4　编制森林资源资产评估报告书 ··· 271
　　任务 10.5　森林资源资产评估结果的确认与资料归档 ······························ 275

参考文献 ··· 281

0 课程导入

0.1 森林资源经营管理概述

0.1.1 森林资源概述

森林是以乔木为主体所组成的地表群落。它具有丰富的物种资源，复杂的结构和多种多样的功能。森林与所在空间的非生物环境有机地结合在一起，构成完整的生态系统。森林是地球上最大的陆地生态系统，在维护生物圈的多样性、物质循环、能量流动等方面起着非常重要的作用，其丰富的生态、经济和社会功能给人类提供着巨大的生态效益和经济效益，是全球生物圈中重要的一环。它是地球上的基因库、碳贮库、蓄水库和能源库，对维系整个地球的生态平衡起着至关重要的作用，是人类赖以生存和发展的资源和环境。我国坚持绿水青山就是金山银山的理念，坚持山水林田湖草沙一体化保护和系统治理，森林关系国家生态安全，高质量的森林资源是打好蓝天、碧水、净土保卫战的关键一环，森林资源保护监管是生态文明建设的核心要素。

狭义的森林资源主要是指树木资源，尤其是乔木资源。广义的森林资源是指林木、林地及其所在空间内的一切森林植物、动物、微生物以及这些生命体赖以生存并对其有重要影响的自然环境条件的总称。森林资源按物质结构层次可分为林地资源、林木资源、林区野生动物资源、林区野生植物资源、林区微生物资源和森林环境资源6类。森林资源还可以分为直接资源和间接资源，其中直接资源是指林地资源、林木资源、林中其他植物资源、林中野生动物资源、林中的非生物资源，间接资源主要是指由于森林的存在而产生的环境、气候、观赏、旅游、森林文化等资源及其所伴生的资源。

0.1.2 森林资源的作用与效益

森林资源是地球上最重要的资源之一，是生物多样化的基础，它不仅能够为生产和生活提供多种宝贵的木材和原材料，能够为人类经济生活提供多种物品，更重要的是森林能够调节气候、涵养水源、保持水土、减轻旱涝等自然灾害，还有净化空气、消除噪声等功能。同时森林还是天然的动植物园,哺育着各种飞禽走兽和生长着多种珍贵林木和药材。森林可以更新,森林资源属于可再生的自然资源,也是一种无形的环境资源和潜在的"绿色能源"。森林资源的作用与效益是巨大而复杂的,随着科学的进步,人们对森林效能的认识也会不断地加深,目前主要有保护生态环境、提供木材产品和林副产品、提供经济林产品、能源作用、森林旅游文化效益、生物多样性资源库、最大的生物量生产地、维护大气成分的平衡8个方面。

0.1.3 森林资源的分布状况

据世界银行的数据显示,截至2018年年底,俄罗斯是全球森林面积最大的国家,高达 814.9×10^4 km^2,森林覆盖率约为49.8%;巴西的森林面积全球第二,约为 492.55×10^4 km^2,森林覆盖率约为58.9%;加拿大拥有全球第三大的森林面积,约为 347×10^4 km^2,森林覆盖率约为38.2%;第四名是美国,森林面积约为 310.37×10^4 km^2,森林覆盖率约为33.9%;我国的森林面积约为 220×10^4 km^2,位列世界第5位(表0-1)。

表0-1 1950—2018年中国森林资源清查数据

年代(次)	林地面积 ($\times 10^8$ hm^2)	森林资源面积 ($\times 10^8$ hm^2)	人工林面积 ($\times 10^8$ hm^2)	天然林面积 ($\times 10^8$ hm^2)	森林覆盖率 (%)	森林蓄积量 ($\times 10^8$ m^3)	活立木蓄积量 ($\times 10^8$ m^3)
1950—1962	2.120	0.850			8.90		
1973—1976(1)	2.576	1.220			12.70	86.56	95.32
1977—1981(2)	2.671	1.150			12.00	90.28	102.61
1984—1988(3)	2.674	1.250			12.98	91.41	105.72
1989—1993(4)	2.629	1.340			13.92	101.37	117.85
1994—1998(5)	2.633	1.589	0.4709		16.55	112.67	124.88
1999—2003(6)	2.849	1.749	0.5365	1.1576	18.21	124.56	136.18
2004—2008(7)	3.059	1.955	0.6169	1.1969	20.36	137.21	149.13
2009—2013(8)	3.126	2.077	0.6933	1.2184	21.63	151.37	164.33
2014—2018(9)	3.237	2.20	0.7954	1.3868	22.96	175.60	190.07

党的十八大以来,我国深入推进大规模国土绿化行动,截至2022年,累计完成造林9.6亿亩,全国森林覆盖率提高2.68个百分点,达到23.04%。我国人工林面积居世界第一,森林资源总体呈现数量持续增加、质量稳步提高、功能不断增强的发展态势,为维护生态安全、改善民生福祉、促进绿色发展奠定了坚实基础。绿色,正成为中国最美丽的底色。据国家林业和草原局发布的第九次全国森林资源清查成果——《中国森林资源报告(2014—2018)》显示,全国森林植被总生物量 188.02×10^8 t,总碳储量 91.86×10^8 t,森林覆盖率22.96%,比上一次森林资源清查提高了1.33个百分点,净增森林面积相当于超过了一个福建省的面积。

(1)林地面积和林木蓄积量

林地总面积 $32\ 368.55 \times 10^4$ hm^2。其中,乔木林地 $17\ 988.85 \times 10^4$ hm^2,竹林地 $641.16 \times$

10^4 hm², 灌木林地 7384.96×10^4 hm², 疏林地 342.18×10^4 hm², 未成林造林地 699.14×10^4 hm², 苗圃地 71.98×10^4 hm², 迹地 242.49×10^4 hm², 宜林地 4997.79×10^4 hm²。活立木蓄积量 190.07×10^8 m³。其中，森林蓄积量 175.60×10^8 m³，疏林蓄积量 10 027.00×10^4 m³，散生木蓄积量 87 803.41×10^4 m³，四旁树蓄积量 46 859.80×10^4 m³。

(2) 森林面积和森林蓄积量

森林面积按林种分，防护林 10 081.92×10^4 hm²，占 46.2%；特用林 2280.40×10^4 hm²，占 10.45%；用材林 7242.35×10^4 hm²，占 33.19%；能源林 123.14×10^4 hm²，占 0.56%；经济林 2094.24×10^4 hm²，占 9.60%。森林蓄积量按林种分，防护林 881 806.90×10^4 m³，占 51.69%；特用林 261 843.05×10^4 m³，占 15.35%；用材林 541 532.54×10^4 m³，占 31.75%；能源林 5665.68×10^4 m³，占 0.33%；经济林 14 971.42×10^4 m³，占 0.88%。

森林按主导功能统计，公益林面积 12 362.32×10^4 hm²，商品林面积 9459.73×10^4 hm²，分别占 56.65%、43.35%。

乔木林面积 17 988.85×10^4 hm²，占森林面积的 81.6%。其中，幼龄林面积 5877.54×10^4 hm²，蓄积量 213 913.86×10^4 m³；中龄林面积 5625.92×10^4 hm²，蓄积量 482 135.45×10^4 m³；近熟林面积 2861.33×10^4 hm²，蓄积量 351 428.80×10^4 m³；成熟林面积 2467.66×10^4 hm²，蓄积量 401 111.45×10^4 m³；过熟林面积 1156.40×10^4 hm²，蓄积量 257 230.03×10^4 m³。竹林面积 641.16×10^4 hm²，占森林面积的 2.91%。其中，毛竹林面积 467.78×10^4 hm²，占 72.96%。

(3) 天然林面积和天然林蓄积量

天然林面积 13 867.77×10^4 hm²，占有林地面积的 63.55%；蓄积量 1 367 059.63×10^4 m³，占森林蓄积量的 80.14%。

天然林面积按林种分，防护林占 55.06%，特用林占 14.98%，用材林占 28.68%，能源林占 0.76%，经济林占 0.52%。

天然乔木林按龄组分，中幼龄林面积占 60.94%，蓄积量占 38.49%；近熟林面积占 16.72%，蓄积量占 20.42%；成过熟林面积占 22.34%，蓄积量占 41.09%。

(4) 人工林面积和人工林蓄积量

人工林面积 7954.28×10^4 hm²，占有林地面积的 36.45%；人工林蓄积量 338 759.96×10^4 m³，占森林蓄积量的 19.86%。

人工林面积按林种分，防护林占 30.75%，特用林占 2.55%，用材林占 41.05%，能源林占 0.23%，经济林占 25.42%。

人工乔木林按龄组分，中幼龄林面积占 70.42%，蓄积量占 50.18%；近熟林面积占 14.15%，蓄积量占 21.33%；成过熟林面积占 15.43%，蓄积量占 28.49%。

(5) 林地林木权属

①林地权属。国有 8436.61×10^4 hm²，占 38.66%；集体 13 385.44×10^4 hm²，占 61.34%。

②林木权属。森林面积中，国有占 37.92%，集体所有占 17.75%，个体所有占 44.33%。森林蓄积量中，国有占 59.04%，集体所有占 14.93%，个体所有占 26.03%。

(6) 森林资源质量

林地质量好的占39.96%，主要分布在南方和东北东部；中等的占37.84%，主要分布在中部和东北西部；差的占22.20%，主要分布在西北、华北干旱地区和青藏高原。现有宜林地中，质量差的占50.82%，且主要分布在干旱、半干旱地区。

全国乔木林每公顷蓄积量为94.83 m^3，每公顷年均生长量为4.73 m^3，每公顷株数为1052株，平均郁闭度为0.58，平均胸径为13.4cm。森林质量好的占20.68%，中等的占68.04%，差的占11.28%。

(7) 森林生态状况和生态效益

乔木林面积中，处于原始或接近原始状态的天然林面积占20.38%；群落结构完整的面积占64.95%；处于健康状态的面积占84.38%。受火灾、病虫害等各类灾害影响的面积占10.69%。经综合评定，全国乔木林生态功能指数为0.57，生态功能总体处于中等水平。生态功能等级好的占14.10%，主要分布在东北和西南等主要林区。

全国森林植被总生物量 $183.64×10^8$ t，总碳储量 $89.80×10^8$ t，森林在减排中发挥着重要作用。森林年涵养水源量 $6289.50×10^8$ m^3，年固土量 $87.48×10^8$ t，年保肥量 $4.62×10^8$ t，年吸收污染物量 $0.40×10^8$ t，年滞尘量 $61.58×10^8$ t。

0.1.4 森林资源经营管理的概念和主要内容

森林资源经营管理，也可称为森林经营管理，它是对森林资源进行区划、调查、分析、评价、决策和信息管理等一系列工作的总称。世界各国森林经营管理的内容不完全相同，但主要内容是相同的。

森林资源经营管理的内涵是随着时代的推进而不断发展的，起初是以某个具体的森林经营单位为对象，以木材收获为目的，以木材的永续利用为原则。随着社会和经济的发展，经营森林不再是仅为获取木材，森林的户外活动、游憩、野生动植物保护、水源涵养和水土保持等多种服务功能越来越受到人们的重视，森林资源经营管理的目的也随之发展为多资源多目标森林经营，并且发展出一套相应的技术。在可持续发展的概念提出后，森林可持续经营的理念也应运而生，即在森林资源可持续发展的条件下，最大限度地发挥森林的服务功能和获取物质产品。

当前我国森林资源经营管理的主要内容可分为基础管理、利用管理和监督管理3部分。

①基础管理。基础管理是整个森林资源管理的基础，其中心任务是摸清森林资源家底和制定合理的经营方案，为森林资源管理各项工作提供基础资料、科学依据和管理条件。其内容包括森林调查设计及经营方案管理、森林资源档案管理、森林资源法制建设、森林资源管理队伍建设等。

②利用管理。利用管理是整个森林资源管理的核心，其根本任务是组织森林资源的合理利用，促进森林资源的扩大再生产，实现森林资源消长的宏观控制。其内容包括林地管理、森林动植物资源管理、采伐限额管理、伐区管理、更新检查验收管理、造林成效评估等。

③监督管理。监督管理是实现森林资源管理的手段，是为贯彻、执行森林法规定所采

取的法律的、行政的、经济的、技术的手段和措施。其内容包括资源审计管理、目标考核实施、监督机构及人员管理、调查规划设计成果监督实施、违法处罚等。

0.2 森林资源经营管理的模式发展演变

0.2.1 理论发展沿革

我国使用的"森林资源经营管理"和"森林经理学"都是借鉴国外的译文。18世纪末，以德国为代表的欧洲国家从森林资源经营和管理活动中，总结并形成了符合当时的森林经理基本思想和方法，传入英国和美国后使用过的名称有 forest regulation（森林调整）、forest organization（森林组织）和 forest management（森林管理或森林经营），在引入日本时曾被定义为"森林施业学"。1902年，志贺泰山将该理论翻译为"森林经理学"，原意是整顿、调整。1925年前后，"森林经理学"名词传入我国，在营林生产和林业高校的教学课程中广泛应用，高等职业教育称为"森林资源经营管理"。森林经理学是研究如何科学有效地组织森林经营活动的理论、技术及其工艺的学科，内容包括获取森林资源和生态现状信息，研究森林的生长、发育和演替规律，预测短期、中期和长期的变化，结合森林对生态和环境的影响，科学地进行森林功能区的区划，在可以预见的时期内从时间和空间上组织安排森林经营活动，以期在满足森林资源可持续发展的前提下，最大限度地发挥森林的服务功能和获取物质收获。森林经理学不是管理科学，而是一门理论和技术科学。

0.2.2 森林资源经营管理思想与模式的发展演变

森林资源经营管理产生于18世纪后半叶，最早在西欧一些国家中形成，德国是发源地，至今已有200多年历史。在森林资源经营管理的思想形成和发展过程中，随着社会经济的发展，出现过很多思想与模式，按照演变的时间顺序影响较大的有平分法、法正林、森林永续利用、森林多效益永续利用、林业分工论、新林业与生态系统经营、近自然林业和森林可持续经营。

0.2.2.1 平分法

1759年，贝克曼（J. G. Beckmann）提出材积配分法。他把林木分为可收获的林木与未成林木，现有的未成林木生长到可收获林木的期间应与可收获林木的收获期间相等，这样可收获林木伐尽之前，已有部分未成林木生长成为可收获林木，从而使轮伐期各年间能得到相等的收获量。平分法是将全林面积用轮伐期（M）年数等分区划，每年采伐相等的森林面积（图0-1）。主要适用于阔叶能源林，采伐后利用天然更新，几十年后又可收获利用。

1	2	3	4	5	6
7	…				
		…	$u-2$	$u-1$	u

图 0-1　面积区划轮伐法示意图

(方格中的数字表示林分年龄)

0.2.2.2　法正林

(1) 法正林的概念

在同龄林实行皆伐作业和一定轮伐期的前提下，能持久地每年提供一定数量木材的森林称为法正林。法正林的对象不是指一个林分，而是指经营目的和经营措施相同的多个林分的集合体，即通常称为经营类型的森林。

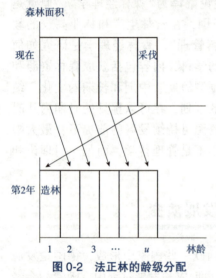

图 0-2　法正林的龄级分配

(2) 法正林的条件

森林满足下列 4 个基本条件时称为法正状态，即法正林。

①法正龄级分配。具备 1 年生到轮伐期年生的林分，并且各龄级的面积相等(图 0-2)。

②法正林分排列。林分的排列有利于森林更新、保护和作业。如图 0-3 所示，假如害风从左方来，而皆伐方向与害风方向相反，这样可以利用风力天然下种，保护幼树；最老林分靠近集材道，便于采运木材。

③法正生长量。各林分有与年龄相应的正常生长量。如果满足了以上 2 个条件的话，可以假设各林分每年的生长量相同，分别记为 $Z_1, Z_2, Z_3, \cdots, Z_{u-1}, Z_u$，各林分的蓄积量分别为 $m_1, m_2, m_3, \cdots, m_{u-1}, m_u$。

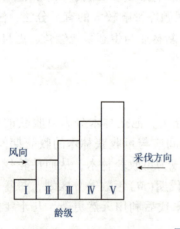

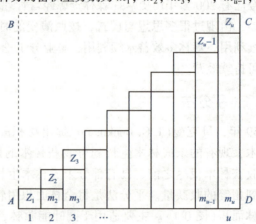

图 0-3　法正林模型

则
$$Z_1 = m_1$$
$$Z_2 = m_2 - m_1$$
$$Z_3 = m_3 - m_2$$
$$\cdots$$
$$Z_{u-1} = m_{u-1} - m_{u-2}$$
$$Z_u = m_u - m_{u-1} \tag{0-1}$$
$$u \times Z = \sum Z_i = m_u \tag{0-2}$$

法正生长量即各林分每年生长量 Z_1，Z_2，Z_3，…，Z_u 的总和 Z_n 等于经营类型的年总生长量（$u \times Z$），也等于最老林分（u 年生）的蓄积量 m_u，即年采伐量。每年采伐最老林分，也就是每年收获总生长量，并且每年收获相等，又不破坏法正状态，永续利用是有保障的。

④法正蓄积量。各林分有与年龄相应的正常蓄积量。各林分的蓄积等于生长量之和，各林分的蓄积之和为法正蓄积量，即法正蓄积量为：

$$V_n = \sum m_i \tag{0-3}$$

通常，把采伐量与蓄积量之比称为利用率。这样，可以把法正年伐量 E_n 对法正蓄积量 V_n 的百分率，称为法正利用率，记为：

$$P = (E_n / V_n) \times 100\% \tag{0-4}$$

当采用皆伐作业时：

$$E_n = m_u \tag{0-5}$$
$$V_n = (u/2) \times m_u \tag{0-6}$$

则

$$P = m_u / [(u/2) \times m_u] \times 100 = 200/u \tag{0-7}$$

即法正利用率 P 是与轮伐期 u 成反比的一个常数。法正利用率通常可用于粗略计算一个经营类型的年伐量，但必须是龄级结构接近均匀（即法正状态）的条件才能适用，否则相差较远。例如，在轮伐期 u 为 30 年、40 年、50 年、60 年、70 年、80 年、90 年、100 年、200 年时，则法正利用率 P 相应地为 6.7%、5%、4%、3.3%、2.9%、2.5%、2.2%、2%、1%。

0.2.2.3 检查法

由法国的顾尔诺（A. Gurnaud，1825—1898）提出，后经瑞士的毕奥莱（H. Biolley，1858—1939）加以发展完善，提出一种新的森林经营方法，即检查法（control method）。检查法是通过定期重复调查来检查森林构造、蓄积量和生长量的变化。检查法是一种集约经营的方法，它的基本想法和方法论至今仍有指导意义。

毕奥莱认为，经营森林必须符合自然规律，既要考虑资本（蓄积量），也要考虑投入（劳力），即用尽可能少的蓄积量和人力去取得最好的生产效果。因此，采用择伐作业是理想形式，皆伐作业的定期休闲停产是非持续的经营形式。

为了在时间上、空间上，在每一林分中获得持续生产，毕奥莱确定的检查法森林经营原则是：①尽可能多的持续生产；②用尽可能少的资料进行生产；③尽可能生产最好的材种。

检查法采用独特的森林调查方法：①定期调查森林；②基本区划单位是林班，无小班区划；③对达到一定胸径以上的林木按一定的径阶整化进行每木调查；④不测树高；⑤材积计算使用一元材积表。

森林经营者根据调查和计算结果，即各径级蓄积量、生长量和生长率，以保持林分高生产力为目的，确定采伐木和保留木，预估收获量，制定采伐计划，把现有林调整到理想的结构。

0.2.2.4 完全调整林

1984年，美国林学家鲁斯克纳（William A. Leuschner）等人提出完全调整林概念来代替古典的法正林理论。鲁斯克纳指出，完全调整林的定义是每年或定期收获蓄积量、大小和质量上大体相等的森林。这个定义是对林木而言，如果定义的收获量包括野生动物、游憩、美学价值和其他林产品，它则是适用于所有林产品的一般定义。关于收获的种类及所希望的蓄积量、大小或质量都可以规定目标。

完全调整林的基本条件仍是各个径级或龄级的林木保持适当的比例，能够每年或定期取得数量大致相等，达到期望大小的收获量。这就要求具有各个径级和龄级的林木，并保证有大致相等数量的蓄积量可供每年或定期采伐。

可见，完全调整林与法正林相似，但更加灵活、现实，其不同的特点如下：

①法正林要求法正生长量，但完全调整林不强调法正生长量，只提在相应条件下的生长量，可小于法正生长量，生长量的大小取决于经营水平。

②法正林要求法正蓄积量，而完全调整林不要求法正蓄积量。完全调整林的蓄积量水平决定于经营水平，可小于或大于法正蓄积量，但往往不是最大的。

③各龄级面积相等，并不因时间而改变，这是法正林的主要条件。但完全调整林各龄级希望尽量相等，但不必完全相等。

④法正林条件下其蓄积量、年伐量是最大的，而完全调整林的年伐量往往不是最大的，只希望在一定的采伐水平上龄级结构保持不变，能够永续利用的森林。采伐量大小取决于经营水平。

⑤法正林是一个极限概念，它的疏密度最大，同时只适用于同龄林皆伐作业，而完全调整林可以是同龄林，也可以是异龄林。

总之，法正林和完全调整林是有联系的，但在概念上是不同的。鲁斯克纳指出，区别在于所有的法正林都是调整林，但并非所有的调整林都是法正林。法正林是调整林的充分条件但不是必要条件。一片森林可以是完全调整林，但不一定是法正林。

0.2.2.5 森林永续利用

森林永续利用理论始于17世纪中叶，汉里希·冯·卡洛维茨（Carlowitz）首先提出了森林永续利用原则，提出了人工造林思想。森林永续利用是指在一定经营范围内能不间断地生产经济建设和人民生活所需要的木材和林副产品，持续地发挥森林的生态效益、经济效益和社会效益，并在提高森林生产力的基础上，扩大森林的利用率。

森林永续利用是森林资源经营管理建立的核心，是指一个森林经营单位内的森林，能够不断地越来越多、越来越好地为国民经济提供需要的木材和林副产品，并持续地发挥森林的各种有利性能，保持自然生态平衡。森林永续利用也称森林永续收获或森林永续作业等。林业企业和森林经营单位实现森林永续利用必须满足两个条件，即内部条件和外部条件。

(1) 内部条件

内部条件主要是指森林资源条件，它包括林地条件和林木条件。

①林地条件。林地是从事林业生产实现永续利用的必备条件。

在林地数量方面，无论是何种空间尺度的森林永续利用，一定数量的林地则是最基本的条件，它关系到森林经营的规模、生产成本、森林结构与优化、设备和人力资源配置、生产经营管理的效率等。林地数量不仅包括林地的总量，还包括各种用途森林的数量及占比。

在林地质量方面，主要是指林地的立地质量，它主要包括林地的土壤、地形地势、水文气候等方面的状况，是林地生产能力的基本条件。林地质量高，加上好的经营管理，就能有较高的林地生产力。林地质量的稳定与提高，是永续利用必不可少的条件。如果土壤退化，立地质量下降，林地的生产能力必然下降，就不可能实现永续利用。

②林木条件。林木条件主要指的是林木的结构、生长状况等，其中主要包括树种结构、年龄结构、径级结构、蓄积结构、生长量等。

在年龄结构方面，在一定的地域空间内，无论何种森林资源，要实现永续利用都必须保证森林资源年龄结构基本或完全均匀，即各种年龄或年龄组的林木都有，且面积基本相等。例如，在用材林中，同龄林在经营类型级别上的永续利用模型——法正林模型就是典型的例子，其他还有完全调整林模型等。

在蓄积结构方面，要实现永续利用，合理的蓄积结构是必备的条件。根据森林永续利用面积单位的不同，合理的蓄积结构分两种不同的情况。在较大的地域空间内，如国家、省、林业局、林场等，合理的蓄积结构可从林木的年龄结构中得到反映，即成熟、近熟、中龄、幼龄的林分比例适宜，大中小径级林木组成合理的蓄积结构，应能满足社会的需求。在较小的地域空间中，如林分，单独的同龄林林分是不能做到永续利用的；在典型的异龄林林分中各种年龄、各种径级的林木都有，原则上单个林分可以做到永续利用，但从生产规模和生产效率的角度看，并不可行。在现实中常常将若干个森林类型基本相同的异龄林林分组织在一起，作为永续利用的经营单位。森林永续利用的蓄积结构条件主要是针对用材林而言的。

在生长量条件方面，一般情况下，无论地域空间有多大，每年的收获量如果小于或等于林木的蓄积生长量就可以做到永续利用。当然，这也是仅从林木产品永续的角度出发而言的。但在较小的地域空间内，收获量≤生长量这一原则，只在年龄结构合理的情况下适用。例如，我国有关规定中指出：不能采伐未成熟的林木。还有，在成熟、过熟林比重大的情况下，如果简单遵循收获量≤生长量的原则，则会造成枯损量增加；如果在幼龄林、中龄林比重大的情况下，按收获量≤生长量的原则组织生产经营，则会造成收获未成熟的林木。

(2) 外部条件

影响森林永续利用的外部条件有经济条件、政策法规、社会、文化和经营管理水平等。

①经济条件。主要是指经济发展水平。经济水平对森林永续利用的影响主要表现在：集约经营有利于森林永续利用；经济水平高，交通发达，林道密度大等，有利于提高生产效率，降低成本，有利于防治病虫害、火灾，加强森林安全；管理手段与经济水平也密切相关，例如，使用计算机进行生产经营管理，软件、硬件、高素质生产管理人员等都需一定的经济水平支持；生活水平与经济水平成正相关，生活水平高对森林效益的需求不仅高，而且广，人们在解决温饱生活水平阶段，对森林的需求主要注重的是木材和能源，在解决温饱之后，人们对森林的环境、景观、游憩等方面的效益需求才日益加强。

②政策法规。政策法规的多少与合理性对永续利用至关重要，主要表现在：可以规范人的行为，对森林要科学合理地利用；明确森林在人们社会生活中的地位和作用；明确森林资源的所有权、经营管理权等，有利于明确森林经营者的责、权、利，提高经营管理水平。

③社会、文化。包括人们对森林的认识水平，森林文化在人们生活中的地位和作用，林业从业人员的受教育程度、专业知识水平和掌握新技术的能力等。

④经营管理水平。在上述条件较好的情况下，经营管理水平是实现森林永续利用的关键因素。生产管理水平低下不可能实现森林永续利用，甚至能将已经实现了永续利用的森林变为不能永续利用的森林。

0.2.2.6 分类经营

(1) 林业分类经营

林业分类经营是指在社会主义市场经济条件下，根据社会对生态和经济的需求，按照森林多种功能主导利用的方向不同，将森林五大林种相应划分为生态公益林和商品林两大类，分别按各自的特点和规律运营的一种新型的林业经营管理体制和发展模式。

在市场经济条件下，林业生产两大类产品(或服务)，一类是有价格的各种林产品，它们是可以用于交换的商品，如木材、茶、果等。这些产品可以为经营者独占，并且可以出售、转让、租赁等获得利益。由于有价格信息，可以通过市场进行资源配置；另一类是无价格的各种产品(或服务)，如保持水土、涵养水源、防风固沙、调节气候、美化环境等服务，这些服务的占有和消费是难以排除他人的，经营者无法通过出售和交换占有其利益，也不可能通过市场进行资源配置。

(2) 森林分类经营

2019年修订的《中华人民共和国森林法》(以下简称《森林法》)在总则的第六条明确规定"国家以培育稳定、健康、优质、高效的森林生态系统为目标，对公益林和商品林实行分类经营管理，突出主导功能，发挥多种功能，实现森林资源永续利用"的森林分类经营制度，这是分类经营作为基本法律制度首次写入《森林法》。第七条明确规定："国家建立森林生态效益补偿制度，加大公益林保护支持力度，完善重点生态功能区转移支付政策，指导受益地区和森林生态保护地区人民政府通过协商等方式进行生态效益补偿。"

森林的林种划分为防护林、用材林、经济林、能源林和特种用途林。森林分类经营是指根据森林所处的自然环境和社会经济条件，以及森林的结构特点，分成几种不同类型，按照各自的经营目的，以林种经营目标为依据的组织经营模式，便于目标管理。森林分类是森林分类经营的基础，而森林分类经营又是林业分类经营的基础。森林分类可根据以下几种模式进行。

①根据经营主体的分类。按政企分开的原则，经营生态公益林的是政府提供经费的事业单位，经营商品林的是各种企业单位和个人。现有的林业经营单位和个人按这一原则，大多数是可以划分的。有一部分既有生态公益林，也有商品林的可以作为企业对待，但国家和社区要给予一定的补偿。对林农经营的生态公益林，国家和社区也要根据其损失给予补偿。

②根据管理体制、运行机制的分类。公益林建设属于社会公益事业，按事权划分，采取政府为主，社会参与和受益补偿的投入机制，由各级政府负责体制建设管理。跨流域跨地区的重点公益林建设工程、生物多样性保护工程和荒漠化防治工程、天然林保护工程等由中央政府负责；地方各级人民政府划定的公益林由地方负责；分散的防护林、风景林、四旁树等按隶属关系，由各部门各单位和农村集体经济组织负责。公益林实行"谁受益，谁负责，社会收益，政府投入"的原则。服务对象明确的，由服务对象对公益林经营者实行补偿。服务对象不明确的，由政府补偿。商品林要在国家产业政策指导下，以追求最大经济效益为目标，按市场需求调整产业产品结构，自主经营、自负盈亏。商品林可以依法承包、转让、抵押。转让时，被转让的林木所附的林地使用权可以随之转移。探索森林产权市场交易形式，建立起有利于实现森林资源资产变现，作为资本参与运营的机制。公益林的景观资源与开发权可以一起转让。合资合作经营的森林林木所依附的林地的使用权、景观等可以作为合资合作的条件。

③根据经营制度、经营模式的分类。公益林建设以生态防护、生物多样性保护、国土保安为经营目的，以最大限度发挥生态效益和社会效益为目标，遵循森林自然演替规律，及其自然群落层次结构多样性的特性，采取针阔混交，多树种、多层次、异龄化与合理密度的林分结构。封山育林、飞播造林、人工造林、补植，管护并举，封育结合，乔、灌、草结合，以封山育林、天然更新为主，辅之以人工促进天然更新。商品林建设以向社会提供木材及林产品为主要经营目的，以追求最大的经济效益为目标，要广泛运用新的经营技术、培育措施和经营模式，实行高投入、高产出、高科技、高效益、定向培育、基地化生产、集约化规模经营。以商品林生产为第一基地，延长林产工业和林副产品加工业产业链，构建贸工林一体化商品林业。

总之，公益林属于社会公益事业，主要发挥生态和社会效益，按公益事业建设管理，由各级财政投资和组织社会力量建设，主要依靠法律手段和行政手段管理，辅之以必要的经济手段。商品林属于基础产业，主要追求经济效益，依靠市场调节发展，实行企业化经营，靠经济手段和法律手段管理，按市场需要组织生产，自主经营、自负盈亏。

0.2.2.7 林业分工论

20世纪70年代，美国林业学家M.克劳森、R.塞乔等人分析了森林多效益永续经营理论的弊端后，提出了森林多效益主导利用的经营指导思想。他们首先分析了森林特征与森林利用的关系，全面评估了森林不同利用的自然、经济潜力，提出了《全国林地多向利用方案》，认为：未来世界森林经营是朝各种功能不同的专用森林方向发展，而不是走向森林三大效益一体化，从而为创立林业分工论奠定了基础。克劳森等人主张在国土中划出少量土地发展工业人工林，承担起全国所需的大部分商品材任务，称为"商品林业"；其次划出一块"公益林业"，包括城市林业、风景林、自然保护区、水土保持林等，用以改善生态环境；再划出一块"多功能林业"。根据"林业分工论"而倡导的森林多效益主导利用模式，又分为不同类型的发展模式，即法国模式与澳大利亚和新西兰模式（简称澳新模式）。法国根据"林业分工论"把国有林划分三大模块，即木材培育、公益森林和多功能森林，其特点是采取森林多效益主导利用的发展模式；澳新模式被誉为新型林业发展模式，其主要特点是，根据"林业分工论"把天然林与人工林实行分类管理，即天然林主要是发挥生态、环境方面的作用，而人工林主要是发挥经济效益。

0.2.2.8 近自然林业

近自然林业是基于欧洲恒续林的思想发展起来的，是在确保森林结构关系自我保存能力的前提下遵循自然条件的林业活动，是兼容林业生产和森林生态保护的一种经营模式。其经营的目标森林是混交林-异龄林-复层林，尽量利用和促进森林的天然更新，经营采用单株采伐与目标树相结合的方式进行。从幼林开始就明确培育目的树种，再确定目标树与目标直径，整个经营过程只对选定的目标树进行单株抚育。抚育内容包括目的树种周围的除草、割灌、疏伐和对目的树的修枝、整枝。对目的树个体周围的抚育范围以不压抑目的树个体生长并能形成优良材为原则，乔灌草任其植物间自然竞争，天然淘汰。在单株择伐作业时，对达到目标直径的目标树，依据事先确定的规则实施单株采伐或暂时保留，未达到目标直径的目标树则不能采伐；对于非目的树种则视对目的树种生长影响的程度确定保留或采伐。一般不能将相邻大径木同时采伐，而按树高一倍的原则确定下一个最近的应伐木。

近自然经营法的核心是，在充分进行自然选择的基础上辅助以人工选择，保证经营对象始终是遗传品质最好的立木个体。其他个体的存在，有利于提高森林的稳定性，保持水土，维护地力，并有利于改善林分结构及对保留目标树的天然整枝。"近自然林业"并不是回归到天然的森林演替过程，而是尽可能从林分的建立，经过抚育以及采伐等方式接近并加速潜在的天然森林植被正向演替过程。达到森林生物群落的动态平衡，并在人工辅助下使天然物种得到复苏，最大限度地维护地球上最大的生物基因库——森林生物物种的多样性。

0.2.2.9 森林可持续经营

森林可持续经营的概念，由于人们对森林功能、作用的认识受到特定社会经济发展水平、森林价值观的影响，可能会有不同的解释。国内外学者和一些国际组织先后提出了各自的看法。

联合国粮食及农业组织的定义：森林可持续经营是一种包括行政、经济、法律、社会、技术以及科技等手段的行为，涉及天然林和人工林。它是有计划的各种人为干预措施，目的是保护和维持森林生态系统及其各种功能。

1992年，联合国环境与发展大会通过《关于森林问题的原则声明》文件，把森林可持续经营定义为：森林可持续经营意味着在对森林、林地进行经营和利用时，以某种方式，一定的速度，在现在和将来保持生物多样性、生产力、更新能力、活力，实现自我恢复的能力，在地区、国家和全球水平上保持森林的生态、经济、社会功能，同时又不损害其他生态系统。

国际热带木材组织的定义：森林可持续经营是经营永久性的林地过程，以达到一个或更多的明确的专门经营目标，考虑期望的森林产品和服务的持续"流"，而无过度地减少其固有价值和未来的生产力，无过度地对物理和社会环境的影响。

《赫尔辛基进程》的定义：可持续经营表示森林和林地的管理和利用处于以下途径和方式：即保持它们的生物多样性、生产力、更新能力、活力和现在、将来在地方、国际和全球水平上潜在地实现有关生态、经济和社会的功能，而且不产生对其他生态系统的危害。

《蒙特利尔进程》的定义：当森林为当代和下一代的利益提供环境、经济、社会和文化机会时，保持和增进森林生态系统健康的补偿性目标。

不管哪种定义，从技术上讲，森林可持续经营是各种森林经营方案的编制和实施，从而调控森林目的产品的收获和永续利用，并且维持和提高森林的各种环境功能。

从技术层面来看，森林可持续经营的内涵包括以下4个方面的内容(唐守正，2013)。

(1) 森林经营的目的是培育稳定健康的森林生态系统

森林是一个生态系统，好的生态系统才能发挥完整的生态、经济和社会功能。一个稳定健康的森林生态系统能够天然更新，必须有一个合理的结构，它包括树种组成、林分密度、直径和树高结构、下木和草本层结构、土壤结构等。一个现实林分可能没有达到这样的结构，需要辅助一些人为措施，促进森林尽快达到理想状态，这就是森林经营措施。森林状况不同，需要采用不同的经营措施。例如，对于缺少目的树种的林分需要补植目的树，对于一个过密或结构不合理的中幼龄林，必须清除一些干扰木促进目标树生长，保证林分整体的健康。

(2) 近代森林经营的准则是模拟林分的自然过程

森林自然生长发育的基本规律是天然更新、优胜劣汰、连续覆盖，这个过程需要很长的时间。森林经营应该模拟这个过程，永远保持森林环境。根据现实林分情况，以比较小的干扰，或者补充目的树种，或者清除干扰木，把更多的资源用在目的树的培育上，加快群体的生长发育过程和促进森林健康。森林自然发育过程中，森林从建群开始到最后形成稳定的顶级群落，经过不同的发育阶段，不同发育阶段林分结构不同，对于现实林分，需要根据发育阶段调整林分结构(树种、径阶、树高、密度)，使林分保持群体的健康和活力，以此确定相应的经营措施和指标。土壤是森林生态系统的重要组成部分，是当地气候、母岩和植被长期作用的结果，原生植被提供了"适地适树"的参考，森林植被的发育促进了土壤发育并且是提高土壤肥力的基础。生物多样性包括物种多样性、生态系统(森林类型)多样性、遗传多样性。生物多样性是森林健康稳定的物质基础。保护生物多样性是森林经营的重要任务。生物多样性保护有两个主要内容：保护栖息地和保护稀有物种，目的是维持生态系统平衡。保护稀有物种的两种主要方式，原地保护和迁地保护，本身就是一种森林经营活动。

(3) 森林经营包括林业生产的全过程

森林经营贯穿整个森林生命过程，主要包括 3 个阶段（成分）：收获、更新、田间管理。广义的田间管理包括所有管理森林的技术措施：中幼林抚育、病虫害防治、防火、野生生物保护、土壤管理、林道管护、机械使用等。中幼林抚育是田间管理的一个内容。不要把森林经营仅仅理解为抚育采伐。收获是森林经营的产出，没有收获的森林经营是没有意义的，是不可持续的森林经营。森林更新有多种方式，在目标树经营系统中，更强调人工促进更新。

(4) 重视森林经营计划（规划或方案）的作用

森林生命周期的长期性和森林类型的多样性，决定了森林经营措施的多样性。但是明晰不同林分对应的经营措施，既需要科学知识，也需要实际经验。所谓科学知识就是要根据不同林分发展阶段，依据森林的林学和生物学特性确定采取的经营措施（方法、指标和标准）。安排林业活动的全过程，即安排时间、地点、不同林分对应的措施就是"森林经营规划或方案"。规划是政府职责，用来规范政府行为。经营方案是经营主体行为，是进行经营活动的依据。

0.2.2.10 新林业与生态系统经营

(1) 新林业

1985 年，富兰克林提出了"新林业"理论：以森林生态学和景观生态学的原理为基础，以实现森林的经济价值、生态价值和社会价值相统一为经营目标，建成不但能永续生产木材和其他林产品，而且也能持久发挥保护生物多样性及改善生态环境等多种效益的林业。

①新林业理论的基本特点。森林是多功能的统一体；森林经营单元是景观和景观的集合；森林资源管理建立在森林生态系统的持续维持和生物多样性的持续保存上。新林业的最大特点是把森林生产和保护融为一体，保持和改善林分和景观结构的多样性。

②新林业理论的主要框架。林分层次的经营目标是保护和重建不仅能够永续生产各种林产品，而且也能够持续发挥森林生态系统多种效益的森林生态系统。景观层次的经营目标是创造森林镶嵌体数量多、分布合理、并能永续提供多种林产品和其他各种价值的森林景观。新林业思想的核心是维持森林的复杂性、整体性和健康状态。

(2) 生态系统经营

1992 年，美国农业部林务局提出了"生态系统经营"，给出的定义是"在不同等级生态水平上巧妙、综合地应用生态知识，以产生期望的资源价值、产品、服务和状况，并维持生态系统的多样性和生产力"。美国林业及纸业协会的定义是"在可接受的社会、生物和经济上的风险范围内，维持或加强生态系统的健康和生产力，同时生产基本的商品及其他方面的价值，以满足人类需要和期望的一种资源经营制度"；美国林学会的定义是"森林资源经营的一条生态途径。它试图维持森林生态系统复杂的过程、路径及相互依赖关系，并长期地保持它们的功能良好，从而为短期压力提供恢复能力，为长期变化提供适应性"。简而言之，它是"在景观水平上维持森林全部价值和功能的战略"；美国生态学会的定义是"由明确目标驱动，通过政策、模型及实践，由监控和研究使之可适应的经营，并依据对生态系统相互作用及生态过程的了解，维持生态系统的结构和功能"（邓华锋，1998）。显然，这些定义反映了各自的立场和观点，但仍有一些共同点，即人与自然的和谐发展、利用生态学原理、尊重人对生态系统的作用和意义、重视森林的全部价值。

森林生态系统经营是森林经营方式上的转变，其价值观、理论和方法与传统永续经营有明显区别，特别是对森林价值的选择方面。森林生态系统经营通过满足人类需要与维持计划增进森林生态系统的健康和完整性，使人类与自然在一个较大的空间规模和较长的时间尺度上协同、持续与发展。因此，森林生态系统经营是实现林业可持续发展的重要途径。

森林生态系统经营需要在生态合理的基础上，对信息及信息的采集和分析提出更高的要求，需要更综合的经营知识与技术，更大的投入，需要体制、政策、制度和法律的支持，也需要全社会的参与和支持。生态系统经营的主要特征包括以下方面。

① 森林经营从生态系统相关因子去考虑，包括种群、物种、基因、生态系统及景观，确保森林生态系统的完整连续性，保护生物多样性。

② 注重生态系统的可持续性。人类是生态系统中的组成部分，但人类生产、生活以及价值观念可对生态系统产生强烈的影响，最终导致影响人类自己。

③ 效仿自然干扰机制的经营方式。森林生态系统中的动植物在长期自然干扰过程中已经具有适应和平衡机制，包括竞争、死亡、灭绝现象，森林经营应在其强度、频度等方面类似于自然干扰因子的影响，选择合适的技术。

④ 森林经营注意交叉科学与技术体系。

⑤ 放宽森林生态系统经营的空间与时间。传统森林经理期限是 5~10 年，而生态系统经营的期限应在 100 年以上，从而保生态系统的稳定性和可持续性。

综上所述，以上各种森林经营模式的关系可归纳为两类，一类是继承发展与创新的关系。现有的森林资源是传统永续经营的结果，是进行森林可持续经营的物质基础。传统永续经营的基本理论和技术要素，如要计划性（编制森林经营方案）和目标性、时空调整、收获预估、生长量控制采伐量等仍有指导意义。森林可持续经营不能脱离实际，否定历史，要面对现实，转变观念，本着发展与创新相结合的原则积极探索与实践。另一类是手段、条件与途径、理论的关系。森林可持续经营是长期过程，分类经营是手段，回归自然林业是指导思想，生态系统经营是主要途径和理论，传统永续经营也是途径和理论，但需要发展。长期以来，应该说我们对几种森林经营模式的作用及其相互关系是不明确的，这将影响我们对森林可持续经营的实践。所以，首先在理论上探讨它们的作用及其相互关系是必要的，有助于克服森林可持续经营的理论障碍，提供理论依据和方法论。

模块一

森林资源数据采集与处理

森林资源是指林地及其所生长的森林有机体的总称，以林木资源为主，还包括林下植物、野生动物、土壤微生物等资源。森林资源数据是对该森林资源进行调查和生产经营活动的产出成果，主要有森林分布图、森林资源统计数据以及样地调查数据。因此，森林资源数据采集与处理是森林资源经营管理的基础内容，是查清、查明森林资源空间分布、数量、质量、消长动态变化的基本方法。本模块分为森林区划、森林经理调查以及森林资源监测3个项目。

项目1 森林区划

森林区划是对森林资源进行空间秩序的合理安排,是针对调查规划、行政管理、资源经营管理以及组织林业生产措施的需要而进行的,是森林资源经营管理工作的重要内容之一。本项目分为森林分类及林种确定、林班区划、小班区划和组织森林经营单位4项任务,也是坚持山水林田湖草沙一体化保护和系统治理的重要手段之一。

知识目标

1. 了解森林分类、林业区划、森林区划、小班经营法和组织森林经营单位的内涵,树立和践行绿水青山就是金山银山的理念,坚持山水林田湖草沙一体化保护和系统治理。
2. 掌握区划小班的条件与小班区划的具体操作技术。
3. 通过不同森林类型林种的划分,掌握划分林种的条件和方法。
4. 根据分类经营的条件和要求,掌握森林分类的方法。

能力目标

1. 会划分林种。
2. 会进行森林分类。
3. 会区划林班。
4. 会区划小班。
5. 会组织经营类型。

素质目标

1. 培养学生爱岗敬业、实事求是的工作态度,认真完成各项任务。
2. 培养学生的大局意识和团队合作精神。

任务1.1 森林分类及林种确定

任务描述

根据森林分类标准,对一个森林经营单位森林进行分类。此工作任务的内容是划分一个森林经营单位生态公益林和商品林，划分生态公益林和商品林的林种和亚林种。

每人提交一幅森林分类草图。

 任务目标

(一)知识目标
1. 了解林种划分标准。
2. 掌握森林分类标准。
3. 掌握生态公益林事权划分标准。
4. 掌握生态公益林按事权等级划分标准。

(二)能力目标
1. 根据森林分类标准，能划分生态公益林和商品林。
2. 根据公益林划分标准，能确定国家公益林和地方公益林。
3. 根据公益林保护等级要求，能确定公益林的等级。
4. 根据林种和亚林种划分条件，能划分林种和亚林种。

(三)素质目标
1. 培养学生积极思考、探究学习的意识。
2. 培养学生勤学苦练的学习态度，提高分析问题、解决问题的能力。

 实践操作

1.1.1 森林分类及林种确定的过程与要点分析

第一步：划分生态公益林和商品林

把森林(林地)划分为生态公益林(地)和商品林(地)2个类别。

第二步：划分国家级公益林(地)和地方公益林(地)

把生态公益林按事权等级划分为国家级公益林(地)和地方公益林(地)

(1)国家级公益林(地)

国家级公益林范围依据《国家级公益林区划界定办法》第七条的规定，参照《全国主体功能区规划》《全国林业发展区划》等相关规划以及水利部关于大江大河、大型水库的行业标准和《土壤侵蚀分类分级标准》等相关标准划定。

(2)地方公益林(地)

具体划定范围(标准)，根据国家和各级地方人民政府的有关规定划定。

第三步：划分生态公益林等级

(1)国家级公益林(地)等级

按照《国家级公益林区划界定办法》第七条标准和区划界定程序认定的国家级公益林，保护等级分为两级。属于林地保护等级一级范围内的国家级公益林，划为一级国家级公益林。林地保护等级一级划分标准执行《县级林地保护利用规划编制技术规程》(LY/T 1956—2011)。一级国家级公益林以外的，划为二级国家级公益林。

(2) 地方公益林(地)等级

地方公益林(地)根据国家和各级地方人民政府的有关规定划定。

第四步：划分生态公益林林种

把生态公益林划分为防护林、特种用途林及亚林种。当某地块同时满足一个以上林种划分条件时，应根据先生态公益林、后商品林的原则区划。公益林按以下优先顺序确定：国防林、自然保护区林、名胜古迹和革命纪念林、风景林、环境保护林、母树林、实验林、护岸林、护路林、防火林、水土保持林、水源涵养林、防风固沙林、农田牧场防护林。

第五步：划分商品林林种

把商品林划分为用材林、能源林、经济林及亚林种。商品林按适地适树原则确定。

理论基础

1.1.2 森林分类及林种确定

1.1.2.1 森林类别

《森林法》规定，国家根据生态保护的需要，按照主导功能的不同将森林资源分为公益林和商品林 2 个类别。

(1) 公益林

以保护和改善人类生存环境、维持生态平衡、保存种质资源、科学实验、森林旅游、国土保安等需要为主要经营目的的森林、林木、林地，包括防护林和特种用途林。

(2) 商品林

以生产木材、竹材、薪材、干鲜果品和其他工业原料等为主要经营目的的森林、林木、林地，包括用材林、能源林和经济林。

商品林的建设以追求最大的经济效益为目标，立足速生丰产，实行定向化、基地化和集约化经营，走高投入、高产出的路子，在采伐方式上，根据市场需求组织生产，在不突破采伐限额的前提下，允许依据技术规程进行各种方式的采伐，实现林地产出和经济效益最大化。

1.1.2.2 生态公益林的事权与保护等级

(1) 生态公益林的事权等级

生态公益林按事权等级划分为国家级公益林和地方公益林。

①国家级公益林。是指生态区位极为重要或生态状况极为脆弱，对国土生态安全、生物多样性保护和经济社会可持续发展具有重要作用，以发挥森林生态和社会服务功能为主要经营目的的防护林和特种用途林。

国家级公益林的区划范围如下。

a. 江河源头。重要江河干流源头，自源头起向上以分水岭为界，向下延伸 20 km、汇水区内江河两侧最大 20 km 以内的林地；流域面积在 10 000 km² 以上的一级支流源头，自源头起向上以分水岭为界，向下延伸 10 km、汇水区内江河两侧最大 10 km 以内的林地。

其中，三江源区划范围为自然保护区核心区内的林地。

b. 江河两岸。重要江河干流两岸[界江(河)国境线水路接壤段以外]以及长江以北河长在 150 km 以上、且流域面积在 1000 km² 以上的一级支流两岸，长江以南(含长江)河长在 300 km 以上、且流域面积在 2000 km² 以上的一级支流两岸，干堤以外 2 km 以内从林缘起，为平地的向外延伸 2 km、为山地的向外延伸至第一重山脊的林地。

c. 森林和陆生野生动物类型的国家级自然保护区以及列入世界自然遗产名录的林地。

d. 湿地和水库。重要湿地和水库周围 2 km 以内从林缘起，为平地的向外延伸 2 km、为山地的向外延伸至第一重山脊的林地。

e. 边境地区陆路、水路接壤的国境线以内 10 km 的林地。

f. 荒漠化和水土流失严重地区。防风固沙林基干林带(含绿洲外围的防护林基干林带)；集中连片 30 hm² 以上的有林地、疏林地、灌木林地。

g. 沿海防护林基干林带、红树林、台湾海峡西岸第一重山脊临海山体的林地。

h. 除前七款区划范围外，东北、内蒙古重点国有林区以禁伐区为主体，符合下列条件之一的：未开发利用的原始林；森林和陆生野生动物类型自然保护区；以列入国家重点保护野生植物名录树种为优势树种，以小班为单元，集中分布、连片面积 30 hm² 以上的天然林。

②地方公益林。是指由各级地方人民政府根据国家和地方的有关规定划定，并经同级林业主管部门核查认定的公益林，包括森林、林木、林地。

(2) 生态公益林的保护等级

按照《国家级公益林区划界定办法》认定的国家级公益林，保护等级分为两级。

属于林地保护等级一级范围内的国家级公益林，划为一级国家级公益林。林地保护等级一级划分标准执行《县级林地保护利用规划编制技术规程》(LY/T 1956—2011)。一级保护林地是指我国重要生态功能区内予以特殊保护和严格控制生产活动的区域，以保护生物多样性、特有自然景观为主要目的，包括流程 1000 km 以上江河干流及其一级支流的源头汇水区、自然保护区的核心区和缓冲区、世界自然遗产地、重要水源涵养地、森林分布上限与高山植被上限之间的林地。

一级国家级公益林以外的，划为二级国家级公益林。地方公益林(地)根据国家和各级地方人民政府的有关规定划定。

1.1.2.3 划分林种的条件

根据《森林法》，森林包括乔木林、竹林和国家特别规定的灌木林，按照用途可以分为防护林、特种用途林、用材林、经济林和能源林五大林种。

(1) 防护林

防护林是指以发挥生态防护功能为主要目的的森林、林木和林地。

①水源涵养林。以涵养水源、改善水文状况、调节区域水分循环，防止河流、湖泊、水库淤塞，以及保护饮用水水源为主要目的的森林、林木和林地。具有下列条件之一者，可划为水源涵养林。

a. 流程在 500 km 以上的江河发源地汇水区，主流与一级、二级支流两岸山地自然地形中的第一层山脊以内。

b. 流程在 500 km 以下的河流，但所处地域雨水集中，对下游工农业生产有重要影响，其河流发源地汇水区及主流、一级支流两岸山地自然地形中的第一层山脊以内。

c. 大中型水库与湖泊周围山地自然地形第一层山脊以内或平地 1000 m 以内，小型水库与湖泊周围自然地形第一层山脊以内或平地 250 m 以内。

d. 雪线以下 500 m 和冰川外围 2 km 以内。

e. 保护城镇饮用水源的森林、林木和林地。

②水土保持林。以减缓地表径流、减少冲刷、防止水土流失、保持和恢复土地肥力为主要目的的森林、林木和林地。具备下列条件之一者，可划为水土保持林。

a. 东北地区（包括内蒙古东部）坡度在 25°以上，华北、西南、西北等地区坡度在 35°以上，华东、中南地区坡度在 45°以上，森林采伐后会引起严重水土流失的。

b. 因土层瘠薄，岩石裸露，采伐后难以更新或生态环境难以恢复的。

c. 土壤侵蚀严重的黄土丘陵区塬面，侵蚀沟、石质山区沟坡、地质结构疏松等易发生泥石流地段的。

d. 主要山脊分水岭两侧各 300 m 范围内的森林、林木和林地。

③防风固沙林。以降低风速、防止或减缓风蚀、固定沙地，以及保护耕地、果园、经济作物、牧场免受风沙侵袭为主要目的的森林、林木和林地。具备下列条件之一者，可以划为防风固沙林。

a. 强度风蚀地区，常见流动、半流动沙地（丘、垄）或风蚀残丘地段的。

b. 与沙地交界 250 m 以内和沙漠地区距绿洲 100 m 以外的。

c. 海岸基质类型为沙质、泥质地区，顺台风盛行登陆方向离固定海岸线 1000 m 范围内，其他方向 200 m 范围内的。

d. 珊瑚岛常绿林。

e. 其他风沙危害严重地区的森林、林木和林地。

④农田牧场防护林。以保护农田、牧场减免自然灾害，改善自然环境，保障农、牧业生产条件为主要目的的森林、林木和林地。具备下列条件之一者，可以划为农田牧场防护林。

a. 农田、草牧场境界外 100 m 范围内，与沙质地区接壤 250~500 m 范围内的。

b. 为防止、减轻自然灾害在田间、草牧场、阶地、低丘、岗地等处设置的林带、林网、片林。

⑤护岸林。以防止河岸、湖岸、海岸冲刷崩塌、固定河床为主要目的的森林、林木和林地。具备下列条件之一者，可以划为护岸林。

a. 主要河流两岸各 200 m 及其主要支流两岸各 50 m 范围内的，包括河床中的雁翅林。

b. 堤岸、干渠两侧各 10 m 范围内的。

c. 红树林或海岸 500 m 范围内的森林、林木和林地。

⑥护路林。以保护铁路、公路免受风、沙、水、雪侵害为主要目的的森林、林木和林地。具备下列条件之一者，可以划为护路林。

a. 林区、山区国道及干线铁路路基与两侧（设有防火线的在防火线以外）的山坡或平坦地区各 200 m 以内，非林区、丘岗、平地和沙区国道及干线铁路路基与两侧（设有防火线的在防火线以外）各 50 m 以内。

b. 林区、山区、沙区的省、县级道路和支线铁路路基与两侧(设有防火线的在防火线以外)各50 m以内，其他地区10 m范围内的森林、林木和林地。

⑦其他防护林。以防火、防雪、防雾、防烟、护渔等其他防护作用为主要目的的森林、林木和林地。

(2) 特种用途林

特种用途林是指以保存物种资源、保护生态环境，用于国防、森林旅游和科学实验等为主要经营目的的森林、林木和林地。

①国防林。以掩护军事设施和用作军事屏障为主要目的的森林、林木和林地。具备下列条件之一者，可以划为国防林。

a. 边境地区的森林、林木和林地，其宽度由各省按照有关要求划定。

b. 经林业主管部门批准的军事设施周围的森林、林木和林地。

②实验林。以提供教学或科学实验场所为主要目的的森林、林木和林地，包括科研试验林、教学实习林、科普教育林、定位观测林等。

③母树林。以培育优良种子为主要目的的森林、林木和林地，包括母树林、种子园、子代测定林、采穗圃、采根圃、树木园、种质资源和基因保存林等。

④环境保护林。以净化空气、防止污染、降低噪音、改善环境为主要目的的有林地，包括城市及城郊接合部、工矿企业内、居民区与村镇绿化区的森林、林木和林地。

⑤风景林。以满足人类生态需求，美化环境为主要目的，分布在风景名胜区、森林公园、度假区、滑雪场、狩猎场、城市公园、乡村公园及游览场所内的森林、林木和林地。

⑥名胜古迹和革命纪念林。位于名胜古迹和革命纪念地，包括自然与文化遗产地、历史与革命遗址地的森林、林木和林地，以及纪念林、文化林、古树名木等。

⑦自然保护区林。各级自然保护区、自然保护小区内以保护和恢复典型生态系统和珍贵、稀有动植物资源及栖息地或原生地，或者保存和重建自然遗产与自然景观为主要目的的森林、林木和林地。

(3) 用材林

用材林是指以生产木材或竹材为主要目的的森林、林木和林地。

①短轮伐期工业原料用材林。以生产纸浆材及特殊工业用木质原料为主要目的，按照工程项目管理，采取集约经营、定向培育的森林、林木和林地。

②速生丰产用材林。通过使用良种壮苗和实施集约经营，缩短培育周期，获取最佳经济效益，森林生长指标达到相应树种速生丰产林国家(行业)标准的森林。

③一般用材林。其他以生产木材和竹材为主要目的的森林、林木和林地。

(4) 能源林

能源林是指以生产热能燃料为主要经营目的的森林、林木和林地。

(5) 经济林

经济林是指以生产油料、干鲜果品、工业原料、药材及其他副特产品为主要经营目的的森林、林木和林地。

①果品林。以生产各种干、鲜果品为主要目的的森林、林木和林地。

②食用原料林。以生产食用油料、饮料、调料、香料等为主要目的的森林、林木和

林地。

③林化工业原料林。以生产树脂、橡胶、软木、单宁等非木质林产化工原料为主要目的的森林、林木和林地。

④药用林。以生产药材、药用原料为主要目的的森林、林木和林地。

⑤其他经济林。以生产其他林副、特产品为主要目的的森林、林木和林地。

拓展训练

根据学生所在省份森林分类标准,对一个经营单位森林进行分类。此工作任务是利用已有的森林档案,在地形图上划分生态公益林和商品林,划分生态公益林和商品林的林种和亚林种。

林班区划

任务描述

收集一个林场 1∶50 000 地形图以及航片(卫片),并将地形图并接到一起,参考航片(卫片),在并接的地形图上绘制林场境界线、营林区境界线,依据经理等级确定林班面积,依据地形条件确定区划林班的方法,进行林班区划的内业设计和现地区划,对区划好的林班进行编号和命名。

每人提交一份林场的林班区划图。

任务目标

(一)知识目标

1. 了解区划的概念和种类。

2. 熟悉林班区划的方法。

3. 掌握林业区划、森林区划的概念,坚持山水林田湖草沙一体化保护和系统治理。

(二)能力目标

1. 根据林场的地理要素,能在有关部门收集到林场的地形图以及航片(卫片),并按图幅号进行并接。

2. 根据其他图面材料提供的信息,能绘制林场界线和工区界线。

3. 按森林经理等级和地形条件,能确定林班区划的面积和方法,并进行林班区划的内业设计。

4. 根据林班区划内业设计成果,能进行林班现地区划。

5. 根据林班区划成果,能编制林班号和林班命名。

(三)素质目标

1. 培养学生脚踏实地、精益求精的工作态度,认真完成各项任务。

2. 培养学生勤学苦练的学习态度,具备基本的识图能力,能根据提供的测绘资料获取专业相关的信息,完成森林区划。

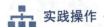 实践操作

1.2.1 林班区划的过程与要点分析

第一步：收集地形图及航片（卫片）与接图

根据调查要求选择最新出版的适宜比例尺的地形图以及航片（卫片），按图幅号进行接图。

第二步：绘制林场的境界线

林场的界线可根据其区划原则直接在地形图上将境界线勾绘出来。林场的境界应尽量利用明显山脊、河流、道路等自然地形及永久性标志。林场的形状以较规整为宜。林场的经营面积，南方一般为 1×10^4 hm^2 以下，北方则一般为 $1\times10^4 \sim 2\times10^4$ hm^2。林场面积不应大于 3×10^4 hm^2。

第三步：绘制营林区（工区）的境界线

各营林区的界线根据其区划原则直接在地形图上勾绘出来。营林区的界线应尽量以自然界线（山脊、河流、道路等）为境界线，其界线一般与林班线一致，即将若干个林班集中在一起组成营林区。

第四步：确定林班面积大小

林班面积一般为 $100 \sim 500$ hm^2，在南方经济条件较好的林区应小于 50 hm^2，北方林区一般为 $100 \sim 200$ hm^2。对丰产林、特种用途林的林班面积，可小于 50 hm^2。同一林场，林班面积的变动幅度不宜超过要求标准的 $\pm 50\%$。

第五步：区划林班

林班区划方法有 3 种，即人工区划法、自然区划法和综合区划。人工区划法是指以方形或矩形进行的人工区划，林班的形状呈规整的图形；自然区划法是指以林场内的自然界线及永久性标志，如河流、沟谷、山脊、分水岭及道路等作为林班线划分林班；综合区划法是指自然区划法与人工区划法的综合，一般是在自然区划的基础上加部分人工区划而成。

第六步：林班的编号和命名

林班的编号和命名一般以林场为单位，用阿拉伯数字由小到大，从林场的西北角起向东南、从上到下依次编号。如需要附加当地的名称时，应在编号后附上，以免出现同名混乱的现象。

第七步：伐开林班线

林班区划设计后，应根据设计的林班线，利用地形图、卫片（航片）或测量成果在现地落实，也就是在现地伐开林班线及标记。这些界线在明显山脊通过时，可以不伐开，只需在界线两侧树上挂号；对于自然界线不明显或人工区划的林班应现地伐开，伐开线宽一般为 1 m，清除伐开线上的小径木或灌木，并在伐开线的两侧树木上挂号。

第八步：埋设标志

各级林业主管部门、国有林场和林业经营水平较高的集体林区，应在其境界线上树立

标牌、标桩等标志。在林班线的相交处按规定和条件埋设林班标桩,林班标桩的材料,以坚实耐用为原则。

理论基础

1.2.2 森林区划

1.2.2.1 林业区划

(1) 区划的概念与种类

所谓区划,就是分区划片,是区域划分的简称。具体来说,区划是对地域差异性和相同性的综合分类,它是揭示某种现象在区域内共同性和区域之间差异性的手段。这种划分的地域范围(或称地理单元),其内部条件、特征具有相似性,并有密切的区域内在联系性,各区域都有自己的特征,具有一定的独立性。因此,区划是客观现实的反映是一种科学手段。常见的区划包括行政区划、自然区划、经济区划三大类。

①行政区划。为便于进行行政管理而分级划分的区域。如省(自治区、直辖市)—地区(市)、盟、州—县(市)、旗—乡、镇。其中地区专员公署是省(自治区)政府派出机构,只有行政管理职能,不设权力机构,而少数民族地区的盟和州都设有权力机构。根据国家管理需要,行政区划是可以变动的。大行政区如省、市、县变化较小,变化比较大的是乡的行政管理机构和区域范围。其变动的原因是政治、经济、民族、国防的特殊需要。随着社会主义建设深入发展,行政区划变动受经济因素的影响越来越大。

②自然区划。自然区划是指按照自然因子的差异性划分若干的自然区域。按多种因子划分的称为综合自然区划;按单项自然因子划分的称为部门自然区划;如按气候、地貌、土壤、植被、水分等区划。自然区划是按大自然各因子划分的自然区域,是自然的、客观的,一旦区划后,在相当长的时期内是不会变化的。

③经济区划。经济区划是指根据客观存在并各具特色的经济现象所划分的区域。它是社会劳动地域分工的一种形式,是以一定经济结构、中心城市为核心的紧密联系的地域经济(生产)综合体。经济区划有综合经济区划和部门经济区划两类。综合经济区划类似国民经济区划,包括工业、农业、交通运输业等方面的区划。部门经济区划可分为工业区划、综合农业区划、交通运输区划、商业网区划等。综合农业区划还可细分为畜牧业区划、作物区划、林种区划等。

(2) 林业区划的概念

林业区划是根据林业特点,在研究有关自然、经济和技术条件的基础上,分析、评价林业生产的特点与潜力,按照地域分异的规律进行分区划片,进而研究其区域的特点、生产条件以及优势和存在的问题,提出其发展方向、生产布局和实施的主要措施与途径,以便因地制宜,扬长避短,发挥区域优势,为林业建设的发展和制定长远规划等提供基本依据。简而言之,林业区划即以全国或省(自治区、直辖市)、县(旗)为总体,在区域之间,区别差异性,归纳相似性,予以地理分区,使之成为各具特点的"林区"。

(3)林业区划的意义与作用

林业生产具有很强的地域性,因地制宜是指导林业生产的一个重要原则。我国幅员辽阔,自然条件、自然资源、社会经济状况以及技术条件等,在不同地区之间千差万别。这些差异,不仅在全国,而且在一个省、一个县之内也明显存在,但在一定范围内又有共同性。这些差异性与共同性是有地理分布规律的。研究林业生产条件的地域分区划片,进行各级林业区划,对合理开发利用自然资源,科学指导林业生产,加速实现林业现代化,具有重要的意义。

由此可见,林业区划是组织林业建设的一项必不可少的基础工作,也是揭示地域差异规律的一种重要手段。因此,搞好这项工作,对实现社会主义林业现代化将发挥以下作用:

①有助于领导部门因地因需制宜,分类指导,正确组织生产,部署任务,避免工作上的盲目性。

②便于全面贯彻林业方针、政策,扬长避短,发挥优势,改造不利条件,挖掘生产潜力,加速林业建设的发展。

③可为科学制定林业发展规划,实现领导科学化和决策科学化,充分利用林业资源,发展商品生产打下有利基础。

④提出分区发展方针和科学布局,为林业生产区域化、专业化和现代化创造条件。

⑤林业区划可为合理进行森林区划提供指导和依据。

(4)林业区划系统

根据全国林业发展区划工作组《全国林业发展区划三级区区划办法》(2007),中国林业区划采用三级分区体系。

①一级分区——自然条件区。旨在反映对我国林业发展起到宏观控制作用的水热因子的地域分异规律,同时考虑地貌格局的影响。通过对制约林业发展的自然、地理条件和林业发展现状进行综合分析,明确不同区域今后林业发展的主体对象,如乔木林、灌木林、荒漠植被;或者林业发展的战略方向,如开发、保护、重点治理等。

②二级分区——主导功能区。以区域生态需求、限制性自然条件和社会经济对林业的发展的根本要求为依据,旨在反映不同区域林业主导功能类型的差异,体现森林功能的客观格局。

③三级分区——布局区。包括林业生态功能布局和生产力布局。旨在反映不同区域林业生态产品、物质产品和生态文化产品生产力的差异性,为实现林业生态功能和生产力的区域落实。

通过一、二、三级区划,将形成一套完整、科学、合理的符合我国国情的全国林业发展区划体系,对全国林业发展进行分区管理和指导,从而提高全国林业发展水平。这不仅是实施以生态建设为主的林业发展战略的重要举措,也是构建完备的林业生态体系、发达的林业产业体系和繁荣的生态文化体系的迫切需要。

1.2.2.2 森林区划

(1)森林区划的概念

森林区划又称林地区划。森林区划是对整个林区进行地域上的划分,将林区在地域上区划为若干个不同的单位,以便于合理经营。它也是调查规划的基础工作,合理的区划对森林资源调查经营管理具有重要的意义。进行森林区划,应尊重自然、顺应自然、保护自然,站在人与自然和谐共生的高度,坚持山水林田湖草沙一体化保护和系统治理,做好生态保护,最大限度提升生态系统多样性、稳定性、持续性。森林区划的主要目的包括以下方面:①便于调查、统计和分析森林资源的数量和质量;②便于组织各种经营单位;③便于长期的森林经营利用活动,总结经验,提高森林经营水平;④便于进行各种技术、经济核算工作。

(2) 森林区划系统

目前,在我国林区中,森林经营区划系统如下。

①经营单位区划系统。

a. 林业局(场):林业(管理)局→林场(管理站)→林班→小班;林业(管理)局→林场(管理站)→营林区(作业区、工区)→林班→小班。

b. 自然保护区(森林公园):管理局(处)→管理站(所)→功能区(景区)→林班→小班。

②县级行政单位区划系统。县→乡→村→林班→小班;或县→乡→村→小班;或县→乡→村→林班。

经营区划应同行政界线保持一致。对过去已区划的界线,应相对固定,无特殊情况不宜更改。

(3) 林业局区划的原则与方法

林业局是林区中一个独立的林业生产和经营管理的企业单位。合理确定林业局的范围和境界,是实现森林永续经营利用的重要保证。影响林业局境界确定的主要因素一般包括:

①企业类型。林业企业类型是根据林权及经营重点划分的。现阶段,我国林区分国有、集体和个人3种所有制形式。在国有林区有林业局、国有林场等企业单位;在集体林区或农村地区,有乡(镇)办或村办的林场。

②森林资源情况。森林资源是林业生产的物质基础。在林业局范围内,只有具备一定数量和质量的森林资源时,方能有效地、合理地进行森林经营利用活动。所谓森林资源,主要表现在林地面积及森林蓄积量上。从长期经营及森林永续利用的要求出发,林业局的经营面积一般以 $15×10^4 \sim 30×10^4 hm^2$ 为宜。在我国南方林区,有些地区森林资源比较分散,林业局的面积可小些,经营面积在 $5×10^4 \sim 10×10^4 hm^2$。

③自然地形、地势。该因素对确定林业局的境界和范围有重要作用。以大的山系、水系等自然界线和永久性的地物(如公路、铁路)作为林业局的境界,对于经营、利用、管理、运输、生活等方面均有重要作用。

④行政区划。确定林业局境界时,应尽量与行政区划相一致,这样有利于林业企业与地方机构协调关系,特别是对林政管理、护林防火、劳动力调配等方面。

林业局的范围,应充分考虑有利于生产、生活以及交通情况,一般境界线确定后,不宜轻易变动。林业局的面积不宜过大,其形状以规整为好,切忌将局址设在管辖范围以外。

(4) 林场区划

林场是林业局下属的一个具体实施林业生产的单位,也有的林场是具备法人资格的企业单位。其区划应以全面经营森林和以"以场定居,以场轮伐",森林可持续经营为原则。

林场的境界应尽量利用山脊、河流、道路等自然地形及永久性标志。林场的范围应便于开展经营活动、合理组织生产及方便职工生活,因此,林场的形状以较规整为宜。

关于林场的经营面积,根据我国各地的经济条件和自然历史条件不同,南方各林场的面积一般为 $1\times10^4 \ hm^2$ 以下;北方一般为 $1\times10^4 \sim 2\times10^4 \ hm^2$,根据我国林业企业的森林资源情况,木材生产工艺过程和营林工作的需要,也不应大于 $3\times10^4 \ hm^2$。总之,林场的面积不宜过大或过小,过大不利于合理组织生产和安排职工生活;过小则可能造成机构相对庞大、机械效率不能充分发挥等缺点。

我国林业局以下的林业管理机构名称也有多种,如主伐林场、经营所、采育场、伐木场等。从长远看,应统称为"林场"较为适合。

(5)营林区区划

在林场内,为了合理地进行森林经营利用活动,开展多种经营以及考虑生产和职工生活的方便,根据有效经营活动范围,特别是防护林防火工作量的大小,将林场再区划为若干个营林区。营林区是林场内的管理单位。由于森林资源的分散和集中程度,地形、地势条件,居民点分布,火险等级,经营水平和交通条件等,营林区的大小有所不同。但应以工作人员步行到达最远的现场花费时间不超过 1.5 h 为宜。营林区界限一般与林班线一致,即将若干个林班集中在一起组成营林区。

(6)林班区划

林班是在林场的范围内,为便于森林资源统计和经营管理,将林地划分为许多个面积大小比较一致的基本单位。在开展森林经营活动和生产管理时,大多以林班为单位。因此,林班是林场内具有永久性经营管理的土地区划单位。

林班的区划方式有 3 种,即人工区划法、自然区划法和综合区划法。

①人工区划法。人工区划法是以方形或矩形进行的人工区划,林班的形状呈规整的图形。林班线需用人工伐开,呈直线或折线状。这种方法的优点是设计简单,林班面积大小基本一致,林班线的走向容易辨别,在平原及丘陵地区有利于调查统计和开展各种经营活动,并可作为防火线及道路使用。缺点是起伏较大的林区,如果用人工区划,会大大增加伐开林班线的工作量,而林班线又起不到对经营管理有利的作用。此法适用于平坦地区及丘陵地带的林区及部分人工林区。例如,在东北林区的大、小兴安岭及长白山林区,曾采用过 1 km×1 km 为一个林班,林班线的方向是北偏西 45°,36 个林班组成一个分区的人工区划法。如图 1-1 所示。

图 1-1 人工区划法
(引自于政中,1993)

图1-2 自然区划法

②自然区划法。自然区划法是以林场内的自然界线及永久性标志，如河流、沟谷、山脊、分水岭及道路等作为林班线划分林班的方法。因而林班面积的大小相差较大，形状也不规整。自然区划的林班多为两面山坡夹一沟，这样便于经营管理。如面积过大时，可以一面坡作一个林班。林区中永久性的道路，是进行森林经营利用重要的设施及标志，因而多用做林班线。这种区划法的缺点是林班面积往往大小不一，形状各异，给求算面积带来一定困难。其优点是保持自然景观，对防护林、特种用途林有积极的意义，对自然保护区也有特殊的作用，此法适用于山区。如图1-2所示。

③综合区划法。综合区划法是自然区划法与人工区划法的综合。一般是在自然区划的基础上加部分人工区划而成。综合区划法的林班面积亦不一致，但能够避免过大过小，比自然区划法要好。综合区划法是山区区划林班的主要方法。综合区划法虽克服了上述两种方法的不足，但在组织实施上，技术要求比人工区划法复杂，现地区划时仍有时出现林班线不易正确落实的情况。如图1-3所示。

图1-3 综合区划法

林班区划原则上采用自然区划或综合区划，地形平坦等地物点不明显的地区，可以采用人工区划。在具有风景、旅游、自然特殊景观和疗养性质的林区，林班大小和形状的设置要尽可能与森林景观及旅游产业的需要结合起来，以保持自然面貌为区划林班的原则。

林班的面积应根据经营目的、经济条件和自然历史条件即经营水平而定。少林地区、自然保护区、东北与内蒙古国有林区、西南高山地区、生态公益林集中地区以及近期不开发林区的林班面积，根据需要可适当放宽标准。同一林场，林班面积的变动幅度不宜超过要求标准的±50%。应防止在区划林班时划分过大，给以后长期经营带来不便。对于面积较小的村、场或少林地区，可不作林班区划。

区划的林班及林班线，主要用途表现在便于测量和求算面积；清查和统计森林资源；辨认方向；护林防火及林政管理；开展森林经营措施活动及森林资源的多种经营。因此，合理区划林班，是森林经营管理工作中的重要内容之一。林班区划还要考虑森林经理等级要求。

林班区划线应相对固定，无特殊情况不宜更改。在林班线的相交处按规定和条件埋设林班标桩。区划的林班及埋设林班标桩后，每个林班的地理位置、相对关系及面积就固定下来，为长期开展林业生产活动提供了方便的条件。

(7) 小班区划

林班是林场内固定的经营管理的土地区划单位，但林班的面积仍是很大，而其中的土地状况和林分特征仍有较大的差别，为了便于调查规划和因地制宜地开展各种经营活动，必须根据经营要求和林学特征，在林班内划出不同的地段（林地或非林地等），这样的地段（林地）称为小班。

拓展训练

收集一个林场 1∶50 000 航片（卫片）以及地形图，并将航片（卫片）并接到一起，参考地形图在并接的航片（卫片）上绘制林场境界线、营林区境界线，依据经理等级确定林班面积大小，依据地形条件确定区划林班的方法，进行林班区划的内业设计和现地区划，对区划好的林班进行编号和命名，每人提交一份林场的林班区划图。

小班区划

任务描述

以林业生产单位的森林为对象，按照演示操作和教材设计的步骤，依据小班区划的因子和条件，在 1∶10 000 的地形图上采取对坡勾绘方法，以 GPS 为辅助手段进行小班区划。或结合资源数据利用 PDA 进行小班区划。

每人提交一份小班区划图。

（一）知识目标

1. 掌握森林等级的内涵。
2. 掌握区划小班的条件。
3. 掌握小班编号和求算面积的原则。

（二）能力目标

1. 根据林场的森林经理等级，能确定小班区划的精度。
2. 根据小班区划因子和条件，能区划小班并绘制界线。
3. 根据小班区划成果，能编制小班号和求算小班面积。

（三）素质目标

1. 培养学生的团队意识，团结协作，共同完成任务。
2. 培养学生认真钻研、精益求精，具有应用专业知识分析问题、解决问题的能力。

实践操作

1.3.1 小班区划的过程与要点分析

第一步：确定小班区划的精度

根据森林经理等级和经营要求，确定小班区划的精度。

第二步：确定小班面积

小班最小面积和最大面积依据林种、绘制基本图所用的地形图比例尺和经营集约度而定。最小小班面积在地形图上不小于 4 mm^2，对于面积在 0.067 hm^2 以上而不满足最小小班面积要求的，仍应按小班调查要求调查、记载，在图上并入相邻小班。南方集体林区商品林最大小班面积一般不超过 15 hm^2，其他地区一般不超过 25 hm^2。

第三步：区划小班

根据实际情况，可分别采用以下方法进行小班调绘：

①采用由测绘部门绘制的当地最新的比例尺为 1∶10 000～1∶25 000 的地形图到现地进行勾绘。对于没有上述比例尺的地区可采用由 1∶50 000 放大到 1∶25 000 的地形图。

②使用近期拍摄的(以不超过 2 年为宜)、比例尺不小于 1∶25 000 或由 1∶50 000 放大到 1∶25 000 的航片、1∶100 000 放大到 1∶25 000 的侧视雷达图片在室内进行小班勾绘，然后到现地核对，或直接到现地调绘。

③使用近期(以不超过 1 年为宜)经计算机几何校正及影像增强的比例尺 1∶25 000 的卫片(空间分辨率 10 m 以内)在室内进行小班勾绘，然后到现地核对。

空间分辨率 10 m 以上的卫片只能作为调绘辅助用图，不能直接用于小班勾绘。

第四步：小班编号

小班区划成图后，按要求进行小班编号。小班编号以林班为单位，用阿拉伯数字注记，其顺序、编写方法与林班编号相同。

第五步：小班面积求算

按照"层层控制，分级量算，按比例平差"的原则进行面积量算。即先量算国有林业局(县、保护区、森林公园)的面积，再量算林场(乡、管理站)、林班(村)面积，最后量算小班面积。如无特殊情况，县、乡各级行政单位的面积应与民政部门公布的面积一致。各级面积经准确量算后，复查时除非界线发生变化，否则不准变动。国有林业局(县、保护区、森林公园)、林场(乡、管理站)的面积用理论图幅面积计算，即将分布在各图幅上的部分累加求得。一个图幅上的各部分面积，要分别量测进行平差。用地理信息系统(GIS)绘制成果图时，可直接用地理信息系统量算林班和小班面积。手工绘制成果图时，可用几何法、网点网格法或求积仪等量算林班和小班面积。林场(乡、管理站)内各林班面积之和与林场面积相差不到 1%，林班内各小班面积之和与林班面积相差不到 2% 时，可进行平差，超出时应重新量算。面积量算以公顷为单位，精确到 0.1 hm^2。

理论基础

1.3.2 小班区划

1.3.2.1 小班的内涵

为了便于查清森林资源和开展各项经营活动，有必要在林班内再按一定的条件划分不同的小区，即小班。小班在林学特征上是一致或基本一致的，从而也要求实施相同的经营措施。不同的地类就可以划分不同的小班。林分是根据生物学特性相近似而划分出的森林小区，而小班是根据一定条件，从经营观点出发而在林班中划分出来的小区。由此可见，林分是划分小班的基础。通常一个小班就是一个林分，也可能包括几个林分。在经营条件好、森林经营强度较高的地区，有可能一个林分就划分成一个小班。反之，在个别林分面积特别小的情况下，可能一个小班就包括几个林分。因此，原则上凡能引起经营措施差别的一切明显因素，皆可作为区划小班的依据。

1.3.2.2 区划小班的依据

小班是森林资源规划设计调查、统计和经营管理的基本单位，小班划分应尽量以明显地形地物界线为界，同时兼顾资源调查和经营管理的需要考虑下列基本条件：权属不同；森林类别及林种不同；生态公益林的事权与保护等级不同；林业工程类别不同；地类不同；起源不同；优势树种(组)比例相差二成以上，Ⅵ龄级以下相差一个龄级，Ⅶ龄级以上相差二个龄级；商品林郁闭度相差 0.20 以上，公益林相差一个郁闭度级，灌木林相差一个覆盖度级；立地类型(或林型)不同。

(1)权属

权属包括所有权和使用权(经营权)，分为林地所有权、林地使用权和林木所有权、林木使用权。林地所有权分国有和集体，林木所有权分国有、集体、个人和其他。林地与林木使用权分国有、集体、个人和其他，在区划小班时，权属不同，应划为不同的小班。

(2)森林类别及林种

按照主导功能的不同将森林资源分为生态公益林(地)和商品林(地)2个类别。林种是根据国民经济的需要和森林的不同效益，而将森林划分为生态公益林和商品林。不同类别的森林，应区划为不同小班。

(3)生态公益林的事权与保护等级

生态公益林按事权等级划分为国家公益林(地)和地方公益林(地)。按照《国家级公益林区划界定办法》区划界定程序认定的国家级公益林，保护等级分为两级。地方公益林(地)根据国家和各级地方人民政府的有关规定划定。

(4)林业工程类别

六大林业重点工程为：天然林资源保护工程、退耕还林工程、京津风沙源治理工程、三北与长江中下游等重点地区防护林建设工程、野生动植物保护和自然保护区建设工程、速生丰产用材林基地建设工程。

(5) 土地类别

①有林地。连续面积大于 0.067 hm^2、郁闭度 0.20 以上、附着有森林植被的林地，包括乔木林、红树林和竹林。

②疏林地。附着有乔木树种，连续面积大于 0.067 hm^2、郁闭度在 0.10~0.19 的林地。

③灌木林地。附着有灌木树种或因生境恶劣矮化成灌木型的乔木树种以及胸径小于 2 cm 的小杂竹丛，以经营灌木林为目的或起防护作用，连续面积大于 0.067 hm^2、覆盖度在 30% 以上的林地。

④未成林造林地。按照起源不同分为造林未成林地和封育未成林地两种。

⑤苗圃地。固定的林木、花卉育苗用地，不包括母树林、种子园、采穗圃、种质基地等种子、种条生产用地以及种子加工、储藏等设施用地。

⑥无立木林地。包括采伐迹地、火烧迹地和其他无立木林地。

⑦宜林地。经县级以上人民政府规划为林地的土地，包括宜林荒山荒地、宜林沙荒地和其他宜林地。

⑧辅助生产林地。直接为林业生产服务的工程设施与配套设施用地和其他有林地权属证明的土地。

(6) 林分起源

根据林分生成方式，划分以下 3 类。

①天然林。由天然下种或萌生形成的森林、林木、灌木林。

②人工林。由人工直播(条播或穴播)、植苗、分殖或扦插造林形成的森林、林木、灌木林。

③飞播林。由飞机播种或模拟飞播造林形成的森林、林木、灌木林。

林分起源同时又可分为实生林和萌生林 2 种。不同起源的林分应区划为不同的小班。

(7) 优势树种(组)

在乔木林、疏林小班中，由蓄积量组成百分比确定，蓄积量占总蓄积量百分比最大的树种(组)为小班的优势树种(组)。

①未达到起测胸径的幼龄林、未成林造林地小班，按株数组成比例确定，株数占总株数最多的树种(组)为小班的优势树种(组)。

②经济林、灌木林按株数或丛数比例确定，株数或丛数占总株数或丛数最多的树种(组)为小班的优势树种(组)。

优势树种(组)组成不相同的林分，其生长发育特点不同，故经济价值不同，要求采取的经营措施也不尽相同。因此，根据优势树种或优势树种组的不同区划小班。在区划小班时，优势树种组成相差二成的，可划分不同小班。

(8) 龄级(组)

同一树种由于龄级(龄组)不同，其相应的生长发育阶段不同，采取的经营措施应有差别。一般Ⅵ龄级以下的林木，相差 1 个龄级，Ⅶ龄级以上相差 2 个龄级时，可划分为不同小班。调查时，应确定小班优势树种(组)的平均年龄。汇总时，根据经营管理的需要按龄级或龄组进行统计。

对于经济林，为统计和规划的需要，应根据其产品的生长特性和生长过程划分为产前期、初产期、盛产期和衰产期4个生产阶段。

对于短轮伐期用材林，可依据其经济成熟龄确定主伐年龄，划分林龄组。

（9）郁闭度、覆盖度等级

①郁闭度等级。高：郁闭度0.70以上；中：郁闭度0.40~0.69；低：郁闭度0.20~0.39。

②覆盖度等级。密：覆盖度70%以上；中：覆盖度50%~69%；疏：覆盖度30%~49%。

商品林郁闭度相差0.20以上，公益林郁闭度相差一级，灌木林覆盖度相差一级，即可划分不同小班。

（10）林分出材率等级

用材林近、成、过熟林林分出材率等级，由林分出材量占林分蓄积量的百分比或林分中商品用材树的株数占林分总株数的百分比确定，见表1-1。

表1-1 用材林近、成、过熟林林分出材率等级表

出材率等级	林分出材率(%)			商品用材树比例(%)		
	针叶林	针阔混	阔叶林	针叶林	针阔混	阔叶林
1	>70	>60	>50	>90	>80	>70
2	50~69	40~59	30~49	70~89	60~79	45~69
3	<50	<40	<30	<70	<60	<45

当出材率等级相差一级时，可按出材率等级来划分小班。

（11）立地条件

在进行了林型（立地条件类型）和地位级（或立地指数）调查的地区，区划小班时，可按林型（或立地条件类型）及地位级（立地指数）的不同区划小班。未进行林型（或立地条件类型）、地位级（或立地指数）划分的，可直接根据坡度、坡向、坡位和地貌等因子的不同区划小班。

①坡度。坡度级的划分标准：Ⅰ级为平坡0°~5°；Ⅱ级为缓坡6°~15°；Ⅲ级为斜坡16°~25°；Ⅳ级为陡坡26°~35°；Ⅴ级为急坡36°~45°；Ⅵ级为险坡46°以上。坡度级相差一级划分为不同小班。

②坡向。坡向分东、南、西、北、东北、东南、西北、西南及无坡向9个方位。

③坡位。坡位分脊、上、中、下、谷、平地6个坡位。

④土壤厚度等级。根据土壤A层+B层厚度确定。厚度等级见表1-2。

表1-2 土层厚度等级表

厚度级	A层+B层厚度(cm)	
	亚热带山地丘陵、热带	亚热带高山、暖温带、温带、寒温带
厚层土	>80	>60
中层土	40~79	30~59
薄层土	<40	<30

⑤地貌。极高山：海拔 5000 m（含）以上的山地；高山：海拔为 3500~4999 m 的山地；中山：海拔为 1000~3499 m 的山地；低山：海拔低于 1000 m 的山地；丘陵：没有明显的脉络，坡度较缓和，且相对高差小于 100 m；平原：平坦开阔，起伏很小。

(12) 小班的最小面积

区划小班时，主要根据上述条件，但在具体区划时，还需考虑小班面积问题。因为若按上述条件划分出来的小班，面积都很小，且小班数目很多，这样，不仅会使调查工作复杂化，同时，也将给今后实施各项经营措施造成不便。因此，小班面积既不能过小也不应过大，应依据林种、绘制基本图所用的地形图比例尺和经营集约度而定，一般为 3~25 hm²。最小小班面积在地形图上不小于 4 mm²，对于面积 0.067 hm² 以上而不满足最小小班面积要求的，仍应按小班调查要求调查、记载，在图上并入相邻小班。南方集体林区商品林最大小班面积一般不超过 15 hm²，其他地区一般不超过 25 hm²。

同时，最小小班面积的确定还应考虑以小班的轮廓形状能在地形图（或基本图）上表示出来为原则。

1.3.2.3 区划小班的方法

区划小班的方法可分为 3 种，即用航空相片或卫星相片判读勾绘、用地形图现地勾绘和实测法。不论采用何种方法划分小班，均应到现地核对，对不合理的界线进行修正。在有条件的地区，应尽量利用明显的地形、地物等自然界线作为小班界线或在小班线上设立明显标志，使小班位置固定下来，以便统一编码管理。

拓展训练

利用 PDA 结合二调成果与航片或卫片的叠加图，完成某一林班小班的区划工作，每人提交一份此林班小班区划图。

任务 1.4　组织森林经营单位

任务描述

根据当地林场经营目的和经营水平，按照教师指导和教材设计步骤划分林场的林种区，组织林场的经营类型，确定经营小班。

每人提交一份调研报告。

任务目标

（一）知识目标

1. 了解林种区、经营类型、小班经营法的内涵。
2. 熟悉组织林种区、经营类型、小班经营法的因子。
3. 掌握林种区、经营类型、小班经营法的组织方法。

（二）能力目标
1. 根据林种区划分标准，能划分出林场的林种区。
2. 根据组织经营类型的条件，能完成林场经营类型的组织工作。
3. 根据小班经营法的条件和标准，能区划经营小班。

（三）素质目标
1. 培养学生的全局观念和协作精神，共同完成任务。
2. 培养学生笃实好学、认真钻研的工作态度，提高自学能力。

 实践操作

1.4.1 组织森林经营单位的过程与要点分析

第一步：划分林种区

林种区的界线通常利用林班线。对于沿铁路、公路的护路林种区以及沿大河流、湖泊、水库的护岸林种区，如以林班线作为界线不便时，可用小班界线或人工区划。在此情况下，林种区的境界必须在外业区划时在现地确定。一般林种区的界线应与行政区划及林业行政管理（营林区）的界线相一致。每个林种区均有一定的面积，通常每个林种区至少不低于整个林场总面积的5%。

第二步：林种区命名

林种区的命名是以具体的林种进行命名的。如用材林种区、护路林种区等。

第三步：组织经营类型

经营类型的组织是一项复杂细致的工作。其工作步骤是通过外业的森林资源调查之后，在内业经过森林资源统计分析和论证，在同一林种区内，根据小班特点，将它们分别归类组织起来，确定经营类型，然后按经营类型进行归类统计，计算采伐量以及规划设计各种经营措施等。组织经营类型是龄级法经营森林的基础，目前世界各国经营林业大多采用这种方法。

第四步：命名经营类型

经营类型的命名，一般根据主要树种命名。有时可以在主要树种之前，再加上森林起源、立地质量高低、产品类型及防护性能等名称。

 理论基础

1.4.2 组织森林经营单位

1.4.2.1 组织经营单位的意义

森林区划只是对林区的面积做了地域性的划分，但还不能满足组织森林经营的需要。因为在同一林业局（或林场）范围内，由于森林类型和自然条件的不同，其各个组成部分的经济意义和森林资源的组成，结构往往多种多样，因而，它们的经营方针、目的和经营制度也不会相同，因此，有必要根据森林在国民经济发展中的作用、目的以及经营利用措施的要求，将小班(林分或林地)分别组织成一些单位，形成一套完整的经营体系，以便因地制宜、因林制宜，分别对待。这样有利于经营，简化经营措施和减轻工作量。

自然条件的不同，表现在林分的树种组成、林分结构、林分年龄和立地质量差异等方面。随着自然条件的不同，林分所起的作用表现在国民经济的效益上亦不同，也就是在森林经营方向上有差别。所有这些，都需要组织不同经营单位，拟定相应的作业体制或经营制度。

森林作用的多样性及复杂性，表现在不同林分类型上，而不同林分则以不同小班来表现。小班的内部情况是比较一致的，有些小班，虽然它们在地域上不相连，但它们的内部特征(如优势树种、龄级、郁闭度、地位级等)却比较接近，也可以组织在一起形成一个经营单位，以便采取相同的经营方针和经营措施。

森林经营的任务，就是根据上述这些差别，从长期经营出发，在森林区划和森林资源清查的基础上，对林班、小班进行归类，组成一定的经营单位。首先是划分林种区，然后在林种区内再组织经营类型，确定经营目的，并制定相应的经营制度即经营措施，使其成为长期的经营单位。因此，组织经营单位就是统一经营目的和经营措施的一种形式，它可体现经营方针和因地制宜、分别对待的原则，从而为技术计算和规划设计打下基础。

组织经营单位后，不但为编制森林经营方案创造了有利条件，而且通过组织经营单位，把整个林业局(林场)内所承担的经营任务，根据各部分的具体特点正确地配置，使整体和局部统一起来，共同完成总的经营任务。林区内部无论多么复杂，经营目的如何多样化，通过组织经营单位，会使之条理化，并简化了设计与执行经营管理的过程。因此，划分和组织经营单位是组织经营单位的基础，是森林调查规划工作的重要环节。

1.4.2.2 林种区的概念

森林经理对象(林业局或林场)内的各部分森林，由于它们在国民经济中的作用不同，经营方面亦不相同，这反映在不同的林种上。为了合理经营森林，有必要根据各林种所占的区域范围，划出不同的经营单位，这种经营单位称为林种区。林种区就是在林业局或林场的范围内，在地域上一般相连接，经营方向相同，林种相同，以林班线为境界的地域范围。

林种区的界线一般以林班线作为境界线，这样便于经营管理。林种区的界线可以和行政管理或营林区界线一致。一个林场，可能是一个林种区或几个林种区。林种区划定后，有关森林资源的统计，大多数森林经营及利用措施、规划设计，均以林种区为单位汇总。其他如经营管理机构、护林防火、开发运输和工程建设等则是从整个林业局或林场的范围来考虑。

林种区划分的细致程度，决定于林区的经济条件和自然条件。只有在经营制度上有明显差别时，才划分不同林种区。不应划得过细，划得过细会使森林资源统计和管理增加许多不必要的工作。

1.4.2.3 林种区划分的依据

根据林种区在组织经营上所起的作用，在划分林种区时，应考虑以下因素。

(1) 林种的差别

森林在国民经济中的作用不同，具体表现在森林不同的类别上，也就是表现在不同的林种上。不同的林种有不同的经营方针，因此，有必要根据林种的不同划分不同的经营单位即为林种区。我国在《森林法》中规定的 5 类林种，就是划分林种区的主要依据。

(2) 森林经营强度的不同及开发运输条件的差别

对于同一林种，由于经营目的或森林经营强度不同，也可以划分不同的林种区。例如，防护林又可根据不同的防护目的分为水土保持林种区、水源涵养林种区等。在用材林中，有一部分地区可能因采伐过度，使木材枯竭，因而需要大大减少采伐量，大力开展造林营林活动；而另一部分则有大量的可利用资源需要及时采伐利用，在这种情况下就可以划为不同的林种区。再如，同为用材林，一部分地处人口稠密、交通方便、经济发达的地区；另一部分在交通不便、经济落后的深山地区，这种情况也有必要划分不同的林种区。

1.4.2.4 经营类型的概念

在同一林种区内，虽然经营利用方向一致，但各个小班的经营目的和自然特点往往有很大的差别。因而不能用相同的经营方式和经营措施进行经营活动。因此，在划分了林种区后，需要根据小班特点，将它们分别归类组织起来，采取相同的经营目的和经营利用措施，这种组织起来的单位称为经营类型或作业级。因此，经营类型就是在同一林种区内由一些在地域上不一定相连，但经营目的相同，需要采取相同的经营措施和相同的林业技术计算方法的许多小班组合起来的一种经营单位。

1.4.2.5 组织经营类型的依据

组织经营类型的依据主要包括以下方面。

(1) 树种

林分或有林地小班之间，最显著的差异是树种不同。其他条件相同的情况下，树种不同时，在满足国民经济对木材需要程度以及森林的防护效能亦不相同。如在用材林中，为了培育某一材种，就需要把达到一定年龄时可提供这样规格木材的小班组织成一个经营类型，以便统一定向培育。在防护林或其他林种中，为了充分发挥森林的有效作用，也需要按不同树种组织经营类型。所以，树种是组织经营类型的首要因素。

对天然林而言，每个小班的树种组成不可能完全一致，这时应以优势树种为主。但各小班的优势树种不一定是主要树种，也可能是次要树种占优势，因此，当优势树种是主要树种时，应按优势树种的不同组织经营类型。如次生树种占优势时，可以组织临时经营类型，以便通过合理经营使其转变为以主要树种占优势的经营类型。如某些优势树种的小班占面积过小（一般小于林种区面积的 5%）时，可将性质相似的几个主要树种（又是优势树种）合并在一起，组织成一个经营类型。如针叶树经营类型、软阔叶经营类型等。

(2) 立地质量

优势树种或主要树种相同，而立地质量不同，表现在地位级、地位指数(级)不同时，小班(林分)的自然生产力则有较大差别。立地质量高的适宜于培育大径材，而立地质量低的只能培育出中、小径材或薪炭材。

(3) 森林起源

优势树种相同而林分起源不同，则林木的寿命、生产率、材种和防护效能等均不相同。所谓森林起源不同，一般指林分是实生或萌生，有时亦指天然林或人工林。因而林分起源不同时，可分别组织经营类型。如杉木实生经营类型，杉木萌生经营类型等。

(4) 经营目的

由于经营上的需要，可以根据经营目的不同组织不同的经营类型。在经济条件好、交通方便的林区，经营目的不同往往是组织经营类型主要的依据之一。如在用材林林区中，有一些分散的特种经济林小班，就可以组织特用经济林经营类型，如母树林经营类型、油茶林经营类型等。有时为了满足国民经济对某一种特殊的需要而组织专门生产某材种的经营类型，如矿柱材经营类型、造纸材经营类型等。

对有林地小班应根据上述条件来组织经营类型。对无林地小班，则应按其立地条件和经营目的的差异，分别归到相应的经营类型中去，以便对经营类型设计森林经营管理措施时一并考虑。

综上所述，在一个林场内组织经营类型数量的多少，除取决于上述4个条件外，还取决于森林经营水平的高低。一般经营水平越高，组织经营类型的个数也越多。因每一个经营类型均需有一套完整的经营利用措施体系即从经营目的到主要树种、作业法、轮伐期、经营措施等，各经营类型都应有其特点。如果在经营利用措施上没有显著的差别，则没有必要强求组织过多的经营类型。

组织经营类型后，同一经营类型中的各个小班，在不同时期(表现在各个龄级中)应实施不同的经营措施，即在同一经营类型中，同龄级的不同小班的经营利用措施相同的。这样就可以按龄级来实施同一经营利用措施，简化了规划设计工作，提高了工作效率，也便于在经理期内按经营措施统计工作量。

组织经营类型后，便于组织生产，具体落实林种区的经营方向；在规划设计工作时，可以按照经营类型建立一套较完整的经营技术体系，有利于实施森林可持续经营；组织经营类型规划设计，可以简化规划设计工作，因为每一个经营类型均有一套完整的经营制度，设计后就可以在较长时间内根据它开展经营活动。

每一经营类型都有相应于其经营目的的森林作业法，而不是某一阶段性的经营措施，如对用材林林种区来说，经营类型就成为确定主伐年龄、主伐方式、标准年伐量、间伐量，以及一切经营措施的单位。

1.4.2.6 小班经营法的概念及其特点

小班经营法是指按小班设计和执行经营措施的方法。应用小班经营法组织森林经营时，需在外业森林资源清查时，按林分特点、自然条件及经营要求，将在地域上相连的若干个调查小班合并划为经营小班，并在现地分出小班线和埋设小班标桩。经营小班亦可在区划调查小班的基础上，在室内进行合并形成经营小班，然后在开展经营活动时，再现地落实。经营小班的面积不宜过大，一般为 3~10 hm²。

(1) 经营小班区划的条件
①经营目的、经营利用方式相同，作业条件基本一致。
②土壤和肥力等级基本一致。
③同一立地类型或林型、坡向、坡度、坡位基本相似。
④小班最小面积在 0.5 hm² 以上。

目前，我国的森林调查规划实践中仍以组织经营类型为主，小班经营法只限在少数经营强度特别高的地段实施。

小班经营法是在林种区内直接以小班为单位，或合并类似小班为单位来组织经营，假如由若干小班为单位来组织森林经营活动，其在地域上必须是相连的，经营目的和措施也是一致的。

(2) 小班经营法的特点
①区划成固定的经营小班。
②作业法、经营措施的设计和执行单位是经营小班。
③定期地进行生长量的检查，按连年生长量确定采伐量。
④作业法是以集约择伐作业为主。

由于小班经营法是在详细的立地调查和林分调查的基础上，按林分组织经营，以经营小班为单位进行设计和开展森林经营活动，因此适用于经营水平较高的林区，在经营强度比较高的林场或林场中的局部林区，例如，防护林、特种用途林等可以考虑采用小班经营法。

拓展训练

调研当地林场经营类型的现状，撰写分析报告。

自测题

一、名词解释

1. 公益林(地)；2. 防护林；3. 森林区划；4. 自然区划法；5. 林班；6. 小班；7. 灌木林地；8. 水源涵养林；9. 小班经营法；10. 疏林地；11. 林种区；12. 经营类型。

二、判断题

1. 林地所有权分国有和集体。( )
2. 在区划小班时，权属不同，应划为不同的小班。( )
3. 划分小班的原则是每个小班内部的自然特征基本相同并与相邻小班又有显著的差别。( )
4. 生态公益林(地)包括防护林和特种用途林。( )
5. 商品林(地)包括用材林、能源林和经济林。( )
6. 生态公益林按事权等级划分为国家公益林(地)和省级公益林(地)。( )
7. 按《森林法》规定，把森林划分为防护林、特种用途林、用材林、竹林、能源林、

经济林六大林种。 (　　)

8. 坡位分脊、上、中、下、谷、平地6个坡位。 (　　)

9. 林班的编号和命名一般以林场为单位，用阿拉伯数字由小到大，从林场的西北角起向东南、从上到下依次编号。 (　　)

10. 以涵养水源，改善水文状况，调节区域水分循环，防止河流、湖泊、水库淤塞，以及保护饮用水水源为主要目的森林、林木和灌木林称为防护林。 (　　)

三、填空题

1. (　　)是以保护和改善人类生存环境、维持生态平衡、保存种质资源、科学试验、森林旅游、国土保安等需要为主要经营目的的森林、林木、林地。

2. (　　)是以净化空气、防止污染、降低噪音、改善环境为主要目的森林、林木和灌木林。

3. 按照气候、地貌、土壤、植被、水分等因子进行地域性的区划，称为(　　)。

4. (　　)就是在同一林种区内由一些在地域上不一定相连，但经营目的相同，需要采取相同的经营措施和相同的林业技术计算方法的许多小班组合起来的一种经营单位。

5. 经济林应根据其产品的生长特性和生长过程划分为产前期、(　　)、(　　)和(　　)4个生产阶段。

6. (　　)是以生产各种干、鲜果品为主要目的的森林、林木和灌木林。

7. 不论采用何种方法划分小班，均应到(　　)核对，对不合理的界线进行修正。

8. 能源林是指以生产(　　)为主要经营目的的森林、林木和灌木林。

9. 同一林场，林班面积的变动幅度不宜超过要求标准的(　　)。

10. 最小小班面积的确定应以小班的(　　)能在地形图(或基本图)上表示出来为原则。

四、简答题

1. 组织经营类型的依据主要有哪几个方面？
2. 利用地形图现地对坡目测勾绘小班的步骤。
3. 林班的区划方法。
4. 林种区如何组织？
5. 如何确定优势树种(组)？

项目2 森林经理调查

森林经理调查是森林资源调查的一种形式。按《森林资源调查主要技术规定》属于规划设计调查,即二类调查,但一般称为森林经理调查。

森林经理调查是以森林经营管理单位或行政区域为调查总体,查清森林、林木和林地资源的种类、分布、数量和质量,客观反映调查区域森林经营管理状况,为编制森林经营方案、开展林业区划规划、指导森林经营管理等需要进行的调查活动。本项目有林业生产条件调查、林业专业调查、小班调查和多资源调查4项任务。

知识目标

1. 了解林业生产条件调查、林业专业调查、小班调查、多资源调查的内涵。
2. 掌握林业生产条件、专业调查、小班调查以及多资源调查的内容及调查方法。

能力目标

1. 能进行林业生产条件调查。
2. 能进行林业专业调查。
3. 能进行不同地类小班的调查。
4. 能进行多资源调查。

素质目标

1. 培养学生吃苦耐劳精神、团结合作的意识。
2. 培养学生爱岗敬业精神、坚强的毅力。
3. 培养学生牢固树立和践行绿水青山就是金山银山的理念。

任务2.1 林业生产条件调查

 任务描述

森林经理调查,就是森林经营单位为了制订森林经营计划、规划设计、林业区划和检查评价森林经营效果、动态而进行的森林资源调查。这类调查是在国家林业和草原局统一部署下，由各省级林业主管部门组织实施，调查间隔期为 10 年。其主要内容是通过调查经营单位区域内的森林资源种类、数量和质量，以及相关的自然、社会经济、经营历史状况，然后对其进行分析、评价，提出森林资源管理计划方案，或对森林资源管理的现状进行检查。可见，林业生产条件调查的重要性。

收集一个林场自然条件、社会经济条件、林业经营历史等方面的资料，组织学生根据林场的实际情况确定林业生产条件。

每人提交一份林场的林业生产条件调查报告。

任务目标

（一）知识目标
1. 了解林业生产条件调查的内容。
2. 掌握林业生产条件的概念。
3. 掌握林业生产条件调查的方法。

（二）能力目标
1. 根据林场的地理要素，收集林场的自然条件、社会经济条件、林业经营历史等方面的资料，并根据实际情况，能确定补充调查内容。
2. 能根据林场的实际情况，确定林业生产条件调查的方法。
3. 能根据调查资料，编写林业生产条件调查报告。

（三）素质目标
1. 培养学生与人交流沟通的能力。
2. 培养学生资料收集、分析、整理、总结的能力。

实践操作

2.1.1　林业生产条件调查过程与要点分析

第一步：熟悉林场及周边环境

了解林场及周边自然资源局、农业农村局、水利局、气象局、交通运输局等有关部门。

第二步：确定林业生产条件调查内容

林业生产条件调查内容很多，但至少应调查收集下列主要内容的资料。

(1) 自然条件调查

主要有地理条件、地质条件、水资源条件，以及气候、气象条件。

(2) 社会经济条件调查

主要有林业与农、牧、渔、工业等的关系；森林与区域社会、环境的关系，林业的地域配置、林权等状况，森林产品市场状况，林业对区域社会的经济贡献，交通运输状况以及人口、劳动力状况等。

(3) 林业生产活动调查

调查内容主要包括以下方面：森林经营机构的沿革、二类调查工作、森林经营方案、经营情况、环境状况，以及森林企业经营管理。

各地的自然条件和社会经济条件不一，可自行选择确定相关调查内容，对重要的自然、经济条件进行重点调查。

第三步：收集材料

林业生产条件的调查首先应从收集现有文字资料开始。对现有文字资料，应尽量收集齐备。

第四步：访问及实地调查

(1) 访问调查

对于没有收集到的资料，要通过访问调查取得。访问当地有关部门和群众是常用的调查和收集资料方法。

(2) 实地调查

在收集现有文字资料和调查访问的基础上，还不能解决或不能满足调查要求时，应采取实地调查的方法。实地调查时，一般根据调查的要求、深度和调查对象的特点，采用深入现场观察记载或选取标准地调查的方法。

第五步：撰写调查报告

在完成调查任务的基础上，每人撰写一份调查报告，包括林区自然条件、社会经济条件、林业生产活动的调查结果和分析说明。

理论基础

2.1.2 林业生产条件调查理论基础与内容

2.1.2.1 林业生产条件的概念

林业生产条件，就是影响林业生产发展的一些客观因素。对森林资源进行科学管理，首先要调查本区域内林业生产条件，也就是说必须对哪些在森林经营管理过程中产生影响的相关条件进行全面系统的调查。

一切规划和计划都要遵循客观规律。调查林业生产条件的目的，在于了解森林经理对象的客观条件，掌握林业生产中的自然规律和经济规律，为森林经理工作编制经营方案提供依据。通过对以往林业生产活动的调查研究，总结分析过去林业生产活动中的经验教训，掌握本地区的物质技术条件和经营管理水平，有利于拟定科学的、行之有效的经营方案和组织林业生产。因此，对林业生产条件进行系统周密的调查和科学的分析是森林经理工作不可缺少的一环，是能否设计出既符合客观实际又能指导实践的森林经营方案的关键。这项工作的好坏直接影响森林经理工作的质量。

2.1.2.2 林业生产条件调查研究的内容

林业生产的发展与经营管理水平、投资、道路网的密度、林业机械化水平及设备和劳动力供应等条件有直接关系。这些条件大多属于经济性问题，而这些问题不全是林业部门所能解决的。例如，机械化水平和设备提供与工业发展有关；道路网的密度与交通运输业的发展有关；劳动力来源主要靠农业供应等。总之，林业生产的发展依赖于其他国民经济部门的发展。同样，林业的发展也必然影响整个国民经济各个部门。因此，除了了解林业本身的经济条件外，还要了解社会经济条件，特别是农业、工业、交通运输等对林业的要求和需要。

林业生产条件调查大体可归纳为自然条件调查、经济条件调查、林业生产活动调查和森林资源特点分析4个方面。

(1) 自然条件调查

自然条件是指对当地森林生长发育和经营利用活动有影响的各种自然因素，是资源所处的环境条件。在林业生产过程中，应充分利用自然条件。因为自然界的各种因素，对森林的形成、分布、结构、林木生长率都有直接作用，它决定了各种技术措施的可行性。

为了在林业生产活动中按自然规律办事，最大限度地利用自然条件中的有利因素，克服不利因素，需要深入地调查和收集自然条件中各项有关因素，以便对森林的发生、发展的自然规律，生态效益，扩大再生产条件及经营利用森林的原则、方式、方法等提出科学分析，作为编制森林经营方案的重要技术依据。因此，深入了解林区的自然条件，是合理经营管理森林资源的前提。在自然条件的调查与资料收集中，主要有以下内容。

①地理条件。主要包括地形地势、行政区划位置、植物区系等。

a. 地形地势。地形地势影响森林的树种组成和林木生长发育。地形地势的不同，影响着土壤厚度、地表径流、土壤流失、光照条件、温度、降水、土壤湿度、蒸腾量等生态因子的变化，也影响着局部地区的小气候。因此，在拟定经营利用措施时必须要考虑地形的特点，要因地制宜。例如，在高山林区，为了避免森林采伐后引起水土流失和水源涵养作用被破坏，在划分林种、组织经营类型、确定采伐方式时必须考虑地形地势的特点。在确定运输路线、运输类型、集材方式等技术设计时也应参考地形地势的资料。地形地势的调查首先要查明林区中主要山脉的名称、形状、长度、平均海拔、走向，以及支脉的分布情况，查明调查范围内最高山峰及其海拔等。调查局部地形地势时，还需调查记载地形的类型，各小班的坡度、坡向和海拔等。当经营管理对象为林业局时，由于面积较大，需要对大区地形进行调查和描述。一般的林场只需调查中、小地形。

b. 行政区划。行政区划位置的调查是本区域所在的行政位置，通常分为省、市、县、乡、村、组六级行政区。

c. 植物区系。植物区系是指某一地区，或者是某一时期、某一分类群、某类植被等所有植物种类的总称。如中国秦岭山脉生长的全部植物的科、属、种即是秦岭山脉的植物区系，它们是植物界在一定自然环境中长期发展演化的结果。通常将某地区全部植物种类按科、属、种进行数量统计。

②土壤条件。土壤是森林的主要生态因子，对森林的生长发育有着很大的作用。森林的组成、结构、生产力和木材质量等都与土壤的特性有关。在造林设计、更新时的树种选择，以及确定主伐方式、选择作业法时都要考虑土壤条件。同时，土壤条件也是确定林型或立地条件类型的重要因素。调查土壤条件时，首先要了解土壤类型的分布情况及其森林

植物群落。同时也应调查了解这些土壤的结构和肥力特性,研究土壤条件和森林生长发育的关系。

③气候条件。在林木生长发育过程中,光照、温度、湿度、风、降水量等气象因子对其有很大影响。在林区的气候因子中,生长期的长短和降霜时期对育苗、造林等有很大影响。了解风的性质和方向尤其是主风方向及其因地形的变化,对采伐带方向设计及采伐顺序排列特别重要。为了确定火灾危险等级和拟定防火措施,就有必要了解降水量和空气湿度的变化。有关气象资料需从当地气象部门收集。

④水文条件。水文条件包括河流和湖泊的分布、长度、深度、宽度、流量和流速,以及地表径流与地下水状况。在山区要收集森林破坏后地表径流对土壤的侵蚀情况,调查研究森林分布对水源涵养作用和河流流量的作用。在有沼泽地的林区还应查明沼泽化的程度。有了这些水文资料,就对水运、林区建设和有关经营措施的设计提供了依据。

(2)社会经济条件调查

社会经济条件调查的内容主要是林业在区域社会中的地位和任务,也就是调查与林业发展关系最密切部门的状况和关系,其主要调查内容如下。

①基本情况。主要调查林业在当地国民经济中的地位和任务,调查林场隶属的行政区、四邻、地理位置,了解林场范围内各居民点的人口、劳力、畜力及车辆等情况。

②农业情况。调查本地区耕地面积及其分布、粮食产量;调查农业与林业的相互关系及农业劳力支持林业的能力;乡办或村办林场情况;农村需材(包括烧材)情况;当地牧、副、渔各业生产情况等。

③工业情况。了解和收集有关当地工业生产部门的分布、生产现状、发展趋势;调查各工业部门当前和今后对木材和林副产品的需求量和实际供应能力。这些材料的调查分析,对确定采伐量、考虑木材供需平衡具有重要的参考价值。

④交通、电力条件。调查当地铁路、各级公路与林道的分布、运输能力,道路养护等情况;了解输电、通信分布情况及数量、质量情况。

⑤林业生产情况。收集林业局(场、所)营林生产和木材生产及其他各项生产情况,包括年产量、生产工艺过程以及劳动组织、劳动生产率和定额等主要技术经济指标。

⑥机械设备情况。了解现有机械设备型号、数量、适用程度、使用率、完好率、设备维修情况及提高机械化水平的可能性。

⑦投资情况。收集建局(场、所)以来国家投资总额;近年来投资来源,包括国家投资、地方投资、自筹资金和贷款等;向上级主管部门调查了解在规划期间对该单位投资的可能性与可能投资额。资金来源是决定方案能否实现的重要条件。

⑧职工生活情况。了解局(场、所)职工及职工家属的生活、商品供应、自给性商品生产的可能性、文化生活、工资水平以及家属子女的就业安排或工作安排、职工安居乐业等情况。

(3)林业生产活动调查

调查了解过去林业生产活动情况,总结以往林业生产的经验教训,掌握生产单位的经营水平,对编制森林经营方案是很有益处的。其调查内容包括以下方面。

①以往编制森林经营方案的内容和执行情况。对于以前曾开展过森林经营规划工作,

编制过森林经营方案的单位，了解所编方案的内容和执行情况，找出方案的问题和经验，分析其原因。这些经验教训可用作编制新方案时的借鉴。森林经营活动的经验教训，应当着重调查分析过去所实施的一切森林经营措施在技术上和经济上的合理性及其实际效果，并找出存在的问题，为今后正确地设计经营措施提供依据。这些森林经营措施包括：造林、更新、幼林与成林抚育、林分改造、护林防火、病虫害防治等。

②森林采伐利用情况。了解历年来的实际采伐量、主伐年龄、主伐方式、主伐和集运材的机械化程度以及采伐与更新的比例关系。从历年采伐量与森林资源的消长变化，分析量是否合理。同时还应了解采伐作业的实施情况，造材、集材是否合理。对更新跟不上采伐、采育比例失调的，要认真分析，找出原因，及时纠正。

③多资源利用情况。对已开展的多资源开发利用项目，如对采伐剩余物的利用、经济植物资源、野生动物、风景资源、水资源和农业资源的生产规模、设备、产品销售、原料来源、经济收入等情况进行调查分析，为进一步有效地扩大多资源开发利用项目提供依据。

④基本建设情况。基本建设情况主要包括道路、桥涵、各类厂房以及职工办公、居住的房屋等。

⑤企业管理情况。主要了解过去企业管理水平。其中包括企业机构设置、职工人数编制，以及职工业务技术水平、劳动生产率、企业收支情况等。

⑥天然林资源保护和生态林业建设工程的实施情况。天然林资源保护工程是在重点林区通过工程措施，经过一段时间的建设和保护，从根本上遏制生态环境恶化，使林区流域走向可持续发展道路。主要调查森林分类经营区划的合理性、一般公益林调查设计的情况、重点公益林调查设计的情况、商品林调查设计情况、调整林业生产结构和实行转产措施情况、调整林种结构情况和利用高新技术提高木材资源利用率情况等。

(4) 森林资源特点分析

以经营单位最近一次调查的森林资源数据为主，分析其森林资源特点。如林场的总面积、森林覆盖率、天然林面积等，数据的获取主要通过经营单位资源档案，资源管理等渠道获得。

2.1.2.3　林业生产条件调查的方法

林业生产条件的调查研究应根据不同的内容采取不同的调查方法，一般采取以下几种途径。

①收集现有的文字材料。对现有文字资料，应尽量收集齐备。文字记载材料，包括过去的施业案、年度计划、远景规划、历史总结报告及完成国家计划数字、有关科研报告及技术经验总结等。这些材料均属技术档案资料，可直接到林场档案室借阅。有关气象、水文、地质、土壤方面资料可以从有关专业部门收集。

②调查访问。可采取与有经验的林业工人、技术人员和干部及熟悉当地情况的群众个别座谈，或与有关人员开调查会等形式。这种方法，不仅在缺乏文字记载材料情况下必需，并且当过去文字记载不够全面或不够翔实时，通过调查访问也可以起到补充和核实的作用。

③实地调查。一般根据调查的要求、深度和调查对象的特点，采用深入现场观察记载

或选取标准地调查的方法。例如，过去经营情况(采伐、集材、运材等)、自然条件(如地形地势、水文等)和有关经济情况等，都可通过现场观察记载的方法来了解。若需要确切的数据加以论证的，如在评定天然更新和人工幼林的质量时，可以在有代表性的地点选择标准地进行调查。

调查时首先要保证调查数据的真实性和科学性。当有些重要数据因来源不同而有出入时，要进一步了解和核实，切不可用一些不可靠和失真的数据，导致错误或片面的结论和分析。

影响林业生产的因素是多方面的，有经济因素、自然因素和以往经营活动的基础，同时又有方针、政策方面的因素，这些因素都不是孤立的，而是错综复杂的，往往又同时对林业生产起着作用。因此，在分析这些条件或因素时，应从实际出发，找出当地具体情况下影响林业生产的主导因素，以便抓住事物的本质，得出正确的结论。

拓展训练

收集一个林场自然条件调查、社会经济条件、林业经营历史等方面的资料，根据林场的实际情况，确定林业生产条件调查的内容；结合收集的资料情况，确定林业生产条件调查的方法，每人提交一份林场的林业生产条件调查报告。

任务2.2 林业专业调查

 任务描述

在一个林场收集立地类型、林业土壤、森林更新、森林病虫害、森林生长量、野生动物、珍稀植物资源、林业经济、森林多种效益、造林典型设计、森林经营类型设计，以及自然条件和社会经济条件等有关的文字及图面材料，组织学生根据林场的地形、土壤、气候、植物群落等特点，确定立地类型调查、林业土壤调查、森林更新调查、森林病虫害调查、森林生长量调查、野生动物调查、珍稀植物资源调查、林业经济调查、森林多种效益调查、造林典型设计调查、森林经营类型设计调查的内容。

每人提交一份林场的林业专业调查报告。

 任务目标

(一)知识目标
1. 了解林业生产条件调查和林业专业调查的关系。
2. 熟悉林业专业调查的内容和方法。
3. 掌握林业专业调查和立地类型调查的概念。

(二)能力目标
1. 能确定专业调查前应准备的仪器、工具、图表资料。
2. 能确定专业调查的内容。

3. 会林业专业调查的方法。
4. 能完成林业专业调查报告。
(三)素质目标
1. 培养学生爱护仪器、保护工具的责任担当。
2. 培养学生团队协作的精神、吃苦耐劳的能力。

 实践操作

2.2.1 林业专业调查过程与要点分析

第一步：准备工作

(1) 资料收集

充分收集与利用已有调查成果资料，主要包括航测照片、地形图、林相图、森林植被、病虫害、水文调查资料、理论、方法、技术标准以及林业生产经验总结等，并对重要资料进行汇编或摘要工作。

(2) 物资准备

外业工作时所需的物品，在出发之前必须做好充分的准备，一般应准备各种外业调查用表、仪器、工具等，以及必要的生活用品。

第二步：查阅资料、访问

到达工作地点后，首先访问有关的工作人员，例如，林场的工人、职员、技术人员等，谈有关当地的自然、经济等情况，可采用座谈会的形式，对所谈的情况必须认真记录，同时查阅林场或所在地区有关的文献资料。

第三步：踏查

在正式开展调查前，应当进行林区概况踏查，初步了解和掌握调查地区植物群落所处地形、土壤、气候特点，为正式调查时选择调查路线和设置标准地打好基础。

第四步：调查

总结各项内容调查方法，主要采取标准地(或样方)调查、标准木或样木调查以及路线调查与标准地调查相结合的调查方法。

第五步：内业材料整理

根据专业调查报告要求进行具体整理，主要包括数据表格、图、文字材料等内容。

第六步：编写调查报告

内容包括调查工作背景、外业调查项目、内业整理项目、主要调查方法及技术标准、调查成果与质量、工作体会以及相关附件材料。

2.2.2 林业专业调查理论基础与内容

2.2.2.1 林业专业调查概述

根据编制森林经营方案的需要，在林业生产条件调查的基础上，进行森林资源调查的同时，对于某些林业调查项目需要专门组织专业人员进行重点详细的调查，即所谓林业专业调查。

林业专业调查是森林经理调查的组成部分和重要基础，其调查项目包括立地类型调查、林业土壤调查、森林保护调查、森林生长量调查、森林更新调查、野生动物调查、林业经济调查、珍稀植物资源调查、森林多种效益调查、造林典型设计调查以及森林经营类型设计调查等内容。从林业专业调查内容看，有些项目和林业生产条件调查内容相同，但它们在调查的要求和精度上是有区别的。林业专业调查要求更详细些。在实际调查中二者一般是结合在一起的，不做重复调查。一个林业局或林场具体进行哪些林业专业项目的调查，应根据编制森林经营方案的需要而定。

2.2.2.2 林业专业调查的内容

(1) 立地类型调查

立地类型又称立地条件类型。所谓立地条件是指对林木生长有影响的各个环境因子的综合，它包括地形地势、小气候、土壤、植被等。立地类型则是有相同立地条件的各个有林地和宜林地段的总体。

进行立地调查的目的，是通过立地类型的调查，准确地划分林业用地的各种土地种类的立地类型，评价立地质量，为林业区划、规划、总体设计和开展林业生产提供科学依据。它是划分造林类型、森林经营类型、编制林业数表和其他专业调查的基础。

划分立地类型必须遵循正确反映立地特征的科学性和便于掌握、使用的实用性的基本原则，以调查地区内决定森林生产潜力、影响森林经营效果的主导因子为依据。主要内容包括：地貌因子、坡度因子、坡向因子和坡位因子，各因子具体划分依据见森林区划。

立地类型调查一般采用路线调查和标准地相结合的方法进行。

(2) 林业土壤调查

林业土壤也是森林资源的重要组成部分。进行林业土壤调查的目的包括：

①查清林区的土壤资源，为开发利用林区土壤，进行农、林、牧合理布局，为造林和森林经营设计以及林业区划、规划等提供技术依据。

②通过对现有林地的土壤调查，了解土壤的发生类型和分布规律及其与森林分布、林木生长发育的关系，从而为定向培肥土壤、林木速生丰产、提高森林生产率，制定切实可行的森林经营措施。

③通过对荒山、荒地、荒丘的土壤调查，了解土壤与地形地貌、植被、小区气候等自然因素之间的关系，为划分立地类型，适地适树等造林规划设计提供科学依据。

④测定土壤的主要理化性质及水、肥、气、热状况，查明障碍因素，对土壤肥力进行综合评价，为编制森林分布图、土壤分布图、土壤pH值图、土壤碳酸钙图、土地利用图或肥力等级图、土壤调查报告等提供依据。

林业土壤调查的方法一般分为概查和详查2种。调查时可结合小班调查和立地类型进行调查。在实际调查中，土壤厚度等级根据土壤A层+B层厚度确定，以厘米（cm）为单位，精确到1 cm，等级划分标准见表2-1。

表 2-1 土壤厚度等级

厚度等级	A 层+B 层厚度(cm)	
	热带、亚热带山地丘陵	温带、暖温带、寒温带及亚热带高山
厚土层	>80	>60
中土层	40~80	30~60
薄土层	<40	<30

(3) 森林保护调查

森林保护调查的目的是摸清调查地区各主要林分类型的主要病虫害种类、数量、危害情况、分布区域、生态条件、发生情况，调查林内卫生状况和害虫的天敌种类、数量和应用的可能性等，为森林经营和森林调查规划中森林病虫害防治设计提供科学依据。病虫害调查还包括幼林地、苗圃地、采伐迹地以及地下、贮木场等病虫害调查。

①森林病虫害调查。森林病虫害调查的目的是摸清调查地区各主要林分类型的主要病虫害种类、虫口密度、危害程度、分布区域、生态条件、发生发展的原因；调查林内卫生状况和虫害的天敌种类、数量和应用的可能性；调查幼林地、苗圃地、采伐迹地以及地下、贮木场等的病虫害情况；查清病虫害对林木造成的损失及其与林木、立地条件、人为活动等因素的关系。

②森林火灾情况调查。了解调查地区火灾的概况，查清火灾种类、发生时间、次数、延续时间及其与气象因素、树种抗火特性、人为活动等因素的关系，以及防火设施、扑灭设施和扑灭方法等情况。火灾面积采用估算法或实测法或航测法调查；林木损失采用全面每木调查或标准地的每木调查方法；其他情况调查可查森林档案或采取调查访问方法进行。

③其他灾害调查。主要有苗圃地鸟害、森林鼠害、极端高温和低温危害、大气污染等。要查清它们的种类、危害方式及部位、防治方法和预测措施。其他灾害调查亦可采取路线踏查和标准地调查的方法。

病虫害调查一般采取路线调查和标准地调查的方法。通过调查，为森林经营和森林调查规划中森林病虫害防治设计、森林防火和其他灾害的预防提供科学依据。

(4) 森林生长量调查

进行森林生长量调查，掌握森林资源的动态变化规律，可为确定合理采伐量、预估森林资源的变化以及评价森林经营措施效果提供可靠的数据。

森林生长量可分为林区生长量和林分生长量。林区生长量可通过调查各类林分生长量求得，也可对整个林区进行森林生长量一次性抽样调查或进行森林生长量的间接调查求得。林分生长量可分别对优势树种、龄级(组)进行调查。调查方法可采用树干解析法、标准地或标准木法、生长过程表和生长锥法等，也可结合森林资源连续清查固定样地进行调查。

(5) 森林更新调查

森林更新调查包括天然更新、人工更新、人工促进天然更新的调查。

①天然更新调查。其主要调查对象为天然近、成、过熟林，疏林，采伐迹地，火烧迹地，林中空地等。主要调查内容包括幼树或幼苗的树种、目的树种、株数、频度、树高、树龄、起源及生长状况等。天然更新的评定标准见表 2-2。

表 2-2 天然更新评定标准

等级评定	不同幼树树高组(株/hm^2)		
	≤30 cm	31~50 cm	≥51 cm
良好	≥5001	≥3001	≥2501
中等	3001~5000	1001~3000	501~2500
不良	≤3000	≤1000	≤500

天然更新调查的目的是为了了解更新情况，分析采伐方式、采伐强度、伐区配置、伐区宽度对更新的影响；各种集材方式与更新的关系；环境因子、立地条件对更新的影响；母树保留分布形式，采伐间隔期以及人为活动与更新的关系；鉴定天然更新的数量和质量，以便设计更新措施。

②人工更新调查。人工更新调查包括未成林造林地和人工幼林调查。调查人工幼林时应分别立地条件类型、造林树种、造林年度、混交方式、造林密度、造林方法、整地方式、幼林抚育方法等不同，进行生长情况的调查。未成林造林地主要调查不同情况造林地的成活率和保存率，其等级评定标准见表 2-3。

表 2-3 造林保存率等级评定标准

等级	保存率(%)	应采取措施
1	≥85	抚育管理
2	41~84	补植或补种
3	≤40	重造

通过调查结果可以分析不同条件下各种造林技术措施对造林成活率和林木生长的影响，总结以往的经验教训，为今后正确设计措施和提高造林质量提供依据。

③人工促进天然更新调查。分别不同地理条件及不同促进更新措施，调查促进更新的作业时间、方式、整地方式、株数、野生苗移植、补植及其他技术措施的效果。通过调查分析影响人工促进天然更新的因素，提出今后促进天然更新的改进意见。通常采用标准地和小样方的调查方法。

(6) 母树林、种子园调查

母树林和种子园是培育良种的基地。种子品质的优劣，直接影响人工林的生产率和质量。母树林和种子园调查内容主要包括建立时间、树种、密度、面积、无性系、生长情况、抚育管理、种子结实、采种等情况。通过这些调查可为母树林、种子园规划设计和制订经营管理措施提供依据。

调查方法可采取标准地调查法或全林每木调查法。

(7) 苗圃调查

苗圃是生产苗木的基地。采用先进的育苗技术，提高苗木的产量和质量，是林业生产的重要环节。苗圃调查的主要内容包括苗圃类别、经营面积、区划情况、育苗种类、年产苗量、育苗方法、成本、现有设备、劳动组织及主要指标等。对新建苗圃应调查地形、地势、位置、土壤、水源、地下水、病虫害等情况。根据调查结果提出苗圃的经营管理意见。

(8) 野生动物调查

野生动物资源调查是森林资源调查的重要组成部分，因此，应对林区出现的野生动物资源进行调查。主要调查其种类、大致数量、分布、培育和利用状况，以及根据调查结果提出必要的保护措施等。

野生动物资源调查可采用抽样调查或典型调查的方法，样地面积不少于动物栖息地面积的10%。但也可以采取下列方法：

①直接调查法。哄赶调查，空中监视，利用航空摄影和红外片。

②间接调查法。叫声数；足迹或卧迹计数或拍照、尿斑、粪堆计数；啃食痕迹；地方土特产收购部门的记录及地方志的记载。

③动向估测法。可在特定季节里，沿预定路线步行或乘汽车或骑马来测定动物，将行程中每千米见到的动物总数提供一个群体的动向指标或估计各种动物性别和年龄比率。这种调查虽不能构成一个完整的调查，但可在经营管理中起参考作用。

(9) 林业经济调查

为使各项林业生产建设获得最佳的经济效益，处理好森林的直接效益和间接效益的关系、经济与技术的关系，必须重视并加强林业经济调查。林业经济调查的主要内容包括社会经济、林业经济情况、森林经营利用情况的调查，为林业生产应采取的技术经济政策和措施提供可靠的依据。

林业经济调查是森林资源调查规划设计的重要组成部分，是制定林业区划、林业规划、林区总体设计和评价林业生产经营效果的一项基础工作，应结合森林资源调查和规划设计的特点，研究经济与技术的关系，正确处理森林的直接效益与间接效益的关系，使林区(局、场)在建设中获得较佳的经济效果。

林业经济调查主要调查社会经济基本情况、林业经济基本情况以及森林经营利用情况等方面的内容。

(10) 珍稀植物资源调查

珍稀植物资源调查是森林资源调查的重要组成部分，因此，应对林区出现的珍稀植物资源进行调查。珍稀植物资源调查的任务是查清调查地区珍稀植物资源的种类、大致数量、分布、生长环境、蕴藏量、培育和利用状况，以及根据调查结果提出必要的保护措施等。

珍稀植物资源的调查方法主要采用路线调查(概查)、样地调查、补充调查或逐地逐块全面调查(详查)相结合的方法。

(11) 森林多种效益调查

森林多种效益计量调查与评价的目的，在于正确认识和评价现有森林在保护国土、改善农牧业生产条件和人类生存环境，以及森林在当地国民经济中的地位和作用。为制定林业政策，进行林业区划、合理划分和调整林业布局，编制与当地社会经济及自然条件相适应的林业发展规划、科学经营和综合利用森林资源提供必要的科学依据。

森林多种效益计量和评价涉及一系列重要理论和技术问题。我国开展这项工作还处于初始阶段，国外的研究历史也不是很长，至今还没有一套被普遍采用的计量与评价方法，为此，应制定适合我国国情和当地林业特点的调查与评价方法。

(12) 造林典型设计调查

规划设计编制森林经营方案需进行造林典型设计，它是林业专业调查技术工作体系中的典型、类型设计系统。为了提高造林、营林科学水平和造林成活率，并为林木的生长发育打下良好基础，需编制造林典型设计。造林典型设计要在充分调查自然条件的基础上，划分立地类型，分别立地类型进行编制。包括林地清理设计、整地设计、树种及用种苗量设计，以及造林方法和幼林抚育管理设计等。

编制时要坚持适地适树的原则，认真研究造林树种的生物学特性和生态学特性，广泛搜集和总结以往的造林经验，根据造林林种和树种的不同、立地类型的特点，结合当地造林技术经验和社会经济条件，为不同的立地类型提出相应的造林典型设计。设计结果要求科学、先进、可行。对提高造林成活率、保存率，促进幼林生长，缩短轮伐期，提高林木产品质量和其他森林有益性能产生应有的作用。

在充分调查自然条件的基础上，划分立地类型，根据所划分的立地类型，分别立地类型编制相应的造林典型设计。

(13) 森林经营类型设计调查

规划设计编制森林经营方案需进行森林经营类型设计，它是林业专业调查技术工作体系中的典型、类型设计系统。森林经营类型设计，是在森林分类的基础上，分别经营类型进行编制。内容包括组织经营类型、森林经营设计、森林生长量和收获量预估及经济效益评价等。其中，森林经营设计具体包括：

①一般公益林调查设计。包括择伐作业设计、更新采伐作业设计、抚育间伐作业设计、人工促进天然更新作业设计、母树林抚育作业设计、更新造林设计。

②重点公益林调查设计。包括封山育林设计、造林调查设计。

③商品林调查设计。包括皆伐作业设计、择伐作业设计、渐伐作业设计、抚育间伐作业设计、低产林改造作业设计、更新造林作业设计、母树林抚育作业设计（作业设计内容及方法与公益林要求相同）。

④其他设计。包括森林保护设计、土壤改良设计、种子园设计、林副产品利用设计、林业数表编制、单位面积收获量预估和经济效益分析等。

2.2.2.3 林业专业调查的方法

各项专业调查应尽量收集生产、科研等单位及该地区过去的调查资料和科研成果，并认真研究、分析，充分利用。这样可以节省人力物力。对于需要而又不足的部分要进行现地调查。因此，在调查前首先要收集和研究以往的调查材料（包括有关图面材料）。只有在了解过去调查成果、精度及方法后，才有利于提出和制定今后调查的重点和方法。

在开展调查前还应进行一次踏查。通过踏查可以了解调查地区内的基本情况及工作条件等，以便部署工作。在踏查的基础上，便可根据该地区的具体情况确定专业调查的内容、精度、方法及编制工作方案或细则。由于专业调查包括的内容较多，调查的对象、要求都有所不同，因而在调查方法上不能一样。但就其调查方式来看，主要采取标准地(或样方)调查、标准木或样木调查以及路线调查与标准地调查相结合的调查方法。现简略介绍如下。

(1) 标准地、标准木调查

标准地及选择标准木调查是专业调查的主要方式之一。标准地分临时标准地和永久性标准地 2 种；根据选设不同又可分为典型选设和随机选设 2 种。在外业调查期间设置的标准地，取决于调查的内容、目的和任务。例如，为了研究各组经营措施，可设置永久性标准地进行长期观测。如果以前设置过类似标准地，应尽量利用。其他属临时标准地，不作长期观测用。对于编制调查数表、生长量调查、野生动物资源调查等，一般采用标准地或标准木调查方法。

在进行各项专业调查时，不同项目设置的标准地能结合在一起的应尽量结合在一起，使一块标准地能够发挥多项作用。

有些项目的调查，如更新调查、土壤害虫调查等通常采取小型标准地即样方调查。

(2) 路线调查与标准地调查相结合的调查方法

路线调查的目的是通过路线调查掌握较全面的情况，同时为重点详细调查即标准地调查提供依据。路线调查不做详细调查，只做一般性了解。因此，路线调查与标准地调查相结合的调查方法，是一种点和面相结合、简单与详细调查相结合的调查方式。如立地类调查、病虫害调查、土壤调查等，都是采用此类调查方法。

路线调查时，路线的选择具有重要的意义。路线的选择，应以通过各种不同地形、地势和各种有代表性的林分地段为原则。这样可全面掌握林区的特点和各调查对象的分布情况。

路线调查时，调查记载的内容视调查项目的具体要求、条件而定，一般采用目测方法，必要时做一些简单的实测调查。

在路线调查的基础上进行标准地调查，标准地应设在有代表性的典型地段，并进行实测和详细记载，以便取得较精确的资料。

> **拓展训练**

在一个林场或范围不大的林区，收集调查地区的地形、土壤、气候、植物群落等与立地类型调查和土壤调查有关的各种资料，以及各种图面资料，确定立地类型调查、林业土壤调查的内容和方法，每人提交一份林场的立地类型表。

小班调查

以林场某林班为单位进行小班区划，再按区划的结果进行小班调查，各小班填写一张小班调查卡片，并对卡片上的定量因子进行内业计算。或利用 PDA 直接输入、储存、计算数据。

每人提交一份林班的小班调查资料。

项目2　森林经理调查

 任务目标

(一)知识目标
1. 掌握小班调查的概念和小班调查的方法。
2. 掌握疏林地小班调查的方法及相关计算。
3. 掌握未成林造林地小班调查方法及相关计算。
4. 掌握无林地小班的调查方法。

(二)能力目标
1. 根据小班调查内容,能完成调查前仪器工具、数表资料的准备工作。
2. 根据土地种类,能明确小班调查的项目及记载方式。
3. 根据有林地(纯林、混交林)小班调查的技术要领,能进行定量因子及相关项目的内业设计。

(三)素质目标
1. 培养学生科学求实的态度,爱护仪器、保护工具的责任担当。
2. 培养学生辩证思维能力及因地制宜选用适合方法的素质。

 实践操作

2.3.1　小班调查过程与要点分析

第一步:熟悉小班调查项目及记载方式

小班调查应结合小班区划同步进行,在小班调查的同时,应随时将调查因子记载在小班调查记录中,小班调查数据记录的格式多种多样,多数地区以小班调查卡片为主,各地应根据调查的内容和要求自行设计。不同地类小班调查项目见表2-4。

表2-4　不同地类小班调查项目表

调查项目	乔木林	竹林	疏林地	国家特别规定灌木林	其他灌木林	人工造林未成林地	封育未成林地	苗圃地	采伐迹地	火烧基地	宜林地	其他无立木林地	辅助生产林地
空间位置	1,2	1,2	1,2	1,2	1,2	1,2	1,2	1,2	1,2	1,2	1,2	1,2	1,2
权　属	1,2	1,2	1,2	1,2	1,2	1,2	1,2	1,2	1,2	1,2	1,2	1,2	1,2
地　类	1,2	1,2	1,2	1,2	1,2	1,2	1,2	1,2	1,2	1,2	1,2	1,2	1,2
工程类别	1,2	1,2	1,2	1,2	1,2	1,2		1,2	1,2	1,2	1,2	
事权等级	2	2	2	2	2	2		2	2	2	2	
保护等级	2	2	2	2	2	2		2	2	2	2	
地形地势	1,2	1,2	1,2	1,2	1,2	1,2		1,2	1,2	1,2	1,2	
土　壤	1,2	1,2	1,2	1,2	1,2	1,2		1,2	1,2	1,2	1,2	

(续)

调查项目	乔木林	竹林	疏林地	国家特别规定灌木林	其他灌木林	人工造林未成林地	封育未成林地	苗圃地	采伐迹地	火烧基地	宜林地	其他无立木林地	辅助生产林地
下木植被	1, 2	1, 2	1, 2	1, 2	1, 2	1, 2	1, 2		1, 2	1, 2	1, 2	1, 2	
立地等级	1, 2	1, 2	1, 2	1, 2	1, 2	1, 2	1, 2		1, 2	1, 2	1, 2	1, 2	
立地质量	1	1	1	1	1	1	1		1	1	1	1	
天然更新	1, 2	1, 2	1, 2			1, 2			1, 2	1, 2	1, 2	1, 2	
造林类型									1, 2	1, 2	1, 2	1, 2	
林　种	1, 2	1, 2	1, 2	1, 2	1, 2								
起　源	1, 2	1, 2	1, 2	1, 2	1, 2	1, 2	1, 2						
林　层	1												
自然度	1, 2	1, 2	1, 2	1, 2	1, 2								
石漠化	1, 2	1, 2	1, 2	1, 2	1, 2				1, 2	1, 2	1, 2	1, 2	
健康状况	1, 2	1, 2	1, 2	1, 2	1, 2	1, 2	1, 2	1, 2					
群落结构	2												
经营措施类型	1, 2	1, 2	1, 2	1, 2	1, 2	1, 2	1, 2						
优势树种	1, 2	1, 2	1, 2	1, 2	1, 2	1, 2	1, 2						
树种组成	1	1	1		1	1							
平均年龄	1, 2		1, 2	1		1, 2	1, 2						
平均树高	1, 2	1, 2	1, 2	1, 2	1, 2	1, 2	1, 2						
平均胸径	1, 2	1, 2	1, 2										
优势木平均高	1												
郁闭度	1, 2	1, 2	1, 2	1, 2	1, 2								
公顷株数	1	1	1			1, 2	1, 2						
散生木				1, 2	1, 2	1, 2			1, 2	1, 2	1, 2	1, 2	
公顷蓄积	1, 2	1, 2	1, 2										
枯倒木蓄积	1, 2		1, 2										
调查日期	1, 2	1, 2	1, 2	1, 2	1, 2	1, 2	1, 2	1, 2	1, 2	1, 2	1, 2	1, 2	1, 2
调查员姓名	1, 2	1, 2	1, 2	1, 2	1, 2	1, 2	1, 2	1, 2	1, 2	1, 2	1, 2	1, 2	1, 2

注：1 为商品林；2 为公益林。

(1) 项目因子调查内容及要求

①空间位置。记载所在的林业局（总场、县、管理局）、林场（分场、乡、管理站）、作业区（工区、村）、林班号、小班号。

②权属。分别土地所有权和使用权、林木所有权和使用权调查记载小班的土地、林木权属,记载代码。

③地类。按最低一级地类调查确定,记载各地类代码。例如,林业用地中分为有林地、疏林地、灌木林地、未成林造林地、苗圃地、无立木林地、宜林地、辅助生产林地。

其中有林地又分为乔木林、红树林、竹林,而乔木林再分为纯林、混交林,要求按纯林或混交林确定地类,记载相应代码。

④工程类别。详见任务1.3小班区划,其他工程调查,填写代码。

⑤事权等级。生态公益林(地)小班填写事权等级分为国家级、地方级。

⑥保护等级。生态公益林按保护等级划分为特殊保护、重点保护和一般保护3个等级。国家公益林(地)按照生态区位差异一般分为特殊和重点生态公益林(地),地方公益林(地)按照生态区位差异一般分为重点和一般公益林(地)。

⑦地形地势。记载小班地貌、平均海拔、坡度、坡向和坡位等因子。

⑧土壤。记载小班土壤名称(记至土类)、腐殖质层厚度、土层厚度(A层+B层)、质地、石砾含量等。

⑨下木植被。记载下层植被的优势和指示性植物种类、平均高度和覆盖度。

⑩立地类型。查立地类型表确定小班立地类型。

⑪立地等级。根据小班优势木平均高和平均年龄查地位指数表,或根据小班主林层优势树种平均高和平均年龄查地位级表确定小班的立地等级。对疏林地、无立木林地、宜林地等小班,可根据有关立地因子查数量化地位指数表确定小班的立地等级。

⑫天然更新。调查小班天然更新幼树与幼苗的种类、年龄、平均高度、平均根径、每公顷株数、分布和生长情况,并评定天然更新等级。

⑬造林类型。对适合造林的小班,根据小班的立地条件,按照适地适树的原则,查造林典型设计表确定小班造林类型。

⑭林种。按林种划分技术标准调查确定,记载到亚林种,记载代码。

⑮起源。按主要生成方式调查确定,记载代码。

⑯林层。商品林按林层划分条件确定是否分层,然后确定主林层,并分别林层调查记载郁闭度、平均年龄、株数、树高、胸径、蓄积量和树种组成等测树因子。除株数、蓄积量以各林层之和作为小班调查数据以外,其他小班调查因子均以主林层的调查因子为准。

⑰自然度。天然林根据其植被状况与原始顶极群落的差异,确定其自然度,记载代码。

⑱石漠化。对于岩溶地区的所有小班,全面观察小班内土壤侵蚀程度、基岩裸露程度、植被综合覆盖度、坡度和土层厚度,综合评定石漠化程度等级,确定其石漠化类型。并根据石漠化发生、形成的主要影响因素,确定石漠化成因。均填写代码。

⑲健康状况。根据林木生长发育、外观表象特征及受灾情况综合评定森林健康状况,确定其健康状况等级,见表2-4灾害类型、受害程度和健康状况均填写代码。

⑳群落结构。公益林根据林层结构状况确定群落结构类型。

㉑经营措施类型。根据林分结构特点,生长状况和发育阶段等,确定其近期经营管理需施行的作业措施类型(经营措施类型),填写代码。

㉒优势树种(组)。分别林层记载优势树种(组)，填树种代码。
㉓树种组成。分别林层用十分法记载。
㉔平均胸径。分别林层，记载优势树种(组)的平均胸径。
㉕平均年龄。分别林层，记载优势树种(组)的平均年龄。平均年龄由林分优势树种(组)的平均木年龄确定，平均木是指具有优势树种(组)断面积平均直径的林木。
㉖平均树高。分别林层，调查记载优势树种(组)的平均树高。在目测调查时，平均树高可由平均木的高度确定。灌木林设置小样方或样带估测灌木的平均高度。
㉗优势木平均高。在小班内，选择3株优势树种(组)中最高或胸径最大的立木测定其树高，取平均值作为小班的优势木平均高。
㉘郁闭度或覆盖度。有林地小班用目测或仪器测定各林层林冠对地面的覆盖程度，取2位小数；灌木林设置小样方或样带估测并记载覆盖度，用百分数表示。
㉙每公顷株数。商品林分别林层记载活立木的每公顷株数。
㉚散生木。分树种调查小班散生木株数、平均胸径、平均高，计算各树种材积和总材积。
㉛每公顷蓄积量。记载活立木每公顷蓄积量。
㉜枯倒木蓄积量。记载小班内可利用的枯立木、倒木、风折木、火烧木的总株数和平均胸径，计算蓄积量。
㉝调查日期。记录小班调查时的年、月、日。
㉞调查员姓名。由调查员本人签字。

(2) 其他应调查记载项目及要求
①用材林近、成、过熟林小班。此类小班除按上述记载小班因子外，还要调查记载小班的可及度状况。即可及、将可及小班采用实测标准地(样地)、角规控制检尺、数学模型等方法调查或推算各径级组株数和蓄积量。即可及、将可及小班采用实测标准地(样地)、数学模型等方法调查或推算经济材、半经济材和薪材的株数和蓄积。即可及、将可及小班根据小班蓄积量和林分材种出材率表或直径分布和单木材种出材率表确定材种出材量。
②择伐林小班。对于实行择伐方式的异龄林小班，采用实测标准地(样地)、角规控制检尺等调查方法调查记载小班的直径分布。
③人工幼林。未成林人工造林地小班，除按上述记载小班因子外，还要调查记载整地方法、规格、造林年度、造林密度、混交比、成活率或保存率及抚育措施。
④竹林小班。对于商品用材林中的竹林小班，增加调查记载小班各竹度的株数和株数百分比。
⑤经济林小班。有蓄积量的乔木经济林小班，应参照用材林小班调查计算方法调查记载小班蓄积量，并调查各生产期的株数和生长状况。
⑥一般生态公益林小班。森林经营集约度较高地区的所有一般生态公益林小班均应参照商品林小班进行调查。
⑦红树林小班。红树林小班调查执行《全国红树林资源调查技术规定》。
⑧辅助生产林地小班。调查记载辅助生产设施的类型、用途、利用或保养现状。
⑨林网调查。达到有林地标准的农田牧场林带、护路林带、护岸林带等不划分小班，

但应统一编号，在图上反映、除按照生态公益林的要求进行调查外，还要调查记载林带的行数、行距。

⑩城镇林、四旁树调查。达到有林地标准的城镇林、四旁树视其森林类别分别按照商品林或生态公益林的调查要求进行调查。在宅旁、村旁、路旁、水旁等地栽植的达不到有林地标准的各种竹丛、林木，包括平原农区达不到有林地标准的农田林网树，以街道、行政村为单位，街段、户为样本单元进行抽样调查。

第二步：小班调查前的准备工作

(1) 数表准备

调查前，应收集调查用表，并检验其适用程度和确定是否需修订或重新编制。需要的数表有一元立木材积表、二元立木材积表、标准表（或形高表）、地位指数表（或地位级表）、收获表（生长过程表）、材积生长率表、材种出材率表、立木生物量表等。

不同地区在开展调查时，可根据技术方案的要求和森林经营、规划需要，还应收集、修订或编制以下经营用表，具体包括立地类型表、森林经营类型表、森林经营措施类型表、森林典型设计表等。

(2) 图面材料准备

需要准备的图面材料有 1:10 000 的地形图、1:25 000 的基本图、1:50 000 的地形图、1:50 000 的森林分类图、1:10 000 或 1:25 000 的航片。

(3) 文字材料准备

具体包括近期森林资源档案、上期森林经理调查资料、各项林业工程设计及实施资料。

(4) 物资准备

森林经理调查用各种测量仪器、工具及其他备用物资。

(5) 人员准备

具体包括建立组织和人员培训。

第三步：开展小班调查

(1) 有林地纯林小班调查

①调查项目一般因子的填写。分别公益林、商品林，通过实地观察、查阅资源档案、访问知情者等方法，填写小班一般因子即非测树因子，详见表2-4中的规定。

②每公顷断面积测定。在小班内，选择若干个有代表性的观测点，以角规系数为1.0的水平角规绕测其胸高断面积（绕测两次，若结果有异，则应进行逐株核实），并记载。采用算术平均法计算小班平均每公顷断面积(m^2)，精确到 $0.1\ m^2$。

进行角规绕测时，必须保证角规缺口对准林木的胸高位置（1.3 m处），对于临界木，应认真仔细观测，直径<5.0 cm 的林木不计数。

③平均胸径、树高测定。对于每一个角规样点，在其周围选择3~5株大小中等、生长正常的林木测量其胸径和树高，并记载。采用断面积加权平均法计算小班优势树种的平均直径和平均树高，平均直径精确到0.1 cm，平均高精确到0.1 m。

④每公顷株数调查。在小班内选择有代表性地段设立一个面积为 20~100 m^2 的圆形或方形样地，点数统计其林木株数，并换算为每公顷株数，取整数。

⑤幼龄林小班调查。对平均胸径≤5.0 cm 的幼龄林小班测树因子的调查，只需在小班内有代表性地段设置一个面积为 100 m² 方形样地，选择 3~5 株平均木测树高和胸径（地径）并统计林木株数。

对于用材林近、成、过熟林小班，根据其与机械运材道路或河流的远近、运材道路规划情况确定其采运可及度；采用目测的方法确定林分出材率等级和大径木蓄积比等级或采用实测标准地（样地）、角规控制检尺、数学模型等方法调查或推算各径级组株数和蓄积量。

(2) 有林地混交林小班调查

混交林小班的调查方法和步骤与纯林小班的调查相似。

①调查项目因子的填写。分别公益林、商品林，通过实地观察、查阅资源档案、访问知情者等方法，填写小班一般因子（非测树因子）详见表 2-4 中的规定。

②每公顷断面积测定。在小班内选择若干个有代表性的观测点，以角规系数为 1.0 的水平角规分别树（优势树种、伴生树种）绕测其胸高断面积（绕测两次，若结果有异，则应进行逐株核实），并分别树种记载。

③平均胸径、树高测定。对于每一角规样点，在其周围分别优势树种和伴生树种选择 3~5 株大小中等、生长正常的林木测量其胸径和树高，并分别记载。

④每公顷株数调查。在小班内选择有代表性地段设立一个面积为 20~100 m² 的圆形或方形样地，分别树种统计林木株数，并换算为每公顷株数，取整数。

⑤幼龄林小班调查。对于有林地混交林幼龄林小班，其测树因子调查只需在小班内有代表性地段设置一个 100 m² 方形样地，分别树种选择 3~5 株平均木测树高和胸径（地径），并分别统计林木株数。对于用材林近、成、过熟林小班，根据其与机械运材道路或河流的远近、运材道路规划情况确定采运可及度。

(3) 疏林地小班调查

疏林地小班的调查方法和步骤与纯林小班的调查相同。

(4) 未成林造林地小班调查

①调查项目因子的填写。分别公益林、商品林，通过实地观察、查阅资源档案、访问知情者等方法，填写小班一般因子，详见表 2-4 中的规定。

②每公顷株数调查。在小班中部有代表性地段设立一个面积为 20~100 m² 的样圆或样方，调查其株数（若是混交林，分别优势树种和伴生树种调查株数），并换算为每公顷株数，取整数。

③平均直径、树高测定。在样圆或样方内分别树种选择 3~5 株中等大小样木量测其胸径和树高，若树高没达到 1.3 m，则测地径。

若小班内有散生木，在小班内确定其主要树种名称，全面调查或估计小班内林木总株数，选择 3~5 株中等大小、生长正常的林木量测其胸径和树高，并记载。

(5) 竹林小班调查

①调查项目因子的填写。分别公益林、商品林，通过实地观察、查阅资源档案、访问知情者等方法，填写小班一般因子，详见表 2-4 中的规定。

②每公顷株数调查。在小班中部有代表性地段设立 1~3 个面积为 20~100 m² 的样圆或样方，调查林木株数，并换算为每公顷株数，取整数。每公顷竹子株数按下列方法调查计算。

a. 散生竹林小班：在样圆或样方内直接查数竹子株数，根据样圆或样方面积推算小班林木各竹种的每公顷株数。

b. 丛生竹林小班：在样圆或样方内直接查数竹子丛数，选择3~5丛有代表性的竹丛查数每丛竹子株数，然后根据下式计算每公顷竹子株数。

$$每公顷竹子株数(株/hm^2) = \frac{样方平均丛数 \times 平均每丛竹子株数 \times 10\,000}{样方面积(m^2)} \quad (2\text{-}1)$$

③平均直径、平均高测定。在样圆或样方内，选择3~5株大小中等、生长正常的样竹量测其直径和高度，并记载。若小班内有散生木，在小班内确定其主要树种名称，全面调查或估计其小班内林木总株数，选择3~5株中等大小、生长正常的林木量测其胸径和树高，并记载。

(6) 灌木林小班调查

灌木林小班调查包括国家特别规定的灌木林和其他灌木林小班。

①调查项目因子的填写。分别公益林、商品林，通过实地观察、查阅资源档案、访问知情者等方法，填写小班一般因子，详见表2-4中的规定。

②每公顷株数调查。在小班中部有代表性地段设立一个面积为20~100 m² 的样圆或样方，调查其株数，并换算为每公顷株数，取整数。

③平均高测定。在样圆或样方内，选择3~5株大小中等、生长正常的灌木量测其高度，并记载。

若小班内有散生木，在小班内确定其主要树种名称，全面调查或估计其小班内林木总株数，选择3~5株中等大小、生长正常的林木量测胸径和树高，并记载。

(7) 经济林小班调查

①调查项目因子的填写。通过实地观察、查阅资源档案、访问知情者等方法，填写小班一般因子。

②确定生产期。根据树种的生长发育阶段（一般以年龄为准），调查确定经济林生产期。

由乔木树种(八角、肉桂、板栗、木油桐、橡胶树等)组成的经济林小班，测树因子按纯林、混交林小班调查方法进行调查。

由竹子树种(笋用竹类)组成的经济林小班，测树因子按竹林小班调查方法进行调查。

由灌木树种组成的经济林小班，测树因子按灌木林小班调查方法进行调查。

(8) 无林地小班调查

无林地小班调查包括采伐迹地、火烧迹地、宜林地、其他无立木林地。

①调查项目因子的填写。通过实地观察、查阅资源档案、访问知情者等方法，填写小班一般因子。

②散生木调查。若小班内有散生木，在小班内确定其主要树种名称，全面调查或估计其小班内林木总株数，选择3~5株中等大小、生长正常的林木量测其胸径和树高，并记载。

(9) 非林地小班调查

①调查项目因子的填写。通过实地观察、查阅资源档案、访问知情者等方法，填写小班一般调查因子。

②四旁树调查。若小班内有四旁树，在小班内确定其主要树种名称，全面调查或估计其小班内林木总株数，选择3~5株中等大小、生长正常的林木量测其胸径和树高，并记载。

第四步：小班调查项目因子检查

小班调查项目因子较多，外业调查时由于受时间、场所的限制，卡片填写难免有错、漏或多余之处，当小班调查结束后，应根据表2-5的要求或小班因子之间的逻辑关系逐一检查。

①检查小班调查卡片各项调查因子记录是否完整、合理，与图面材料是否一致。
②检查各调查因子之间是否存在逻辑矛盾。
③检查各定性因子，如地类、权属、土壤、林种、树种、年龄等是否正确。
④检查小班调查卡片的填写是否规范，符合要求。

表2-5 目测调查点数规定表

不同经理等级的调查		I			II			III		
		人工林	天然林	混交林	人工林	天然林	混交林	人工林	天然林	混交林
小班面积（hm²）	3	1	2	2	1	1	2	1	1	2
	4~7	2	3	3	1	2	3	1	2	3
	8~12	3	4	4	2	3	4	2	2	4
	13	4	5	6	3	4	6	3	3	6

第五步：小班调查测树因子计算

(1) 小班平均胸高断面积 $\bar{G}$、平均胸径 $\bar{D}$、平均树高 $\bar{H}$ 的计算

$\bar{G}$ 采用算术平均法计算，$\bar{D}$、$\bar{H}$ 采用断面积加权平均法计算，公式如下：

$$\bar{G}=\frac{G_1+G_2+\cdots+G_n}{n} \tag{2-2}$$

式中：$\bar{G}$——平均胸高断面积，cm²；
　　　G_1——第一个角规点的胸高断面积，cm²；
　　　G_2——第二个角规点的胸高断面积，cm²；
　　　G_n——第 n 个角规点的胸高断面积，cm²。
　　　n——角规点数。

$$\bar{D}=\frac{G_1 d_1+G_2 d_2+\cdots+G_n d_n}{\sum G} \tag{2-3}$$

式中：$\bar{D}$——平均胸径，cm；
　　　d_1——第1个角规点算术平均胸径，cm；
　　　d_2——第2个角规点算术平均胸径，cm；
　　　d_n——第 n 个角规点算术平均胸径，cm。
　　　$\sum G$——胸高总断面积。

$$\bar{H} = \frac{G_1 h_1 + G_2 h_2 + \cdots + G_n h_n}{\sum G} \tag{2-4}$$

式中：$\bar{H}$——平均树高，m；

h_1——第1个角规点算术平均高，m；

h_2——第2个角规点算术平均高，m；

h_n——第n个角规点算术平均高，m。

其余符号意义同式(2-2)和式(2-3)。

(2) 每公顷林木株数计算

若样方面积为100 m²，则：

$$每公顷林木株树 = \frac{样方株树 \times 10\,000}{100} \tag{2-5}$$

(3) 蓄积量计算

①每公顷蓄积量计算：

$$M = G \times H_f \tag{2-6}$$

式中：G——公顷断面积，m²

H_f——各树种形高值；

M——公顷蓄积量，m³/hm²。

如为混交林，先分树种计算，然后合计。

②小班蓄积量计算：

$$M_{小班} = S \times M \tag{2-7}$$

式中：S——小班面积，hm²；

$M_{小班}$——小班蓄积量，m³。

第六步：小班调查报告编写

调查报告是森林资源调查重要成果之一，其主要内容是对调查结果的分析及评价，探讨森林分布和结构的规律性，为森林的科学经营和利用提供参考。

 理论基础

2.3.2 小班调查理论基础与内容

2.3.2.1 小班调查的概念

森林经理工作中的森林资源调查又称二类调查，其任务是将森林资源数字落实到各个不同的小地块即小班，要求详细记载有关土壤、植被、地形地势等并提出森林经营意见。森林资源数字落实到小班，即由于林班内的森林在树种或树种组成、年龄、起源、郁闭度等林分特征及立地条件上有差异，从而引起经营、利用措施的不同，只有将各小班的资源调查清楚、才能因林因地制宜，合理组织经营。这也是森林经理工作编制森林经营方案的依据和要求。小班调查就是为了森林资源规划设计调查的需要，对山头地块的属性所进行的调查。

2.3.2.2 小班调查项目技术标准

小班调查是二类调查的主要内容，也是二类调查数据采集的基础工作，其调查的项目因子应结合森林经营管理的需求而定。但随着近年来森林分类经营技术逐渐成熟和生态文明建设的需要，森林生态因子调查越显重要。因此，小班调查的项目因子越来越多。

2.3.2.3 小班测树因子调查方法

森林经理的蓄积量调查工作，必须落实到小班，规划设计也以小班为基础。小班调查应充分利用上期调查成果和小班经营档案，以提高小班调查精度和效率，保持调查的连续性。根据小班调查地区森林资源特点、调查技术水平、调查目的和调查等级，可采用不同方法进行小班测树因子调查，这些方法可以单独使用，也可以结合使用。各调查方法分述如下：

(1) 目测调查法

是指调查人员凭目测能力并配合使用一些辅助工具和调查用表对各种调查因子进行计测的方法，当林况比较简单时采用此法。此方法简便迅速，但要求调查员有较高的技术水平。因此，必须由目测经验丰富并经培训考核合格的调查人员担任。

为了掌握目测调查的规律，统一调查标准，保证调查精度，在外业工作开始前，必须进行目测练习。目测练习的主要任务包括以下内容。

①统一小班目测调查方法及有关技术规定，积累各项调查因子的经验。
②熟悉调查地区的植被、树种，掌握鉴定立地因子的方法。
③检查、校对调查用表(材积表、标准表等)的精度。

为了保证目测练习达到合格标准，目测练习标准地至少应设 25 块以上，每块面积不少于 0.5 hm²(或标准地内应有 200~300 株林木)。标准地应设在具有代表性的不同类型的林分(不同树种、龄级、立地条件等)内，同时应相对集中以减少往返路程。通过练习，若目测的各项调查因子总次数的 80% 的目测结果不超过上述误差标准时，即为考核合格。小班目测调查时，必须深入小班内部，选择有代表性的调查点进行调查。为了提高目测精度，可利用角规样地或固定面积样地以及其他辅助方法进行实测，用以辅助目测。目测调查点数视小班面积不同而定，见表 2-4。调查点选好以后，便可以根据林木结果规律结合目测练习的经验进行各调查因子的目测调查。

(2) 样地实测法

是指在预定的范围内，通过随机、机械或其他抽样方法，布设圆形、方形、带状或角规样地，在样地内实测各项调查因子，以推算总体的方法。

①标准地法。标准地调查方法属典型抽样调查方法，是人们主观地在小班内选择具有代表性的地块进行调查，用以推算全小班的调查方法。标准地的形状多采用带状，带状标准地应设在与高等线成垂直或成一定角度，通过全小班且具有代表性的地方，带宽一般为 4~6 m。标准地的实测比例视林分类型而异。一般人工林为 2%~3%；天然林或整齐的成、过熟林为 3%~5%；复杂混交林或不整齐成、过熟林为 6% 以上。在标准地内实测各项调查因子后，根据标准地所取得的各项数据来推算整个小班的各调查因子数据。

②角规调查法。在林分透视较好的条件下，调查人员如有使用角规调查的经验，可采用角规调查方法。此法比标准地法速度快，方法简单易行，效率高，但观测时操作要严格、认真，如掌握不好，往往会出现较大偏差。利用角规可以采用角规绕测和角规控制检尺2种方法。后者较前者麻烦，但可以得到株数分布序列，精度更高。

采用角规调查应注意如下技术问题。

a. 选择适宜的角规常数。角规常数大小的选择决定了每个样点观测株数的多少。同一林分用常数小的角规观测的株数多，相反则少。每个样点观测株数的多少影响着观测结果的稳定性。观测的株数过多和过少都会影响调查的精度。所以，角规常数的确定应考虑观测株数的多少。每个样点的观测株数一般稳定在10~20株的范围较适宜。根据经验，在不同的林分中测定断面积时，可以根据林分平均直径选用常数不同的角规，见表2-6。

表2-6　角规常数确定表

林分特征（D 胸径；P 林分疏密度）	角规常数
D：5~16 cm；P：0.3~0.5 的幼、中龄林	0.5
D：17~28 cm；P：0.6~1.0 的中、近熟林	1.0
D：28 cm 以上；P：0.8 以上的成、过熟林	2.0 或 4.0

b. 角规点数的确定。角规点的多少直接影响调查精度。确定角规点的数量，应在满足调查精度要求的前提下，尽量使数量少。采取典型选样的方法时，角规点数应根据林分类型、小班面积大小和龄组不同而异。角规测树样地的设置遵循随机性和典型性相结合的原则，即总体上，样点在小班内应均匀分布；局部上，各个样地对其所在地段范围内的林分结构、生长状况等各方面具有代表性。根据小班面积的大小和龄组的高低，用材林角规样点设立的数量规定如下。

≤1.0 hm²　　　　2~3个，其中近熟林3~4个；
1.1~3.0 hm²　　4~5个，其中近熟林5~6个；
3.1~7.0 hm²　　5~7个，其中近熟林6~8个；
>7.0 hm²　　　　6~10个，其中近熟林8个以上。

防护林、特用林的角规点数量可适当减少。对于公益林、无蓄积量的幼龄林小班，其点数可按要求减少50%。

角规点的选设可采取典型或随机选设2种方式。典型选设就是角规观测点设置在有代表性的地点。若采取随机选设的方式，则角规点的设置应本着随机原则，在遥感图片或地形图上布设，然后在现地用罗盘仪定向，用皮尺或测绳量距确定各点的位置。

一个角规点应进行2次观测，2次观测值之差不得超过1/10。

③回归估测法。回归估测法包括目测与实测的回归估测、角规与实测的回归估测、相片判读与地面实测的回归估测等。下面简要介绍利用相片判读与地面实测的回归估测法。

在有航片和航空蓄积量表或航空数量材积表的条件下，采用此法将各调查因子落实到小班，在保证一定精度的同时，可使小班调查工效显著提高。其工作步骤如下。

a. 小班判读。在相片上用轮廓判读法把各地类和有林地小班勾绘出来。
b. 计算小班的判读蓄积量。根据小班判读的优势树种、龄组、郁闭度、地位级或平均高等,查相应的蓄积量表或数量化材积表,确定各小班的判读积量。

　　c. 计算实测小班的数量。

$$n = \frac{t^2 c^2}{E^2}(1-r^2) \tag{2-8}$$

式中：n——实测小班数；
　　　t——可靠性指标；
　　　c——蓄积量变动系数；
　　　E——相对误差限；
　　　r——判读蓄积量与实测蓄积量的相关系数。

　　d. 实测小班的抽取。可用随机数字表或用随机起点机械抽取法抽取实测小班,后者较前者分布均匀。

　　e. 实测小班的调查。凡被抽中的小班应采用全林每木检尺的方法实测小班的蓄积量,但在实际中因工作量太大无法推广。小班内采用强精度抽样法估计小班蓄积量以代替全林实测。小班内强精度抽取的样地数,最低限应满足一个大样本($n>50$),样地面积可适当缩小为 $0.01 \sim 0.02 \text{ hm}^2$,其设置与调查方法与系统抽样相同。此外,也可采用角规控制检尺法。

　　f. 建立判读蓄积与实测蓄积的回归方程。实现利用判读蓄积与实测蓄积在坐标纸上绘制散点图以判定方程类型是否属于线性关系。然后利用判读蓄积和实测蓄积,估计回归方程 $Y=A+BX$ 中的参数 A 和 B。

　　g. 计算和估计总体各参数值。计算总体每公顷蓄积量估计值及其方差估计值,估计误差限及估计区间。

　　总体每公顷蓄积量估计值 $\hat{\bar{Y}}$：

$$\hat{\bar{Y}}_{回} = a + b\bar{X} \tag{2-9}$$

式中：$\hat{\bar{Y}}_{回}$——总体估计值；
　　　$\bar{X}$——总体平均数；
　　　a——回归常数；
　　　b——回归系数。

$$\bar{X} = \frac{1}{N}\sum_{i=1}^{N} X_i \tag{2-10}$$

式中：$\bar{X}$——总体平均数；
　　　X_i——第 i 个小组的每公顷判读蓄积量；
　　　N——总体小班总数。

$\hat{\bar{Y}}_{回}$ 的方差估计值 $S^2_{\hat{\bar{Y}}_{回}}$：

$$S^2_{\hat{\bar{Y}}_{回}} = \frac{S^2_{yx}}{n}\left[1 + \frac{(\bar{X}-\bar{x})^2}{S^2_x}\right] \tag{2-11}$$

估计误差限 E：

$$\Delta \hat{\bar{Y}}_{回} = t \times S_{\hat{\bar{Y}}_{回}} \tag{2-12}$$

$$E = \frac{\Delta \hat{Y}_{回}}{\hat{Y}_{回}} \times 100\% \qquad (2\text{-}13)$$

式中：t——按预定的可靠性，以自由度 $K=n-2$ 时，由"t 分布表"上查得。

估计区间：

$$\hat{Y}_{回} \pm \Delta \hat{Y}_{回} \qquad (2\text{-}14)$$

h. 计算小班各参数值。计算各小班每公顷蓄积量的回归估计值及小班的蓄积量。

小班每公顷蓄积量的估计值：

$$\hat{Y}_i = a + bX_i \qquad (2\text{-}15)$$

式中：$\hat{Y}_i$——第 i 个小班每公顷蓄积量估计值；

a——回归常数；

b——回归系数；

X_i——第 i 个小班每公顷判读蓄积量。

以各小班每公顷蓄积量估计值乘以小班面积，得各小班蓄积量。

i. 估计总体总蓄积量。总体每公顷蓄积量估计值乘以总体面积，得估计总体总蓄积量：

$$M = \hat{Y}_{回} \times A \qquad (2\text{-}16)$$

式中：M——总体总蓄积量；

$\hat{Y}_{回}$——总体每公顷蓄积估计值；

A——总体总面积。

总体蓄积量估计误差限：

$$\Delta M = \Delta \hat{Y}_{回} \times A \qquad (2\text{-}17)$$

置信区间：

$$M \pm \Delta M \qquad (2\text{-}18)$$

(3) 总体蓄积量抽样控制

①总体蓄积量抽样控制方法。森林经理调查要求按小班提供蓄积量，为了验证小班蓄积的可靠性，同时应在总体范围内，采取抽样调查方法设置实测样地进行抽样调查，以控制调查总体的蓄积量精度。常用的方法为目(实)测与抽样调查相结合的方法，即目(实)测调查用以取得小班森林蓄积量数值，而抽样调查用以取得总体的森林蓄积量。抽样调查方法可采用随机(系统)抽样、分层抽样、双重回归抽样等。国有林业局、国有林场应以林场为总体进行蓄积量抽样控制；一般林区县或少林县以地区(市)为总体。不论总体大小，必须保证总体范围内调查方法和调查时间的一致性。

在总体范围内，结合小班调查设置样地。样地布设要符合随机原则，数量要符合精度要求，定位按固定样地操作。所有小班蓄积累计要同总体抽样调查蓄积对比。凡调查的林班小班累计蓄积同总体抽样蓄积相差(累偏)小于±1 倍允许误差的，即认为符合精度要求，并以累计数字为总资源数字；累偏在±1 倍允许误差至±2 倍允许误差的，应进行检查，除找出并纠正误差较大的因素外,应对林班小班蓄积进行修正,直至达到精度要求为止;凡累偏大于±2倍允许误差的,应对蓄积量重新进行调查。

②总体抽样控制精度要求。抽样调查的精度以林场为总体时按 A、B、C 等级不同,总体抽样控制精度根据单位性质确定:以商品林为主的经营单位为 90%,A 级;以公益林为主的经营单位或县级行政单位为 85%,B 级;自然保护区、森林公园为 80%,C 级。

当总体蓄积量抽样精度达不到规定的要求时,要重新计算样地数量,并布设、调查增加的样地,然后重新计算总体蓄积量、蓄积量标准误差和抽样精度,直至总体蓄积量抽样精度达到规定的要求。

以上总结了几种小班调查的方法,每种方法都有它的适用条件和范围,应根据生产单位需要和实际条件来选择。在选择调查方法时,均应注意这样几个问题:充分利用原有的森林资源清查材料和航摄相片、图面材料;充分利用森林资源档案管理中的动态调查、分析材料;要采用既满足经营要求、保证质量,又工作简便、效率高、成本低的调查方法。

拓展训练

选择某国有林场的一个林班或集体林区的一个村,收集 1∶10 000 地形图或遥感图片,在图面材料上先绘制林场界(村界)和林班界,然后以林班为单位,按照不同地类、不同性质的小班调查方法进行小班调查。小班调查技术标准以各地区森林资源规划设计调查主要技术方法为准,并参考《森林资源规划设计调查主要技术规定》的要求。小班调查应结合小班区划同步进行,并在地形图中以林班为单位进行小班编号和小班简单注记,每个实习小组提交一份一个林班的小班调查资料(包括图、卡材料)。

多资源调查

任务描述

在某林场 1∶25 000 比例尺的 TM 卫片确定分布区,并准确勾绘出多资源的境界范围。野外采用样地或标准地调查品种、数量、面积,采用全面普查和重点调查相结合的方法。组织学生按照森林经营的要求选择某一种多资源进行调查。每人提交一份多资源调查报告。

任务目标

(一)知识目标

1. 了解多资源调查的意义。
2. 熟悉多资源调查的主要内容。
3. 掌握多资源及多资源调查的概念。

(二)能力目标

1. 根据多资源调查对象,能确定多资源调查的项目及步骤。
2. 根据经济植物资源调查的要求,能确定经济植物资源调查的项目和方法。

3. 根据野生动物资源调查的要求，能确定野生动物资源的调查项目和方法。
4. 根据景观资源的调查要求，能确定景观资源调查的项目和方法。

(三)素质目标

1. 加强生态文明宣传教育，爱好林区一草一木，做绿水青山就是金山银山的守护者和践行者。
2. 培养学生爱岗敬业精神，坚定学林爱林、献身林业的理想信念。

实践操作

2.4.1 多资源调查过程与要点分析

第一步：确定调查对象、调查目的及任务

二类调查时，应结合必要的多资源进行调查。先拟定调查方案，确定调查目的和技术方法，组织人员，制定调查时间。

第二步：收集图面材料

根据调查目的、任务以及调查对象，确立调查工作所涉及的区域或范围，据此收集相关资料。包括历史调查资料、行政区划、自然地理位置、地形地貌、土壤、气候、植被、农林业情况，以及当地的社会人文、经济状况等。收集林区范围内 1∶25 000 比例尺的航片（卫片）或 1∶10 000 地形图，按图幅号进行接图。收集的航片（卫片）必须是最近拍摄的，地形图要求是最新出版的。

第三步：绘制调查区域境界线

在航片（卫片）上按照不同影像色彩将多资源调查区域的界线范围勾绘于图中，并用方格法、电子求积仪法或 GIS 软件计算调查区总面积。

第四步：确定调查路线

根据已确定的对象、内容以及调查区域的地形、地貌、海拔、生境等确定调查路线或调查点，调查线路或调查点的设立应与代表性、随机性、整体性及可行性相结合，样地的布局要尽可能全面，分布在整个调查地区内的各代表性地段，避免在一些地区产生漏、空情况。

第五步：开展多资源调查

在综合收集各种图面资料，整理分析所调查资源的分布、数量等历史情况的基础上，确定调查内容和调查方法。不同的调查内容，所采用的方法不同。主要对经济植物资源，野生动物资源，景观资源，水资源和渔业资源以及放牧资源进行调查。

理论基础

2.4.2 多资源调查

2.4.2.1 多资源调查的概念

随着社会进步、科技发展和生态文明建设的需要，森林在一个国家中的地位越来越重

要,"富饶的森林,发达的林业"已成为国家富足、经济发达、社会稳定、民族繁荣和社会文明的重要标志之一。森林是陆地生态系统的主体,它在生态系统中对其他生物和环境产生重大的影响,因此,森林中的各种资源是一个有机的整体,森林资源概念不仅仅指林木产品,而是扩大到森林内的动物、植物、土地、景观、水、气候、地下资源等。

多资源调查是森林可持续经营中逐渐发展起来的森林调查项目,世界各国对多资源调查的类型归属不完全一致,在我国的有关规程中规定,多资源调查仍属于二类调查的专业调查范畴。多资源调查就是指对林区内的野生动物资源、经济植物资源、水和渔业资源、放牧资源、旅游景观资源和地下资源等进行的调查。

2.4.2.2 多资源调查的产生

在过去很长的一段时间里,我国和其他许多国家一样,森林资源调查的主要目标,是林木资源的状况和如何对林木进行合理的收获利用等,调查工作主要围绕森林蓄积量进行。全方位、全地域、全过程加强生态环境保护,生态文明制度体系更加健全,污染防治攻坚向纵深推进,绿色、循环、低碳发展迈出坚实步伐。从20世纪70年代起,美国林务局在全国森林资源调查中开始推行多资源调查体系。例如,南卡罗来纳州多资源调查的主要内容有:森林植被的生态结构、生物量调查、野生动物栖息地调查、游憩地调查、土壤和水文调查、牧地调查等。因此,20世纪90年代以后,世界许多国家都逐渐开展了多资源的调查。我国从20世纪90年代中期开始,在森林经理调查的内容中增加了多资源调查的内容,并且在近20年的历程中得到了长足发展。

2.4.2.3 多资源调查的意义

林业既是一门基础产业,又是一项公益事业。森林与人类的生存、发展和需求息息相关。在林业可持续发展、森林多种效益、森林可持续经营等经营战略提出之前,人们对森林资源的利用,主要是木材及木材产品。而随着生活水准的提高,人们对森林功能(效益)的需求不断增长,特别是随着现代社会生态文明建设的不断推进,已将森林的生态环境效益和社会效益放在了重要的地位。因此,在林区进行多资源调查有着非凡的意义,主要体现在以下方面。

①发挥森林的各种有效性能,适应生态文明建设的需要。
②有利于发展林区多种经营,调整产业结构。
③为林业企事业单位制定中、长期计划,编制森林经营方案提供依据。
④为编制林区多资源调查规划设计、制定森林植物资源的经营利用规划提供依据。
⑤促进地方经济增长,拓宽劳动力市场,提高就业率。

2.4.2.4 多资源调查的类型和方法

林区内森林资源的类型较多,具体调查类型和方法如下。
①经济植物资源调查。经济植物是指具有一定商品价值的植物。在我国一般采用样地、样方、样木或标准木等方法,统计全林或单一类型的产量、可利用程度等。植物资源的调查重点应放在野生植物资源的发掘利用上。

②野生动物资源调查。主要调查野生动物的种类、数量、组成、动向、分布及可利用的情况和群体的自然区域，确定不同种类野生动物对食物和植被的需要，评价维持野生动物的种类的各种生境单位。

③景观资源调查类型。景观资源调查是进行风景规划设计，开展森林旅游不可缺少的基础工作，它是多资源调查的重要组成部分，要按照美学原则和开放旅游的要求调查。景观资源类型分为两大类：自然景观和人文景观。自然景观包括：地文景观、水域风光景观、气象气候与天象类景观以及生物景观。其中，林区中生物景观内容较多，是景观资源调查的主要对象。人文景观包括：历史遗址、古代建筑、古典园林、古代陵墓、旅游商品、人文活动与民族文化旅游、传统节庆、产业观光。

④水资源和渔业资源调查类型。森林资源与水资源关系密切，许多森林又是地处大江大河的上游、源头，对水资源的总量、稳定流量和质量至关重要。按照1988年联合国教育科学文化组织(UNESCO)和世界气象组织(WMO)的定义，水资源应当是可供利用或可能被利用，具有足够数量和可用质量，并且可适合对某地为对水资源需求而能长期供应的水源。水资源调查主要是对水域属性和水域质量进行调查。渔业状况调查是指选择有代表性的作业点或捕捞队进行渔获物统计。

⑤放牧资源类型。放牧是植被资源最简便经济的利用方式，在许多林区都有放牧资源，主要是草本植物，此外还有一些灌木的叶、小枝和果实，也包括部分乔木的果实。人们最常见的放牧类型是草甸、草地放牧，除此之外还有灌丛放牧、人工林林下放牧、湿地放牧、沼泽放牧以及岩溶地区灌木林下放牧等。

⑥其他多资源调查。例如，建材(花岗岩、大理石等)、矿产(煤炭、浮石等)、"三剩"资源(采伐、造材、加工剩余物)等。应调查这些资源的数量、现有利用情况和开发利用的方向，为发展林区多种经营提供科学依据。

多资源调查的方法、内容和详细程度各有不同。多资源调查要求与森林经理调查同时进行，在选择调查方法时，不同类型的资源其调查方法不尽相同，有的可能适于抽样调查，有的采用路线调查，有的可用座谈访问法，有的也可以通过典型调查取得数据，并将数据落实到小班，如风景林小班等，必要时还要进行样地调查及样木测定，以便统计或建立模型之用。至于哪种资源调查要采取什么方法，要根据林区自然条件和多资源类型的特点而定，并通过森林经理会议确定，以保证调查总体的精度。

2.4.2.5 多资源调查实施注意事项

①多资源调查是与二类调查同时进行的，当多资源调查采用抽样调查法时，可与小班调查蓄积总体控制的抽样调查体系结合起来，即在抽样点进行蓄积量调查后，再根据多资源调查的目的和要求进行某类多资源调查，这样能大大提高工作效率，节省人力、物力。

②当多资源调查确定后，应将境界范围在地形图或遥感图上勾绘，有的要作为一个小班调查，如自然景观资源调查、某类经济植物资源调查等。

③森林中资源种类很多，二类调查时对所有多资源都进行调查既不现实也无必要。多资源调查属于二类调查的拓展调查内容，应该根据森林经营的要求和经营单位的条件选择必要项目进行调查。如果森林经营不需要，调查也没有什么必要。

④多资源调查应协商确定。如何调查、调查的内容以及详细程度应根据森林资源特点、经营目标和调查目的，以及以往该资源调查成果的可利用程度进行协商，由调查经理会议具体确定。

⑤多资源调查的内容以及详细程度，应根据国家相关技术规程，编制具体实施方案和技术操作细则，根据此方案和细则进行调查。要突出调查内容的特点，要具有科学性和可操作性。

拓展训练

通过了解，确定林区中某一种多资源或某一物种资源作为调查对象，按照调查目的、内容、方法收集文字资料(包括现有资料和历史资料)和图面材料(1∶10 000 地形图或遥感图)，先在图面材料上布设样点，确定样点(样带)面积，然后进行抽样调查。如是风景资源调查，应将资源落实到小班，以小班进行调查。因时间或其他条件的限制，在调查不完整的区域，根据需要，再进行调查区域的补充调查。外业调查结束后，要及时检查整理数据、资料，编制统计报表，绘制某一资源分布图，每人提交一份资源调查报告。

自测题

一、名词解释

1. 小班调查；2. 纯林；3. 混交林；4. 疏林地；5. 宜林地；6. 辅助生产林地；7. 被占用林地；8. 四旁树；9. 散生木；10. 多资源调查；11. 自然度；12. 生物景观；13. 林业生产条件；14. 立地类型。

二、填空题

1. 用材林分为 3 个亚林种，分别为(　　)、(　　)和(　　)。
2. 竹子年龄以"度"为单位，1 度是(　　)年；竹林采伐方式是(　　)。
3. 林业生产条件调查，除了了解林业本身的经济条件外，还要了解社会经济条件，特别是(　　)、(　　)、(　　)等对林业的要求和需要。
4. 自然条件主要包括地形地势、(　　)、(　　)、(　　)、(　　)、(　　)等。
5. 林业土壤调查的方法一般分为(　　)和(　　)2 种。
6. 在森林调查中把坡度划分为(　　)、(　　)、(　　)、(　　)、(　　)、(　　)等 6 个坡度级。
7. 气候条件是指(　　)、(　　)、(　　)、(　　)、(　　)等因子。
8. 水文条件包括河流、湖泊的分布、长度、深度、宽度、流量和流速，以及(　　)和(　　)。
9. 林业生产条件的调查研究应根据不同的内容采取不同的调查方法，一般通过(　　)、(　　)、(　　)、(　　)等途径。
10. 小班调查卡片因子中，属于定性因子的是(　　)、(　　)、(　　)、(　　)等因子。

11. 国家特别规定灌木林包括( )、( )、( )。
12. 二类调查成果应包括( )、( )、( )和( )4个部分。
13. 一个角规点应进行2次观测，两次观测值之差不得超过( )。
14. 野生动物资源调查可采用抽样调查或典型调查的方法，样地面积不少于动物栖息地面积的( )。
15. 景观资源调查的主要内容，包括自然景观、( )和( )。
16. 水资源调查主要是对水域属性和水域质量进行调查。水域的自然属性，主要有水域面积、( )、( )、( )和河道过水断面积等。
17. 其他多资源调查多指地下资源调查，例如，花岗岩、大理石、( )、( )等。
18. 对野生动物资源开发利用和管理意见，主要从( )、( )、( )方面提出合理建议。
19. 在森林调查中，坡向按9个方位记载：( )、( )、( )、( )、( )、( )、( )、( )、( )。
20. 森林生长量可分为( )和( )。
21. 实地调查时，一般根据调查的要求、深度和调查对象的特点，采用深入现场( )或( )的调查方法。
22. 在亚热带山地丘陵、热带林中，土壤厚度在( )cm为厚土层，( )cm为中土层，( )cm为薄土层。
23. 二类资源调查的最小资源数据要落实到( )。
24. 小班调查的详细程度取决于当地( )。
25. 森林更新调查多采用( )和( )的调查方法。
26. 立地类型调查一般采用( )和( )相结合的方法进行。
27. 森林病虫害调查一般采用( )和( )的调查方法。

三、判断题

1. 地形地势影响着森林的树种组成和林木生长发育。( )
2. 林业生产条件不包括林业生产活动的调查。( )
3. 二类调查工作不属于以往林业经营活动调查的内容。( )
4. 社会经济条件调查必须调查林业在当地国民经济建设中的地位和任务。( )
5. 自然条件是森林资源所处的环境条件，对森林的形成、演替、生长、类型结构、功能、林木的数量和质量等都有着决定性的作用。( )
6. 在进行社会经济条件调查时，人口密度及农业劳力支持林业的能力，乡办林场等可不列入调查的内容。( )
7. 有林权证用于开荒农垦的土地为非林业用地。( )
8. 散生木是指零星生长在村旁、田旁、水旁、路旁的树木。( )
9. 一块面积为1.0 hm² 生长稳定的竹林小班平均胸径1.7 cm，覆盖度30%，该小班土地种类定为竹林。( )
10. 疏林地的郁闭度在0.1~0.19。( )
11. 在森林资源规划设计调查中，小班最小区划面积为1.5亩。( )

12. 生态公益林包括两个大林种：一是防护林，二是特殊用途林。（　　）
13. 有林地的郁闭度≥0.3。（　　）
14. 至于哪种资源调查要采取什么方法，要根据林区自然条件和多资源类型的特点而定，并通过森林经理会议确定。（　　）
15. 二类调查时，应对林区内所有多资源都进行调查。（　　）
16. 多资源调查的内容以及详细程度，应根据国家相关技术规程，编制具体实施方案和技术操作细则。（　　）
17. 林区中的淡水鱼类不是野生动物资源调查的类型。（　　）
18. 多资源调查线路或调查点的设立应与代表性、随机性、整体性及可行性相结合，样地的布局要尽可能全面。（　　）
19. 在进行经济植物调查时，对于物种、数量稀少，分布面积小，种群数量相对较少的区域，宜采用全查法。（　　）
20. 多资源调查是伴随我国市场经济的发展而产生的。（　　）
21. 在林区经济条件的调查研究中，一般只调查林业经济条件就足够了，特殊情况下应进行社会经济条件调查。（　　）
22. 森林病虫害调查一般采取路线踏查和标准木调查相结合的方法。（　　）
23. 实地调查是在收集现有文字资料和调查访问的基础上，还不能解决或不能满足调查要求时，应采取的一种调查方法。（　　）
24. 林区生长量可通过调查各类林分生长量求得，也可对整个林分进行生长量抽样调查求得。（　　）
25. 路线调查时，调查记载的内容视调查项目的具体要求、条件而定，一般采用目测方法，必要时做抽样调查。（　　）
26. 纯林必须有一个树种的蓄积量占总蓄积量的90%以上。（　　）
27. 凡是用材林都要进行可及度的调查填写。（　　）
28. 立地类型亦称立地条件类型。（　　）
29. 立地类型是指林木生长有影响的各个环境因子的综合，它包括地形、地势、小气候、土壤、植被等。（　　）

四、简答题

1. 简述林业生产活动调查的主要内容？
2. 简述社会经济条件调查的主要内容？
3. 简述自然条件调查的内容？
4. 进行林业生产条件调查时应注意哪些问题？
5. 简述林业生产条件调查的方法与过程(步骤)。
6. 为什么说林业生产条件的调查研究对森林资源经营管理工作实施是必要的？
7. 在森林经理调查时，调查过去森林经营情况有何意义？
8. 简述散生木、四旁树的调查方法及步骤？
9. 简述有林地纯林小班的调查步骤？
10. 小班调查前需要进行哪些准备工作？

11. 简述经济植物资源调查的主要内容？
12. 经济植物按用途分为几类？
13. 简述野生动物资源样点调查法？
14. 用材林经营类型的划分应考虑哪些因素？
15. 森林经营类型设计的内容有哪些？

项目3 森林资源监测

森林资源监测是指对林木资源及其他森林资源的发展变化情况进行动态实时监测,实现森林资源调查的实时化、自动化,是宏观上作为时间函数的森林数量、质量、消长趋势的评价调查,是强化森林资源管理、保护和扩大森林资源的基础性工作。本项目有国家森林资源连续清查和生态公益林监测与补偿2项任务。

知识目标

1. 了解国家森林资源连续清查体系、生态公益林生态功能状况、森林健康状况及其动态。
2. 掌握森林资源动态变化情况。
3. 掌握生态公益林资源分布、数量、结构和质量状况。
4. 掌握生态公益林区生态环境状况及其变化趋势。

能力目标

1. 会分析森林资源分布、数量、结构、质量状况的变化情况。
2. 能正确填写样地因子调查卡片。
3. 能对所调查的各项因子,进行正确的计算,并建立样地因子调查监测数据库。
4. 能正确的判断各生态监测因子的评定指标及划分标准。

素质目标

1. 培养学生树立绿水青山就是金山银山的发展理念。
2. 培养学生团队协作精神和吃苦耐劳能力。
3. 培养学生对祖国林业的热爱,树立民族自豪感。

任务3.1 国家森林资源连续清查

任务描述

国家森林资源连续清查是以掌握宏观森林资源现状与动态为目的,以省(自治区、直辖市)为单位,利用固定样地为主进行定期复查的森林资源调查方法,是全国森林资源与生态状况综合监测体系的重要组成部分。组织学生完成实习区域内固定样地的复位和复测，进行森林资源与生态状况的统计、分析和评价。

每人提交一份调查区域的森林资源连续清查成果，建立和更新数据库。

 任务目标

（一）知识目标
1. 了解国家森林资源连续清查体系。
2. 掌握国家森林资源连续清查的基本概念。
3. 掌握国家森林资源连续清查的主要内容及调查方法。
4. 掌握森林生态系统的现状和变化趋势，对森林资源与生态状况进行综合评价。

（二）能力目标
1. 能编制森林资源连续清查工作计划、技术方案及实施细则。
2. 能够完成样地设置、复位、外业调查和辅助资料收集。
3. 能对调查数据进行统计、分析和评价。
4. 能按要求准确提交森林资源连续清查成果。
5. 能够建立和更新森林资源连续清查数据库和信息管理系统。

（三）素质目标
1. 培养学生团队协作精神和吃苦耐劳能力。
2. 培养学生责任意识和职业素养。

 实践操作

3.1.1　国家森林资源连续清查的过程与要点分析

第一步：前期准备
(1) 组织准备
省级林业主管部门成立森林资源连续清查领导小组，并设立办公室，全面领导清查工作。各市(州)及林业局(保护局、总场)成立相应的领导机构，组织领导本区域的清查工作。

(2) 技术资料准备
①制定工作方案、技术方案和操作细则。
②1∶50 000 或 1∶100 000 地形图。
③近期航天遥感影像。
④样地调查记录卡片。
⑤上期样地调查记录。
⑥材积表及其他常用数表。
⑦各种调查和规划成果、有关技术规程及其他有关资料(如《国家重点保护野生植物名录》等)的收集等。
⑧编印《××省主要植物图鉴》。

(3) 其他准备

①仪器工具准备。根据森林资源连续清查内容准备所需调查仪器、工具及其他备用物资。

②仪器校检。对调查用罗盘、GPS等测量仪器设备进行校正。

③技术培训。按质量管理要求组织技术培训。

第二步：固定样地设置

(1) 样地形状与面积

固定样地形状一般采用正方形，也可采用矩形样地、圆形样地或角规控制检尺样地。样地面积一般采用 0.0667 hm^2(1亩，后同)。

(2) 固定样地的标志

①标桩规格与埋设。方形样地，在样地西南角埋设 10 cm×10 cm×60 cm 的剥皮木桩(水泥标桩)，埋入地下 40 cm，露出地面 20 cm，面向样地中心方向用红漆注明样地编号[图3-1(a)]。在其余三个角埋设小头直径 10 cm，长 50 cm 的剥皮木桩(或水泥标桩)，埋入地下 30 cm，露出地面 20 cm，面向样地中心方向砍平并注明(水泥桩直接标)该角的方位 SE(东南)、NE(东北)、NW(西北)及样地编号[图3-1(b)]。由于裸岩等原因，在西南角无法埋设水泥标桩时，可沿顺时针方向改设在其他角上，但必须要在样地特征情况说明中说明原因和埋设位置。落入非林地且无树木的样地可不埋设标桩。落入人为活动频繁地区的样地，水泥标桩无法埋设或较难保存时，可将标桩移到样地周围(一般不超过50m范围)的明显地形地物标上(如电杆、桥、房屋、道路、河流公路交叉处)或在地物标上标记，也可移到较易保存的地方，但必须要在卡片上注明埋设的位置及相对于西南角的方位、距离。对于圆形样地，在正东、南、西、北方向边界处应设置土坑等固定标志；对于角规控制检尺样地，除中心点标桩外，还应设置土壤识别坑等辅助识别标志。

(a) 西南角标桩　　　　　　　(b) 西北角标桩

图 3-1　固定样地标桩

②样地定位物设置。在样地西南角附近选择易识别的 3 个固定地物(树)作为定位物，测量记载方位角和水平距并描述其特点。如果用树木作定位物时，应选择距样地西南角最

近的(一般不超过 30 m)3 株树,并记载树种、年龄、树高、胸径及对应于西南角的磁方位角与水平距离,用阿拉伯数字顺序编号(图3-2)。

在样地西南角下坡位置(落在平地上的样地在西南角南边)50 cm 处,挖 50 cm×50 cm×50 cm 的土坑,将土堆放在下坡(南边)位置。确因土层薄而达不到要求深度的,能挖多深就挖多深。如西南角水泥标桩因故移至其他角时,定位物(树)和土坑也应同时设置在该角,并将"西南"改成相应方位角。

图 3-2　固定样地西南角标桩编号及定位树

③引点标志。引点标志为木制标桩(最好是硬杂木),规格为粗 8 cm,长 80 cm。剥掉树皮,顶部砍成人字形斜面,斜面下削成长 18 cm 的平面。在平面上用红油漆写上"引"字及样地编号。标桩埋设在引点位置,埋入地下 50 cm,样地号要面向样地方向。当复查时凡经引测(含改变引点位置)的样地,均应重新设置引点标桩,如未经引测直接复位样地可不设。

(3) 固定样地周界测量

固定样地周界测量采用闭合导线法。绝不允许在边线中途闭合以及利用视距尺进行边界测量。样地周界测量的闭合差不得大于四周边界总长的 1/200。对周界上的杂灌应予砍除,但胸径小于 5 cm 的幼树应予保留。将边线外的树木面向样地方向在胸高下方刮皮,用红油漆标记。

(4) 固定样地位置图绘制

样地布设以后,应并将样地设置的大小、形状在调查表上按比例绘制,同时标注离样地最近的地物标。

(5) 固定样地的编号

固定样地编号,森林资源、湿地资源、荒漠化和沙化监测均采用上期编号不变。

(6) 固定样木的编号

样地内所有样木都应作为固定样木,统一设置识别标志,在胸高位置划红色油漆线并标注样木号。

第三步:固定样地复位

(1) 样地复位

样地复位常用的方法有以下 3 种。

①GPS 导航。即将上期采集的样地西南角坐标值输入 GPS,在距离样地 500 m 左右的地方打开 GPS,根据导航系统中显示的当前所在位置和西南角位置,在 GPS 导航系统的指引下,确定走向样地的路径,沿路径逐渐接近并到达样地内,确定西南角桩位置。

②引线法定位。对于接收不到 GPS 信号或信号微弱、不稳定的样地,无法用 GPS 导航系统导航时,要用引线定位法找西南角标桩。具体方法是根据上期资料先找到引点,在引点上架设罗盘仪,根据方位角和距离用引线定位法找到西南角标桩。

③向导带路。如有上期调查人员参与且对样地位置熟悉的情况下，也可由原调查人员及当时配合工作的人员直接复位。

(2) 样地西南角复位

样地西南角复位最简便的方法就是由熟悉样地情况的原向导或知情人直接找到样地西南角水泥桩，这种方法既准确又省时。由于森林资源连续清查间隔期较长，有的向导也只能找到样地，无法回忆西南角位置。在这种情况下，为节省时间，调查人员可手持罗盘仪先行判断正北方向，再参考前期定位物或定位树及样木位置图判断并确定西南角位置。在样地西南角标桩无法找到，但定位物或定位树可以确定，此时应进一步核实定位物或定位树的准确性，再通过定位物或定位树来确定西南角位置。如仅存一个定位物或定位树，则利用此定位物或定位树及最靠近西南角的其他样木，用罗盘仪确定西南角的位置。对于设在大面积幼林、经济林、灌木林和未成林造林地及非林地中的样地，如上期未设水泥桩及定位物，难以找到西南角时，应根据前期引线记录，在引线起点上架设罗盘仪，按照上期引线的方位角、水平距重新引线确定西南角位置。

(3) 样地周界复位

样地定位后，利用保存的标志对周界进行复位，并按固定标志设置要求，修复和补设有关标志。在周界复位时，要认真分析前后期测量误差的影响，仔细寻找前期的固定标志，避免因周界复测产生位移而出现漏测木和多测木。样地位置和样地周界原则上必须与前期保持一致，调查人员不得随意改变。样地复位要求达到98%以上。

原来的实测样地因特殊原因需要改为目测的，必须严格执行审核审批制度。由调查人员将有关情况逐级上报至省连续清查办公室，由省连续清查办公室上报区域森林资源监测中心审核后，再报国务院林业主管部门审批。

(4) 样木复位

样木复位分为样地内样木编号复位和样木位置复位2个方面。样木编号复位就是寻找样木树上上次清查所钉的样木标牌，找到即复位；样木编号丢失的，就要根据样木与其他样木的相对位置关系、树种等信息进行复位，对采伐木、病死木、腐朽木等，还要通过地上遗留的树桩、残根等对样木进行复位。样木复位率要求达到95%以上。

(5) 改设样地

当前期固定样地无法复位而必须改设时，可采用 GPS 直接定位。无 GPS 信号或 GPS 信号微弱、不稳定时，应采用引线定位，但可采用 GPS 辅助确定引点位置。样地定位后，要进行周界测量，并按要求设置固定样地标志。改设样地必须严格进行审核审批。

第四步：固定样地调查

(1) 样地调查记录封面记载内容

封面记载内容包括：总体名称、样地号、样地形状、样地面积、样地地理坐标、样地间距、地形图图幅号、卫片号、地方行政编码、样地所在位置等。

(2) 样地定位与测设

①引点、样地位置示意图绘制。将引点、样地周围明显的能为下次复位提供依据的识别特征认真标绘在图上，力求准确可靠，为下期复查奠定基础。同时要记载引点、样地特征说明，即定位物名称、定位物特征、各定位物相对于样地西南角桩的方位角、水平距

等,以便下期顺利寻找样地。跨地类样地应在样木位置示意图上标绘出各地类界线,并在样地识别特征说明上注明各地类面积及所占比例。

②样地引线测量记录。每个样地均应记载引线测量记录。直接复位的样地应转抄上期记录;目视定位的样地应注明目视定位的原因及方法;其他样地应按测量过程逐站做好记录。引线距离的累计值应与引线距离一致。

③样地周界测量记录。有林地、疏林地、含有跨角林、跨角疏林的样地,均应按要求进行样地周界测设并做好记录,其余林地样地及分布有树木的非林地样地,若能准确判定样地内的树木时,只需在西南角埋设水泥标桩,其余3个角不需量测。否则应按规定进行样地周界量测并做好记录。样地内没有乔木的非林地样地及无法进行测量的目测样地,可不进行样地周界测量和记录。

样地周界测量的闭合差绝对值以米为单位,记至小数点后2位,相对值以倒数形式记至整数。对复位样地记载周界长度误差。

(3)样地因子调查

样地调查项目共61项。各省(自治区、直辖市)不能简化其内容和改变顺序,必须严格按所列项目、代码及精度要求详细调查填记。如要增加调查内容,可在61项以后补充。样地调查记载因子分别为:地貌、海拔、坡向、坡位、坡度、地表形态、沙丘高度、覆沙厚度、侵蚀沟面积比例、基岩裸露、土壤名称、土壤质地、土壤砾石含量、土壤厚度、腐殖质厚度、枯枝落叶厚度、植被类型、灌木覆盖度、灌木平均高、草本覆盖度、草本平均高、植被总覆盖度、地类、土地权属、林木权属、森林类别、公益林事权等级和保护等级、商品林经营等级、抚育措施、林种、起源、优势树种、平均年龄、龄组、产期、平均胸径、平均树高、郁闭度、森林群落结构、林层结构、树种结构、自然度、可及度、森林灾害类型和灾害等级、森林健康等级、四旁树株数、杂竹株数、天然更新等级、地类面积等级、地类变化原因、有无特殊对待、调查日期。各项因子调查记载方法根据各省(自治区、直辖市)森林资源连续清查技术操作细则并参照国家森林资源连续清查技术规定要求执行。

(4)跨角林样地调查

跨角林样地是指优势地类为非乔木林地和非疏林地,但跨有外延面积 0.0667 hm² 以上有检尺样木的乔木林地或疏林地的样地。如果优势地类也是乔木林地或疏林地,但与跨角的乔木林地或疏林地分界线非常明显,且树种不同或龄组相差2个以上,不宜划为一个类型时,也应按跨角林样地对待。跨角林样地除调查记载优势地类的有关因子外,还需调查跨角乔木林地或疏林地的面积比例、地类、权属、林种、起源、优势树种、龄组、郁闭度、平均树高、森林群落结构、树种结构、商品林经营等级等因子,填写跨角林样地调查记录表。表中的跨角地类序号为跨角乔木林地或疏林地的标识号(按面积大小从1开始编号),应与每木检尺记录表中的跨角地类序号保持一致;面积比例按小数记载,精确到0.05(图3-3)。

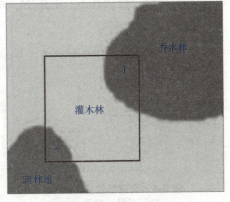

图 3-3 跨角林样地示意图

(5) 遥感判读样地记载

对于固定样地落在人力不可及的林地内的遥感样地，应尽可能参照已有的各种调查和规划资料，对样地的地类属性和主要林分特征因子进行判读。遥感样地需要记载的因子包括地类、林种、起源、优势树种、龄组、郁闭度、公益林事权等级、保护等级、自然度、可及度、地类面积等级、样地号、样地类别、纵坐标、横坐标、GPS 纵坐标、GPS 横坐标、县(局)代码、地貌、海拔、坡向、坡位、坡度、土壤质地、灌木覆盖度、土地权属、林木权属、森林类别。各项因子记载方法根据各省(自治区、直辖市)森林资源连续清查技术操作细则并参照国家森林资源连续清查技术规定要求执行。

(6) 固定样地每木检尺

①检尺基本要求。每木检尺对象为乔木树种(包括经济乔木树种)和毛竹(含非竹林样地内毛竹)，其中乔木树种的检尺起测胸径为 5.0 cm。每木检尺一律用钢围尺，读数记到 0.1 cm，检尺位置为树干距上坡根颈 1.3 m 高度(长度)处，并应长期固定。检尺应按每木检尺编号顺序逐株进行。检尺前先用红油漆标定胸高位置，检尺时若胸高处附有藤本、苔藓等附着物时要清除后再量测。如胸高处变形(如树瘤、节、畸形等)应在胸高上下等距离处分别量测其胸径，并标记量测位置，取其平均值作为该树的胸径(图3-4)。对于分叉树，当在 1.3 m 以下分叉且够检尺的应分别编号检尺；当树干恰好在 1.3 m 处分叉时，应在向上 20 cm 处按够检尺的分枝检尺(图3-5)。检尺完后用红油漆重新标记胸高位置，对检尺株数、编号等在现地进行检查核对，确定无误后方能离开。凡树干基部落在边界上的林木，应按等概原则取舍。取西、南边界上的林木，舍东、北边界上的林木。胸高位置不得用锯子锯口或打钉，以防胸高位置生长树瘤而影响胸径测定。可以采用统一的标牌高度来固定胸径测量位置。

②每木检尺记录说明。每木检尺记录的内容包括样木号、林木类型、检尺类型、树种名称和代码、胸径、采伐管理类型、林型、跨角地类序号等，具体要求如下。

样木号：固定样地内的检尺样木均应编号，并长期保持不变。样木号以样地为单元进行编写，不得重号和漏号。固定样被采伐或枯死后，原有编号原则上不再使用，新增样木(如进界木、漏测木)编号接前期最大号续编。当样木号超过 999 时，又从 1 号开始重新起编。

林木类型：分别林木、散生木、四旁树，用代码记载。

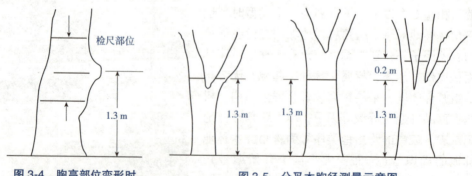

图3-4　胸高部位变形时胸径测量示意图　　　图3-5　分叉木胸径测量示意图

检尺类型：按技术标准确定样木的检尺类型，用规定的代码记载，对于复测样地，原则上要求全部样木复位。如果样木标牌遭到破坏，应根据样木的位置、树种、胸径等因子通过综合分析进行复位，其中采伐木、枯倒木要确认伐根、站杆、挖蔸坑槽等。复测样地的检尺类型共分为保留木、进界木、枯立木、采伐木、枯倒木、漏测木、多测木、胸径错测木、树种错测木、类型错测木10种，其他样地(包括改设样地、增设样地和临时样地)的样木检尺类型，分活立木、枯立木、枯倒木3类。只要求对活立木进行编号和检尺，枯立木、枯倒木不检尺。复测样地上未复位的保留木和新增检尺对象(如经济乔木树种)样木按活立木对待。

树种名称和代码：按技术标准或各省操作细则所列树种(组)调查记载。对于按20 km×20 km间隔系统抽取的约2.4万个固定样地，样地内的所有检尺样木应依据各省树种名录进行树种调查，记载具体树种名称。

胸径：开展野外调查前，可事先将前期除采伐木、枯立木、枯倒木和多测木以外的所有样木的胸径全部转抄到前期胸径栏内。本期测定的胸径，应与前期胸径对照；对于生长量过大或过小的样木，要认真复核，尤其应注意大径组和特大径组的样木。考虑到胸径的测量误差，对于生长量很小的样木，允许出现后期胸径比前期胸径略小的情况。胸径以厘米为单位，记载到小数点后一位。本期确定的采伐木、枯立木、枯倒木的胸径按前期调查记录转抄。

采伐管理类型：对于确定为采伐木者，按技术标准确定其采伐管理类型，用代码记载。

林层：确定样木所属林层，用代码记载。对于单层林中的样木，代码0可以省略不记。

跨角地类序号：确定样木所在的跨角地类，并用序号记载。跨角地类序号应与跨角林样地调查记录表中的序号保持一致。无跨角地类时，此项不填。

方位角、水平距离：每株样木均应测量方位角和水平距离。方位角以度为单位，水平距离以米为单位，均保留1位小数。样木方位角和水平距离的测定，原则上要求以样地中心点为基点。对于地形复杂、不便在样地中心点定位的样木，可以选择4个角点中的任何一个为基点进行定位，但需在记录表中记载清楚。

备注：补充记载一些有必要说明的信息。如胸高部位异常，则注明实测胸高的位置；国家Ⅰ、Ⅱ级保护树种和其他珍贵树种、野生经济树种、分叉木、断梢木、同蔸样木等有关信息，均可注明。

③样木位置图。根据每株样木的坐标方位角和水平距(或其他定位测量数据)绘制样木位置图。对于样地内有标识作用的明显地物和地类分界线，也应标示在样木位置图上，方便下期样木复位。

(7) 其他因子调查

①树高测量。对于乔木林样地，应根据样木平均胸径，选择主林层优势树种平均样木3~5株，用测高仪器或其他测量工具测定树高，记载到0.1 m。对于竹林地，选择3株平均竹，量测胸径、枝下高，其中胸径记载到0.1 cm，枝下高记载到0.1 m。

②荒漠化程度调查。根据样地的荒漠化类型，调查相关评定因子的取值，按技术操作细则要求评定程度等级，再根据平均得分进行综合评定。

③森林灾害情况调查。对于乔木林地、竹林地和特殊灌木林地，调查森林灾害类型、危害部位、受害样木株数，评定受害等级。

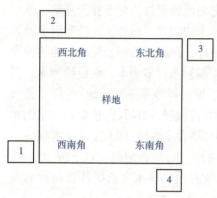

图 3-6　植被调查样方设置示意图

④植被调查。对林地样地，通过设置样方调查样地上灌木和草本主要种类、平均高度和覆盖度。样方布设在样地西南角向西 2 m 处，大小为 4 m×4 m。样方的四角应进行固定，样方所代表的植被类型原则上应与样地一致。如果不一致，则依次按西北角（向北 2 m）、东北角（向东 2 m）、东南角（向南 2 m）的顺序设置植被调查样方（图 3-6）。在样方内调查下木、灌木、草本以下因子。对样方内的珍稀物种和具有较大开发利用价值物种应调查记载到"样地情况说明"。

⑤更新调查。对于疏林地、灌木林地（国家特别规定灌木林地除外）、迹地和宜林地，应设置样方调查天然更新状况。样方的大小和位置由各省（自治区、直辖市）自行规定。如在样地东北角设置 4 m×4 m 的样方，调查天然更新的乔木树种、高度、株数、健康状况和破坏情况。

⑥复查期内样地变化情况调查。调查记载样地前后期的地类、林种等变化情况，注明变化原因；确定样地有无特殊对待，并作出有关文字说明。

⑦未成林造林地调查。调查记载造林树种、造林年度、苗龄、造林密度、苗木成活（保存）率和抚育管护措施等。

⑧调查卡片记录。固定样地调查严格按各省（自治区、直辖市）技术操作细则并参照《国家森林资源连续清查技术规定》查样地调查记录格式进行调查记载。

⑨定位物调查记录。每个样地均应记载定位物名称、特征、相对于样地西南角桩的方位角、水平距等。

以上各项因子调查记录必须符合质量验收要求。

第五步：内业工作

(1) 数据整理与检查

①固定样地调查记录封面填写检查。检查封面填写是否正确。

②调查因子的检查。包括样地号、地类、样地因子之间的逻辑关系、前后期样地因子的对照检查等。

③每木检尺记录的检查。包括前后期样地每木检尺卡片、样木号、立木类型、检尺类型、树种、胸径、采伐管理类型、林层、跨角地类序号、材积式编号、方位角、水平距等。

(2) 数据输入与逻辑检查

逻辑检查在数据输入完成后利用计算机进行。逻辑检查分为以下 3 部分。

①样地、样木因子的取值范围。每个因子都有一定的取值幅度，检查样地、样木因子调查数据是否在取值范围内。

②样地因子之间、样地因子与样木因子之间的逻辑关系。许多样地因子之间及样地因子与样木因子之间都存在逻辑关系，这些关系不能存在矛盾。例如，优势树种与平均年龄和龄组之间的逻辑关系；郁闭度与有林地和疏林地的关系；灌木覆盖度与灌木林地和宜林地的关系等。

③前后期样地、样木因子之间的逻辑关系。检查前后期样地样木因子之间是否存在矛盾。例如，地类有变化，地类变化原因是否缺项或错误；前期所有活样木后期是否都有去向，后期的复位木是否都能与前期样木一一对应等。

逻辑检查如发现错误，必须进行认真分析，并在慎重考虑各种关系后再妥善修正。在数据库中修正了逻辑关系后，也要同时在样地调查卡片上进行改正。

(3) 内业计算

全部固定样地和遥感判读样地在完成各项调查并经检查验收合格后进行内业计算，包括数据处理、森林资源现状统计、森林资源动态分析、统计数据汇总等。

第六步：质量检查

质量检查是对调查前期准备工作、外业调查和内业统计各项工序及调查成果进行检查。外业调查检查是质量检查的重点，其检查内容和评定标准如下：

(1) 重要项目

①样地固定标志。主要有固定样地标桩、直角坑槽、定位树、周界记号、胸高线、样木标牌等，样地固定标志要符合样地每木检尺有关规定和各省（自治区、直辖市）技术操作细则的要求。

②样地位置。所有样地均应绘制样地位置图。对于增设与改设样地，引线定位时引点定位误差应小于地形图上 1 mm 所代表的距离，引线方位角误差小于 1°，引点至样点的测量距离误差小于 1%；用 GPS 直接定位时，纵横坐标定位误差不超过 10~15 m。

③每木检尺株数。大于或等于 8 cm 的应检尺株数不允许有误差；小于 8 cm 的应检尺株数，允许误差为 5%，最多不超过 3 株。

④胸径测定。胸高直径等于或大于 20 cm 的树木，胸径测量误差小于 1.5%，测量误差大于 1.5%~3.0% 的株数不能超过总株数的 5%；胸径小于 20 cm 的树木，胸径测量误差小于 0.3 cm，测量误差大于 0.3 cm 小于 0.5 cm 的株数不允许超过总株数的 5%。

⑤地类。地类的确定不应有错。

(2) 次重要项目

①样地周界测量。增设与改设样地周界测量闭合差应小于 0.5%，复测样地周界长度误差应小于 1%。如果因为周界测量超过误差导致出现漏测木和多测木，应按重要项目中的每木检尺株数要求进行评定。

②权属、起源、林种、优势树种的确定不应有错。

③森林群落结构、林层结构、树种结构、自然度、森林健康等级、森林类别、公益林事权等级、保护等级、商品林经营等级等的确定不应有错。

④植被类型、湿地类型、湿地保护等级、荒漠化类型、荒漠化程度、沙化类型、沙化程度、林地沟蚀崩塌面积比及土壤水蚀等级的确定不应有错。

⑤样地号、样地类别、纵横坐标、县代码及样地所在的省、地、县、乡、村填写正确。

⑥正确界定样木的立木类型和检尺类型，出错率不大于 1%。

⑦根据样木方位角和水平距正确绘制固定样木位置图，标明样木编号，样木相对位置的出错率不大于 3%。

⑧跨角林样地调查记录正确无误，四旁树株数和竹林株数误差不大于 3%。

⑨准确记载固定样地在间隔期内有无特殊对待，正确界定地类变化原因。

(3) 其他项目

①树高测定。当树高为 10 m 以下时测定误差应小于 3%，10 m 以上时应小于 5%。

②林分年龄与龄组。增设和改设样地的最大年龄误差为一个龄级；复测样地的最大年龄误差为间隔期年数。龄组确定不应有错。

③郁闭度、灌木覆盖度、草本覆盖度、植被总覆盖度，测定误差应小于 0.10 或 10 个百分点。

④平均直径、平均树高、可及度、森林灾害类型、森林灾害等级、天然更新等级、地类面积等级等的填写不允许有错。

⑤地貌、海拔、坡向、坡位、坡度、土壤类型、土壤厚度、腐殖质厚度、枯枝落叶厚度、土壤质地、土壤砾石含量、地表形态、沙丘高度、覆沙厚度、侵蚀沟面积比例、基岩裸露及其他调查因子与调查内容填写正确无漏。

凡能满足上述规定要求的项目为合格，否则项目为不合格。

第七步：提交调查成果

森林资源连续清查成果包括：样地调查记录卡片、样地因子和样木因子数据库(含模拟数据库)、成果统计表、成果报告、内业统计说明书、相关图面材料(样地布点图、专题分布图、遥感影像图等)和技术方案、工作方案、队伍组建方案、技术总结报告、工作总结报告、质量检查验收报告、外业调查技术操作细则及其相应的光盘文件等。

 理论基础

3.1.2 国家森林资源连续清查的理论基础

3.1.2.1 国家森林资源连续清查的定义

森林资源监测是指对森林资源的数量、质量、空间分布及其利用状况进行定期定位的观测分析和评价工作。它是森林资源管理和监测的基础工作。其目的是及时掌握森林资源现状和消长变化动态，预测森林资源发展趋势，为林业经营管理科学决策提供服务。

国家森林资源连续清查(简称一类清查)是指定期对同一地域上的森林资源进行重复性的调查。我国森林资源连续清查采用抽样调查的方法，以所在省(自治区、直辖市)为单位，每五年对所设固定样地进行复查，提供全国和省(自治区、直辖市)森林资源连续清查成果；在复查间隔期，采用数学模型预测方法，更新当年森林资源数据，提供年度资源监测成果。数学模型是以省为单位建立，为提高预测精度，建立一定数量的信息采集点，采集当年有关森林采伐、更新造林、森林生长、资源消耗，以及林业生产、林业经济等信息，用于调整模型的各项参数。

3.1.2.2 国家森林资源连续清查的目的任务

国家森林资源连续清查是全国森林资源与生态状况综合监测体系的重要组成部分。是反映全国和各省森林资源与生态状况，制定和调整林业方针政策、规划计划，监督检查领导干部实行森林资源消长任期目标责任制的重要依据。

国家森林资源连续清查的任务是定期、准确查清全国和各省森林资源的数量、质量及其消长动态，掌握森林生态系统的现状和变化趋势，对森林资源与生态状况进行综合评价。主要包括以下方面。

①制定工作计划、技术方案及操作细则。
②完成样地设置、外业调查和辅助资料收集。
③进行森林资源与生态状况的统计、分析和评价。
④定期提供全国和各省森林资源连续清查成果。
⑤建立国家森林资源连续清查数据库和信息管理系统。

3.1.2.3　国家森林资源连续清查的内容

国有森林资源连续清查的内容主要包括以下方面。
①土地利用与覆盖。调查各地类、植被类型的面积和分布。
②森林资源。包括森林、林木和林地的数量、质量、结构和分布，森林按起源、权属、龄组、林种、树种的面积和蓄积量，生长量和消耗量及其动态变化。
③生态状况。包括林地自然环境状况、森林健康状况与生态功能、森林生态系统多样性的现状及其变化情况。

3.1.2.4　固定样地分类与设置原则

(1) 固定样地分类

森林资源连续清查样地包括地面调查样地和遥感判读样地两大类，其中地面调查样地可细分为复测样地、增设样地、改设样地、目测样地、放弃样地和临时样地6种类别。

(2) 固定样地设置原则

我国森林资源连续清查体系以省为抽样总体构建，采用系统抽样的方法布设在国家新编1∶50 000或1∶100 000地形图公里网交点上。为了保证样点的布设不重不漏，应尽量采用计算机技术。样地间距根据样地数量和调查区域面积大小需要确定。如2 km×2 km、3 km×4 km、8 km×8 km等。以甘肃省为例，全省设立3个副总体。第Ⅰ副总体地面样地按点间距2 km×3 km布设，共布设样地2817块，遥感判读样地在地面样地点间距2 km×3 km的基础上进行系统加密为点间距1 km×1 km，共布设样地16 975块。第Ⅱ副总体地面样地按点间距3 km×3 km布设，共布设样地4038块，遥感判读样地(点间距1 km×1 km)共布设样地37 347块。第Ⅲ副总体地面样地按点间距4 km×8 km布设，共布设样地10 847块，遥感判读样地(点间距2 km×2 km)，共布设样地88 051块。

3.1.2.5　固定样地复位标准

(1) 样地复位标准

固定样地复位标准应做到样地4个角桩、4条边界、样地内样木及胸径检尺位置完全复位。但考虑复位时人为、自然等多种影响因素的存在，满足下列条件之一者，也视为样地复位。

①复位时能找到定位物或定位树，确认出样地的一个固定标桩（或坑槽）和一条完整的边界，分辨出样地内样木的编号及胸径检尺位置，并通过每木检尺区别出保留木、进界木、采伐木及枯损木等。

②前期样地内的样木已被采伐且找不到固定标志，但能确认（如利用前期的 GPS 坐标）原样地落在采伐迹地内的样地。

③对于落在大面积无蓄积的无立木林地、未成林造林地、宜林地、灌木林地、苗圃地、非林地和经济林内的固定样地，复位时虽然找不到固定标志，但仍能确定其样地位置不变的样地。

④对于落在急坡和险坡，不能进行周界测设的固定样地，复查时能正确判定两期样点所落位置无误，且地类、林分类型的目测也确定无误的样地。

(2) 样木复位标准

凡固定样地内前期样木的编号及胸径检尺位置能正确确定，并经胸径复测，前期树种、胸径均无错测者为复位样木。考虑到特殊情况的存在，满足下列条件之一者，也视为样木复位。

①能确认前期样木已被采伐或枯死者。

②样木编号能确认，但因采脂、虫害、火灾等因素，引起间隔期内胸径为"负生长"（即后期胸径小于前期胸径）的样木，以及前期树种判定和胸径测量有错的样木。

③样木编号已不能确认，但依据样木位置图（或方位角和水平距），按样木与其周围样木的相互关系及树种、胸径判断，能确定为前期对应样木者。

拓展训练

收集某林场上一个经理期的森林资源调查统计资料、森林经营方案等；林场近期森林资源调查资料，每人对林场内几个林班资料进行数据整理、统计，并收集其他同学的统计资料，汇总全林场森林资源统计资料；依据全林场森林资源统计资料与上一经理期森林资源统计资料对比分析，预测森林资源的发展趋势。每人提交一份该林场的森林资源监测报告。

任务 3.2　生态公益林监测

任务描述

某地在加强生态文明建设工作中，持续评价公益林建设和保护管理的成效，收集不同林种、地类、树种、起源、龄组和立地条件等因子的公益林小班，选择有代表性的地段布设固定样地，开展固定样地定期连续调查监测，获取生态公益林森林资源情况和生态状况数据。

每人建立一份生态公益林样地调查监测数据。

任务目标

（一）知识目标
1. 了解生态公益林生态功能状况、森林健康状况及其动态。
2. 熟悉生态公益林建设、保护、经营与管理的理论依据。
3. 掌握生态公益林资源分布、数量、结构、质量状况。
4. 掌握生态公益林区生态环境状况及其变化趋势。

（二）能力目标
1. 根据生态公益林事权、亚林种、植被类型、地域分布以及标准地的选设原则和标准地的大小要求，能够完成标准地的测设。
2. 按照要求，能进行固定样地复位，调查，记录。
3. 依据样地因子的各项要求，能够正确填写样地因子调查卡片。
4. 对所调查到的各项因子，能进行正确的计算。
5. 能正确的判定各生态监测因子的评定指标及划分标准。
6. 能准确无误的建立样地因子调查监测数据。

（三）素质目标
1. 培养学生具备人类命运共同体的理念。
2. 培养学生树立绿水青山就是金山银山的发展理念。

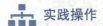

3.2.1 生态公益林监测的过程与要点分析

第一步：监测样地设置

(1) 标准地布设原则

①代表性。选择能代表生态公益林不同的生态区位类型、森林植被、森林结果类型的小班布设标准地。

②典型性。在确定监测小班内，典型选择有代表性的地块布设标准地，该标准地基本能代表该小班的现状。

③整体性。标准地布设覆盖各区域生态公益林补偿实施单位。

④均匀性。各实施单位的样地分布要考虑地域的均匀性。

(2) 标准地布设方法

根据生态公益林事权、亚林种、植被类型和地域分布等进行布设，具体的布设要求如下。

①公益林事权。按照实施单位重点公益林（国家公益林）、省级公益林面积权重确定标准地个数。

②亚林种。按照实施公益林亚林种（生态区位类型）面积的比例计算各亚林种标准地个数，并尽量做到每个林种最少有1个监测样地（样地数少于林种数除外）。

③森林植被类型。按照森林植被类型(优势树种)面积的比例计算各类标准地个数,当一个类型有2个以上样地时,再考虑起源、龄组、郁闭度,尽量做到类型多样。

④地域分布。根据各省(自治区、直辖市)、市、县、乡(镇)生态公益林面积的大小、森林类型,把各类型标准地分别落实到山头地块(小班)。

(3) 标准地大小

一般情况下,标准地面积为 0.067 hm², 边长(水平距离)为 25.82 m 的正方形标准地。

(4) 标准地固定标志的设置

方法同国家森林资源连续清查。

(5) 标准地周界测设

方法同国家森林资源连续清查。

(6) 标准地位置图绘制

样地布设以后,应测定并记录样地东北角的定位坐标,并将样地设置的大小、形状在调查表上按比例绘制,同时标注离样地最近的地物标。

第二步:监测样地复位

方法同国家森林资源连续清查。

第三步:固定样地调查

固定样地调查主要包括基本情况调查和林下植被调查,具体内容如下。

(1) 基本情况调查

包括样木、样地所处位置的行政区划、森林资源调查区划、地形地势、林况等。

①郁闭度调查。样地两对角线上树冠覆盖的总长度与两对角线的总长之比作为郁闭度的估测值。在样地内机械设置若干个样点,在各样点上确定是否被树冠覆盖,被覆盖的点数占样点的比例作为郁闭度的估测值。

②样地年龄调查。样地年龄采用以下一种方法调查记载,或采用多种方法综合确定。方法有查数与林分平均胸径大小相近的林木伐根上的年轮数;用生长锥等工具调查与林分平均直径相近林木的年龄;某些松科的树种可以用轮生枝数确定其中幼龄林时的年龄;人工林可通过查造林档案、询问当地技术人员确定年龄。单层混交林以优势树种的平均年龄作为林分平均年龄。复层异龄混交林,先分别测定各层的年龄,再以各层年龄的算术平均值作为林分平均年龄。

③样木调查。样木调查采用每木检尺方法,按照5级调查记录每株样木的健康状况。

(2) 林下植被调查

①小样方设置。林下植被调查采用小样方调查法。植被调查样方应未受人为踩踏,并对于样地有一定的代表性。

②调查方法。先调查样方内的灌木盖度、平均高度,草本平均高度和盖度。然后对在样方内的灌木、草本进行全部调查记载。灌木调查记载种类、地径、高度、健康(生长发育)状况,草本调查记载种类、数量(株)、高度。

第四步:样木因子调查

(1) 立木类型

①林木。生长在有林地(不含竹林)和疏林地中的树木。

②散生木。幼中龄林上层不同世代的高大树木。

(2) 检尺类型

内容同国家森林资源连续清查。

第五步：样地监测因子计算

(1) 树种组成计算和林分类型确定

①树种组成计算。

a. 分别树种计算活立木的胸高断面积。

b. 合计各树种胸高断面积得样地断面积。

c. 将各树种胸高断面积除以样地断面积，再乘以10并取整，得树种组成，数值最大者为优势树种。

d. 当林分平均胸径达不到6 cm时，用株数代替断面积。

②优势树种确定。

a. 样地中某一树种胸高断面积占样地胸高断面积比例超过65%（含）时，该树种为优势树种。

b. 样地中任一树种胸高断面积占样地胸高断面积比例均不超过65%（不含）时，比例最大树种为优势树种。

(2) 树种平均直径和林分平均直径计算

①树种平均直径计算。对于组成比例在10%以上（含10%）的树种，计算该树种的平均直径，采用断面积平均法计算。

②林分平均直径计算。计算包括样地中所有调查的活立木在内的平均直径，采用断面积平均法计算。

③林分平均高测定。包括以下5个方面。

a. 测高方法。采用测高器或测杆进行测高，其中测杆适宜于高度10 m以下的林木测量。

b. 计算径阶株数。根据每木检尺，分别林层、树种，以2 cm为径阶归组。

c. 纯林平均高测定法。选择不少于15株林木测定树高。测定树高的株数应与径阶检尺株数成正比。其中，林分平均直径所在径阶应不少于4株，每个径阶至少有1株。凡测高的林木应实测其胸径和树高。

d. 混交林平均高测定。优势树种平均高，按照纯林平均高测定法测定。非优势树种平均高可选3~5株相当于该树种平均直径大小的树木测高，取其算术平均值为该树种的平均高。

e. 复层异龄混交林平均高测定。对于复层异龄混交林，分别林层测定树高。对于主林层，按照纯林平均高测定法测定；对于副林层，按照混交林非优势树种平均高测法测定。

(3) 样地和林分主要测树因子计算

①样地因子计算。包括以下3个方面。

a. 样地株数。分别树种计算每木检尺的活立木株数，得各树种样地株数，合计各树种样地株数之和得样地总株数。

b. 样地断面积。分别树种计算每木检尺的活立木株数的断面积之和，得到分树种的样地断面积,合计各树种样地断面积之和,得到样地断面积。

c. 样地蓄积量。对于样地中的优势树种,根据每木检尺结果,依据样木检尺胸径和从树高曲线上查定的树高,查相应树种的二元立木材积表(或用二元立木材积公式由计算机软件完成计算),得到该样木的单株材积。对于样地中的非优势树种,采用一元立木材积表计算样木材积。将相同树种各样木材积累加,得到该树种的样地材积。合计各树种材积,得到样地蓄积量。

②单位面积林分因子计算。包括以下3个方面。

a. 单位面积总株数。分别树种的样地每木检尺株数除以样地面积,得到各树种的单位面积株数。合计各树种的单位面积株数之和,得到单位面积总株数。

b. 单位面积总断面积。分别树种的样地断面积除以样地面积,得到各树种的单位面积断面积。合计各树种的单位面积断面积之和,得到单位面积总断面积。

c. 单位面积总蓄积量。分别树种的样地蓄积量除以样地面积,得到各树种的单位面积蓄积量。合计各树种的单位面积蓄积量之和,得到单位面积总蓄积量。

(4)样木健康等级统计

①样地样木健康等级统计。分别林层、树种,根据每木检尺结果,统计各健康等级的样木株数。

②单位面积样木健康等级统计。将样地各健康等级株数分别除以样地面积,并取整后得到单位面积各健康等级株数。

第六步:生态状况监测

监测样地调查内容主要包括土壤调查、生物多样性调查、天然更新调查、立地因子调查、森林灾害、森林健康、生态功能等级、森林结构和自然度等。

(1)土壤调查

在标准地外围选设与固定样地的植被、地形条件(坡向、坡度、坡位)均相似地段,在小地形较为平整,无近期崩塌或严重侵蚀,距树干 1~2 m 以外区域选设土壤剖面,但不能设在路边或植被严重破坏。土壤剖面要求长 1.0~1.5 m,宽 0.8 m,深 1.5~2.0 m,观察剖面时宜向阳,坡度较大时可与坡向一致,主要调查土壤类型、土层厚度、腐殖质厚度、土壤颜色、质地、母岩等。

(2)生物多样性调查

生物多样性包括生态系统多样性、物种多样性和遗传多样性3个层次。目前以生态系统多样性作为监测重点,条件允许时应逐步考虑物种多样性,而遗传多样性暂不作考虑。

(3)天然更新调查

在调查生物多样性时,同时调查林分天然更新情况。主要调查因子是幼树幼苗树种、起源、生长状况和高度,并逐株测量。

(4)立地因子调查

调查因子包括地貌、坡度、坡向、坡位和母岩。

(5)森林灾害

①森林病虫害等级。林木受各种病害、昆虫危害(含树叶、枝梢、果实、树干)的严重程度,按受害立木株数百分率,分为无、轻、中、重4个等级。

②火灾等级。林木遭受火灾的严重程度,按受害立木株数占总株数百分比及受害后林木能否存活和影响生长的程度,分为无、轻、中、重4个等级。

③其他自然灾害等级。林木受风、雪、冻、水灾等危害程度,按受害(死亡、折断、断梢、翻倒等)立木株数占总株数百分比,分为无、轻、中、重4个等级,见表3-1。

表3-1 森林灾害等级评定标准

灾害等级	评定标准		
	森林病虫害	森林火灾	气候灾害和其他
无	受害立木株数10%以下	未成灾	未成灾
轻	受害立木株数10%~29%	受害立木株数20%以下,仍能恢复生长	受害立木株数20%以下
中	受害立木株数30%~59%	受害立木株数20%~49%,生长受到明显的抑制	受害立木株数20%~59%
重	受害立木株数60%以上	受害立木株数50%以上,以濒死木和死亡木为主	受害立木株数60%以上

(6)森林健康

根据林木生长发育、外观表象特征及受灾情况综合评定森林健康状况,分为健康、亚健康、中健康、不健康4个等级,见表3-2。

表3-2 森林健康等级评定标准

健康等级	评定标准
健康	林木生长发育良好,枝干发达,树叶大小和色泽正常,能正常结实和繁殖,未受任何灾害
亚健康	林木生长发育较好,树叶偶见发黄、褪色或非正常脱落(发生率10%以下),结实和繁殖受到一定程度的影响,未受灾或轻度受灾
中健康	林木生长发育一般,树叶存在发黄、褪色或非正常脱落现象(发生率10%~30%),结实和繁殖受到抑制,或受到中度灾害
不健康	林木生长发育达不到正常状态,树叶多见发黄、褪色或非正常脱落(发生率30%以上),生长明显受到抑制,不能结实和繁殖,或受到重度灾害

(7)生态功能等级

各森林类型的生态功能等级按评定因子与类型得分总和法综合评定。

①特用林及非带状防护林。特用林及非带状防护林生态功能等级评定包括物种多样性、郁闭度、森林结构、林下植被和枯枝落叶层5个因子,各因子状况划分为Ⅰ、Ⅱ、Ⅲ和Ⅳ4个类型。其中,Ⅰ类型分值为16~20分,Ⅱ类型分值为11~15分,Ⅲ类型分值为6~10分,Ⅳ类型分值为0~5分。各因子及类型的划分标准见表。地类为竹林的林地不按此标准评定。以小班内各评定因子得分之和作为综合分,评定小班生态功能所属等级,见表3-3。

综合分在80分以上,小班生态功能等级判定为Ⅰ类;综合分在60~79,小班生态功能等级判定为Ⅱ类;综合分在40~59,小班生态功能等级判定为Ⅲ类;综合分在40分以下,小班生态功能等级判定为Ⅳ类。

表 3-3 特用林及非带状防护林生态功能评价因子及等级划分标准

评定因子	类 型			
	Ⅰ	Ⅱ	Ⅲ	Ⅳ
物种多样性	阔叶林,阔叶为主的针阔混交林,物种丰富	针叶为主的针阔混交林,混交比≥30%,物种较丰富	针叶纯林,针叶混交林,物种单纯	灌草植被
郁闭度	≥0.80	0.50~0.79	0.20~0.49	≤0.19
森林结构	群落结构复杂或完整(复层林)	群落结构较完整	群落结构简单(单层林)	无乔木层
林下植被	植被高度≥1.0 m,盖度≥80%	植被高度0.5~0.9 m,盖度50%~79%	植被高度0.3~0.4 m,盖度30%~49%	植被高度<0.3 m,盖度<29%
枯枝落叶层	厚度≥5 cm	厚度3~4 cm	厚度1~2 cm	厚度<1 cm

②带状防护林。带状防护林包括护岸林、护路林、农田防护林及其他带状防护林。其包括林带完整性、林带宽度、林分郁闭度和林带结构 4 个评定因子,各因子状况均分为Ⅰ、Ⅱ、Ⅲ和Ⅳ4 种类型,其中,Ⅰ类型分值为 21~25 分,Ⅱ类型分值为 16~20 分,Ⅲ类型分值为 11~15 分,Ⅳ类型分值为 0~10 分。以小班内 4 因子状况得分之和作为综合分,评定小班生态功能所属等级。

综合分在 80 分以上生态功能等级评定为Ⅰ类,综合分在 60~80 分生态功能等级评定为Ⅱ类,综合分在 40~60 分生态功能等级评定为Ⅲ类,40 分以下则评定为Ⅳ类,见表 3-4。

表 3-4 带状防护林生态功能评价因子及等级划分标准

评定因子	类 型			
	Ⅰ	Ⅱ	Ⅲ	Ⅳ
林带完整性	林带无缺口	每公里带缺口少于 2 个且缺口长度<100 m	每公里带缺口多于 2 个(含 2 个)或缺口长度≥100 m	整条带缺口较多,缺口长度较长,林带残缺不全
林带宽度	最小宽度≥100 m	最小宽度50~99 m	最小宽度20~49 m	最小宽度<20 m
郁闭度	≥0.80	0.60~0.79	0.20~0.59	≤0.19
林带结构	多树种、复层林、疏透结构	单树种、单层林,林下有灌木层、疏透结构	单树种、单层林	无林层

(8)森林结构

森林结构包括群落结构、林层结构、树种结构 3 个方面的内容。

①群落结构。乔木林群落结构划分为 3 类。在划分乔木林群落结构时,下木层、地被物层的平均高度一般要求:下木层平均高度不能低于 50 cm,地被物层平均高度不能低于 5 cm。当下木(含灌木和层外幼树)或地被物(含草本、苔藓和地衣)的覆盖度≥20%,单独划分植被层;当下木(含灌木和层外幼树)和地被物(含草本、苔藓和地衣)的覆盖度均在 5%以上,且合计≥20%,可合并为 1 个植被层。

a. 完整结构:具有乔木层、下木层、地被物层 3 个层次,且下木层和地被物层覆盖度均≥20%的林分。

b. 较完整结构：具有乔木层和其他 1 个植被层或下木层和地被物层覆盖度均在 5% 以上，且合计≥20% 的林分。

c. 简单结构：只有乔木 1 个植被层或下木层和地被物层覆盖均低于 5% 的林分。

②林层结构。林层结构指林分的林冠层次结构，分单层和复层两类。复层林的划分应同时满足下列 4 个条件。

a. 各林层每公顷蓄积量不少于 30 m³。

b. 主林层、次林层平均高差 20% 以上。

c. 各林层平均胸径在 8 cm 以上。

d. 主林层郁闭度不小于 0.30，其他层郁闭度不小于 0.20。

③树种结构。树种结构反映乔木林的针阔叶树种组成，共分 7 个等级。对于竹林和竹木混交林，确定树种结构时将竹类植物当乔木阔叶树种对待。若为竹林纯林，树种类型按类型Ⅱ（阔叶纯林）记载；若为竹木混交林，按株数和断面积综合目测树种组成，参照有关树种结构划分标准，确定树种结构类型，按类型Ⅳ、类型Ⅵ或类型Ⅶ记载，见表 3-5。

表 3-5 树种结构划分标准

树种结构类型	划分标准
Ⅰ	针叶纯林（单个针叶树种蓄积量占比≥90%）
Ⅱ	阔叶纯林（单个阔叶树种蓄积量占比≥90%）
Ⅲ	针叶相对纯林（单个针叶树种蓄积量占比 65%~90%）
Ⅳ	阔叶相对纯林（单个阔叶树种蓄积量占比 65%~90%）
Ⅴ	针叶混交林（针叶树种总蓄积量占比≥65%）
Ⅵ	针阔混交林（针叶树种或阔叶树种总蓄积量占比 35%~65%）
Ⅶ	阔叶混交林（阔叶树种总蓄积量占比≥65%）

(9) 自然度

森林自然度是指森林群落类型现状与地带性顶极群落（或原生乡土植物群落）之间的差异程度。根据森林群落类型或种群结构特征位于次生演替中的阶段划分等级，按小班的人为干扰强度、林分类型、树种组成、层次结构、年龄结构等将自然度划分为 5 个类型，见表 3-6。

表 3-6 森林自然度等级划分标准

等级	划分依据
Ⅰ	原始林或受人为影响很小而处于基本原始的植被，森林群落组成复杂，为多层结构、异龄林
Ⅱ	曾经有明显人为干扰，处于演替后期的次生群落，森林群落完整结构、复层结构、异龄林，包括天然次生阔叶林、阔叶混交林
Ⅲ	人为干扰较大的次生群落，处于次生演替中期阶段，森林为单层或复层结构，同龄林或异龄林，包括人工阔叶混交林，以及针叶混交林或主林层为针叶树种，次林层为大量阔叶树种的针阔混交林
Ⅳ	人为干扰极大，处于次生演替初期阶段，森林群落结构简单，为单层结构、同龄林或异龄林，包括人工阔叶纯林、针叶纯林、天然更新马尾松林、灌木林
Ⅴ	人为干扰强度极大而持续，处于次生演替前期阶段，包括生长着大量草及藤本植物的无林地（荒山荒地、采伐迹地、火烧迹地）、未成林林地和林种为经济林的林地

第七步：调查记录卡片复核

为了保证原始数据输入存储的准确性，外业调查自检验收合格后，各县(市)必须把卡片集中在一起，由设区市和省检查组的验收人员对样地调查记录原始数据进一步进行复核。复核检查一定要认真，主要是检查各因子之间是否存在逻辑错误，非数量化因子代码填写是否符合要求，地类代码是否错误，其他主要因子填写是否正确等。检查时每个样地都必须签上复核检查人姓名、单位、日期。样地记录卡片检查验收办法按质量管理的要求进行。调查卡片经检查验收后方可计算机数据输入。

 理论基础

3.2.2 生态公益林监测

生态公益林是以保护和改善人类生存环境、维持生态平衡、保存种质资源、科学实验、森林旅游、国土保安等需要为主要经营目的的森林、林木、林地，包括防护林和特种用途林。生态公益林林种分防护林和特种用途林2个林种、14个亚林种。

生态公益林监测是森林资源监测的重要组成部分，通过对生态公益林资源与生态状况进行综合监测，及时掌握生态公益林范围与数量、质量与结构、生态系统服务功能及其动态变化情况，客观评价公益林建设和保护管理成效，进一步规范公益林保护管理政策，有序推进公益林监测评价工作，定期向社会公众发布生态公益林资源及生态状况公报，为国家制定生态公益林建设方针、政策提供决策支持，为各地生态公益林保护、经营与管理提供信息服务。

监测的主要任务是在各省纳入补偿的生态公益林范围内，根据生态公益林分布情况及生态区位和资源特点，制定监测评价实施方案，建立指标体系，通过资料收集、数据整理、模型研建等，研究建立样地体系，布设样地，开展外业调查，在成果统计和分析评价的基础上，掌握生态公益林区的森林资源、生态环境状况及变化趋势。

3.2.2.1 生态公益林监测的内容

对公益林和天然林范围与数量、质量与结构、生态系统服务功能及其动态变化进行监测评价。

①范围与数量。主要包括公益林范围、分布、面积、蓄积、生物量及其动态变化。

②质量与结构。主要包括公益林和天然林森林生长状况、森林健康状况、森林结构、森林质量及其动态变化。

③生态系统服务功能。主要包括公益林和天然林涵养水源、保育土壤、固碳释氧等生态系统服务功能及其动态变化。

3.2.2.2 生态公益林监测的指标

公益林监测评价指标由范围与数量、质量与结构、生态系统服务功能等指标组成。监测评价指标见表3-7。

表 3-7 生态公益林监测评价指标体系

指标类别	监测评价指标	
	评价指标	监测指标
范围与数量	面积	总面积、生态区位面积
		地类、权属、起源、林种、优势树种构成面积
		补进、调出和地类变化面积
	蓄积量	总蓄积量
	生物量	生物量、碳储量
质量与结构	森林生长状况	植被指数（NDVI）、净初级生产力（NPP）
	森林健康状况	森林健康、森林灾害
	森林结构	树种结构、年龄结构、群落结构
	森林质量指数	树高、胸径、单位面积蓄积量、植被覆盖度、郁闭度（覆盖度）、枯枝落叶层厚度、天然更新、自然度
生态系统服务功能	生态功能等级	生态功能归一化指数
	涵养水源	调节水量、净化水质
	保育土壤	固土量、保肥量
	固碳释氧	固碳量、释氧量
	积累营养物质	固氮量、固磷量、固钾量
	净化大气环境	提供负离子、吸收污染物量、降低噪音、年滞尘量
	森林防护	防风固沙、农田防护、海岸防护
	生物多样性保护	物种保育
	森林游憩	森林康养

3.2.2.3 生态公益林监测技术方法

(1) 年度更新调查

结合森林资源管理"一张图"年度更新，掌握公益林的范围与数量，核实补进、调出和地类变化情况。

① 范围与数量。包括公益林面积和蓄积量两个方面。

a. 公益林面积：根据森林资源管理"一张图"年度更新结果，按照公益林小班属性，产出公益林的生态区位、地类、权属、起源、林种、优势树种（组）和龄组等构成面积，掌握公益林的总体情况。

b. 公益林蓄积量：以固定样地数据为基础，采用生长消耗模型，产出公益林的蓄积量，利用"立木生物量模型及碳计量参数"测算生物量和碳储量。

② 变化情况。以公益林落界成果为基础，核实公益林补进、调出小班是否符合《公益林管理办法》原则和程序，是否有调整批复文件，并抽取一定数量小班进行档案核实或实

地验证。根据森林资源管理"一张图"年度更新遥感判读成果，抽取一定数量的公益林变化图斑进行实地验证，掌握公益林范围内改变林地用途、采伐林木和开展生产经营活动等情况。

（2）遥感监测

根据遥感数据的可获取性，分别选择最近4个年度作为监测年度，对公益林植被指数（NDVI）、净初级生产力（NPP）等指标进行监测，掌握公益林植被生长状况及其变化趋势。

①植被指数（NDVI）。利用监测年度生长季的卫星遥感数据，采用模型计算公益林植被指数，生成植被指数空间分布数据集，结合森林资源管理"一张图"和公益林落界数据，分析公益林植被生长状况及其变化趋势。

②净初级生产力（NPP）。利用监测年度的卫星遥感数据、森林资源管理"一张图"和公益林落界数据，采用光能利用率模型计算净初级生产力，或者利用基于遥感监测NPP数据，获取公益林净初级生产力空间分布数据集，并对其进行时空特征分析。

（3）固定样地监测

通过布设固定样地，对公益林森林生长状况、森林健康状况、森林结构、天然更新、生物多样性等及其动态变化进行监测，掌握森林生态系统生态状况及其演替阶段；结合森林生态系统长期定位观测结果，评估公益林生态系统服务功能。

生态公益林区域内的固定样地监测融合到各省森林资源连续清查体系中，由各省森林资源监测中心负责实施。按照实施单位重点公益林（国家公益林）、省级公益林面积权重，各市、县、乡（镇场）生态公益林面积的大小、森林类型，确定标准地的个数，在现有固定样地的基础上进行样地加密，构建公益林的地方级固定样地监测体系，然后把各类型标准地分别落实到山头地块（小班）。

通过对设置的固定样地进行长期定时观测和信息采集，研究生态公益林随时空的变化规律，从而对公益林的保护管理措施进行评价，以期完善提高生态公益林的管理水平。

（4）长期定位监测

根据《公益林生态定位站建设方案》设置长期观测站、临时观测点，进行生态状况及效益的长期监测或专项监测。通过森林生态系统长期定位观测，获取生态系统服务功能监测指标，结合公益林面积、蓄积、生物量等监测结果，评估公益林生态系统服务功能。其中长期观测站的设置由各省林业厅确定，并由各省林科院组织技术培训、指导，由项目县负责实施；各县根据本地实际需要，设置临时观测点，开展特定内容的观测。对生物多样性、城市森林环境、森林土壤、水土流失、森林气候、森林水文及水质变化等其他需要特定调查与监测的内容采用专题调查，由项目县和项目技术指导单位负责实施。

3.2.2.4 生态公益林监测的分析评价

通过分析各省份公益林的总体情况、质量与结构、生态系统服务功能及其动态变化情况和保护管理成效，剖析存在问题，提出保护管理建议。

（1）总体情况

根据各省份最新"一张图"成果数据，分析全省和各市公益林和天然林总量变化情况，以及分生态区位、地类、权属面积变化情况。

(2) 保护管理情况

根据公益林变化情况调查结果,分析各市公益林补进、调出情况,以及依法依规和违法违规使用林地、采伐林木和开展生产经营活动等情况。

(3) 质量与结构

根据质量与结构指标有关数据,分别分析全省、各市及典型区域范围内公益林起源、林种、优势树种、龄组、植被覆盖度、郁闭度(覆盖度)、胸径、蓄积等状况;根据反应森林健康状况、森林生长状况的指标数据和遥感监测结果,分析森林生长情况。

根据固定样地调查结果,详细分析公益林森林生态系统生态状况及其演替阶段,包括树种结构、年龄结构、群落结构、天然更新和自然度等。

(4) 生态系统服务功能

依据生态系统服务功能评估结果,分析全省、各市及典型区域范围内公益林的生态系统服务功能等级、涵养水源、保育土壤、固碳释氧、林木积累营养物质、净化大气环境、森林防护、生物多样性保护、森林游憩等状况。

(5) 综合评价

综合分析公益林建设和保护成效,以及对经济、社会和生态文明建设发挥的作用,剖析存在的问题,提出保护管理建议。

3.2.2.5　生态公益林监测机构及职责

①生态公益林监测工作由省级林业和草原主管部门统一领导,省森林资源监测中心负责具体的组织实施,包括全省监测方案编制,监测技术标准和操作细则的制定,技术培训与指导,质量管理,全省数据汇总、数据库建立、数据处理与分析,效能评价,监测报告编制等。

②设区市森林资源监测中心负责辖区内生态公益林监测的组织、协调,协助实施单位根据标准地类型按细则要求把标准地布设到山头地块(小班)、监测的技术指导、外(内)业质量管理。

③生态公益林实施单位负责辖区标准地的布设、调查、记录、测试、调查数据输机,并对数据的真实性和准确性负责。

> **拓展训练**
>
> 收集不同公益林小班林种、地类、树种、起源、龄组和立地条件等因子,选择有代表性的地段布设固定样地,开展固定样地调查监测。固定样地按各省统一编号,通过对固定样地定期连续监测获取公益林森林资源情况和生态状况数据。每人建立一份公益林样地调查监测数据。

> **自测题**

一、名词解释

1. 森林资源连续清查;2. 森林资源监测;3. 生态公益林;4. 防护林;5. 生态公益林监测;6. 水源涵养林。

二、填空题

1. 森林资源监测是对森林资源的( )、( )、( )及其利用状况进行( )的观测分析和评价的工作。
2. 森林资源调查监测工作的重点由过去以木材资源调查，转向对森林资源、( )、( )、( )和( )以及森林景观在内的多资源和多功能的( )等方面的指标和评价内容进行综合监测。
3. 一类森林资源监测的一个重点变化趋势是( )来代替周期监测。
4. 森林资源连续清查样地包括( )样地和( )样地两大类。
5. 固定样地复位方法有( )、( )和( )定位。
6. ( )是指优势地类为非乔木林地和疏林地，但跨有外延面积 0.0667 hm² 以上有检尺样木的乔木林地或疏林地的样地。
7. ( )是以保护和改善人类生存环境、维持生态平衡、保存种质资源、科学试验、森林旅游、国土保安等需要为主要经营目的的森林、林木、林地。
8. ( )是以净化空气、防止污染、降低噪音、改善环境为主要目的森林和灌木林。
9. 生态公益林划为( )生态公益林和( )生态公益林两大类。
10. 特用林及非带状防护林生态功能等级评定因子有：( )、( )、( )、林下植被和枯枝落叶层 5 个因子，各因子状况划分为 I、II、III 和 IV 4 个类型。
11. 生物多样性包括( )、( )和( ) 3 个层次。
12. 在立地因子调查中，海拔在 250～499 m 的为( )。
13. 在森林火灾等级中，受害立木株数 20%～49%，生长受到明显的抑制，被评定为( )等级。
14. 带状防护林包括( )、( )、( )及其他带状防护林。
15. 林层结构指林分的林冠层次结构，分( )和( )两类。

三、选择题

1. 森林资源连续清查样地包括( )两大类。
   A. 地面调查样地和遥感判读样地　　B. 增设样地和遥感判读样地
   C. 临时样地和遥感判读样地　　　　D. 复测样地和遥感判读样地
2. 森林按主导功能分为两大类，请判断其中的一组( )。
   A. ①天然林　②人工林　　　　B. ①生态公益林　②商品林
3. 风景林是风景名胜区的重要组成部分，以供欣赏和审美，游客要支付门票费用。请判断风景林属哪一个林种( )。
   A. 特种用途林　　　　　　　　B. 经济林
4. 国家对森林实行公益林和商品林分类经营，这是我国林业在社会主义市场经济条件下一项带全局性的重大战略构想。公益林和商品林各自遵循各自的导向和规律，被划作公益林的哪一部分森林以国家生态安全为主要导向，请问这种导向主要遵循( )规律。
   A. 价值规律　　　　　　　　　B. 生态规律

5. 国家森林资源连续清查的内容包括(   )。
   A. 土地利用与覆盖　　　　　　　B. 森林资源
   C. 生态状况　　　　　　　　　　D. 以上都是

6. 保护江河沿岸森林，对于维护国土和生态安全具有重要意义，下列两组江河中，有一组是对国家生态安全具有重要意义的河流，请作出判别(   )。
   A. 钱塘江、湘江、赣江、沅江　　B. 辽河、海河、子牙河、珠江

7. 市、县人民政府在重点生态公益林经营区的山口、路口、海岸、河流交叉点等应设立标志，立牌公示，请问这种标志属(   )。
   A. 永久性标志　　　　　　　　　B. 临时性标志

8. 系统是 GIS、RS、GPS 的简称。请判别 GIS 指下列中的哪一个系统(   )。
   A. 地理信息系统　　　　　　　　B. 全球定位系统

9. 根据(   )、外观表象特征及受灾情况综合评定森林健康状况(   )。
   A. 森林生长发育　　　　　　　　B. 林木生长发育

10. 群落的完整结构是指具有(   )、下木层、地被物层 3 个层次，且下木层和地被物层覆盖度均≥20% 的林分。
    A. 乔木层　　　　B. 主林层　　　　C. 次林层

四、判断题

1. 我国森林资源连续清查体系以省为抽样总体构建，采用系统抽样的方法布设在国家新编 1∶50 000 或 1∶10 000 地形图公里网交点上。　　　　　　　　　(   )
2. 固定样地周界测设采用闭合导线法。　　　　　　　　　　　　　　　(   )
3. 样地西南角复位首选 GPS 导航定位，对于接收不到 GPS 信号或信号微弱、不稳定的样地，无法用 GPS 导航系统导航时，要用引点法定位。　　　　　　(   )
4. 样木复位分为样地内的样木编号复位和样木位置复位 2 个方面。　　(   )

五、简答题

1. 国家森林资源连续清查的任务是什么？
2. 国家森林资源连续清查的主要内容有哪些？
3. GPS 在森林资源监测中的应用？
4. 按《森林法》规定，把森林划分为几大林种？分别是哪些？
5. 生态公益林分为防护林和特种用材林，请列出特种用途林的 7 个亚林种。
6. 请简述生态公益林监测的主要任务。

模块二

森林资源信息管理

森林资源信息管理模块将理论知识与实践技能有机结合,将知识点、技能点项目化,以培养学生对当前森林资源管理信息化中数据的处理、管理、更新为主要目的,共设3个教学项目。3个教学项目是根据林业信息化工作中的实际情况,按照森林资源信息管理中涉及的数据处理、管理系统应用、数据更新来设置,真正实现教、学、做一体化。

项目4 森林资源数据处理

森林资源数据处理是指利用先进的技术和手段,对与森林资源经营管理活动有关的经过加工的能反映资源现状、动态及管理指令、效果、效益等管理活动的一切数据和图表。森林资源数据处理的基本目的是从大量的、来源广、类型多、变化快的森林调查数据中依据特定目的推导和提取出有价值、有意义的图表。本项目包括森林资源数据采集统计、图面材料制作2项任务。

知识目标

1. 熟悉林业专题图绘制工艺和绘制方法。
2. 掌握森林资源规划设计调查外业采集系统和县级森林资源年度更新系统的主要功能。
3. 掌握森林资源数据处理、图面材料制作的方法。

能力目标

1. 能利用提供的数据,在森林资源规划设计调查外业采集系统进行森林资源调查数据处理统计。
2. 利用现有地形图、森林资源造林规划设计调查资料和数据进行预处理,绘制林业基本图、林相图和森林分类图制作。

素质目标

1. 通过项目理论学习和实践操作,培养良好的心理素质和工作责任感,具有热爱林业、热爱自然的职业精神。
2. 项目化教学培养团队协作精神、表达能力和沟通协调能力,具有科学、严谨的工作态度,树立公正、客观的职业理念。

任务4.1 森林资源数据采集统计

任务描述

平板端森林资源规划设计调查外业采集系统与桌面端县级森林资源年度更新系统结

合起来形成一套完整在线更新管理系统，平板端森林资源规划设计调查外业采集系统可在野外进行调查工作，桌面端县级森林资源年度更新系统可将调查数据进行处理，为用户提供数据报表和专题数据，为决策系统提供基础数据。每人提交一份森林资源统计数据报表。

 任务目标

（一）知识目标
1. 熟悉森林资源二类调查的主要内容和流程。
2. 掌握森林资源规划设计调查外业采集系统的功能。
3. 掌握县级森林资源年度更新系统的主要功能。

（二）能力目标
1. 会使用森林资源规划设计调查外业采集系统进行森林资源二类调查。
2. 会使用县级森林资源年度更新系统进行森林资源统计上报。

（三）素质目标
1. 培养学生良好的心理素质和工作责任感，具有热爱林业、热爱自然的职业精神。
2. 培养学生具有科学、严谨的工作态度，树立公正、客观的职业理念。

 实践操作

4.1.1 森林资源数据采集统计过程与要点分析

森林资源数据采集统计是将不同调查手段获取的各类森林资源数据及其资料进行标准化统一录入数据库，并对其进行计算、汇总，最终以报表、图形、文字等形式展现统计汇总数据结果的过程。

第一步：数据采集准备
森林资源数据采集前期，应开展包括组织、技术、数据标准化，以及其他准备工作。即：组织数据采集队伍，明确队伍的责任分工；制定数据采集工作方案、技术方案和操作细则；同时，明确数据采集目标，确定数据采集对象，整理历史数据，收集调查工具等。

第二步：数据采集手段
①实地调查数据采集。包括手工记录方式和基于移动设备的自动数据采集方式。
②遥感影像数据采集。根据影像数据采集方式不同，分为卫星遥感数据采集、航空遥感影像数据采集。
③传感器网络数据采集。通过森林环境监测传感器、红外感应器、摄像头等信息传感设备采集回传的数据。
④问卷调查和访谈数据采集。通过既定的问题收集的数据，结合实地考察以谈话和会议形式收集的森林资源相关数据。
⑤互联网数据采集。通过手持终端或计算机等互联网设备抓取的相关信息数据，以及

各类林业业务系统中的历史痕迹数据。

⑥元数据采集。包括各类林业业务元数据、技术元数据和管理元数据等。

第三步：数据标准化与建库

根据数据性质和使用目的不同，森林资源数据采集内容主要包括基公共基础数据、森林资源数据、森林资源管理数据、综合数据、核心元数据及其他数据等。

森林资源相关数据采集和录入之前，应按照各类数据对应国家行业地方标准和要求，进行采集数据分类体系、编码、结构、格式等内容的统一和标准化，采用统一的森林资源野外数据采集器和应用管理系统，进行数据内容的录入。

建立森林资源管理系统，将处理过的森林资源各类数据进行入库，形成森林资源各类数据库。

第四步：数据录入

所有森林资源相关数据录入前，应经过专职检查人员检查验收。上报的数据采用全国或地方统一规定的调查方法、技术标准、数据代码和数据结构。

①录入内容。完成各类调查主要统计结果所必需的主要调查数据，如小班数据、样地数据、样木数据等；专项调查数据，完成各类调查专项分析所需的调查数据；其他调查数据，配合调查管理工作所需的辅助数据。

②数据来源。纸质数据，满足质量要求的各类调查的调绘地图、外业调绘数据、森林资源连续清查地面样地因子数据、小班调查数据、作业设计调查数据等；电子数据，调查过程中通过掌上森林资源调查仪（PDA）等调查工具对调查数据进行现地质量化后的电子数据。

③技术指标。各类调查的图形数据采集、属性数据采集、数据连接和拼接等内容按照《森林资源数据采集技术规范》要求的内容来完成。

④录入方法。野外录入，采用野外数据采集器（PDA）在现场录入调查数据。调查数据通过录入程序自动检查，调查员应在保存原始记录的基础上，现场再制作一份数据备份，以防止数据丢失；室内录入，严格按双轨制录入，以免数据录入错误。

⑤检查方法。对于室内录入的数据，应同时采用随机抽查和逻辑检查两种方法对录入数据进行检查。对于野外现场录入的数据，若无纸质调查卡片，应采用逻辑检查方法对路途数据进行检查；若有纸质调查卡片，还应采用随机抽查方法进一步检查。

第五步：数据处理统计

录入森林资源管理系统的数据，能够自动处理统计小班和样地的森林资源状况，如面积、蓄积量、平均胸径、平均树高、树种组成、密度、株数等内容；也可按照行政区划、地类、林种、经营类型等不同项目，进行森林资源现状的统计。

森林生长量、生长率、消耗量等数据，则需要进一步使用统计软件，按照不同地区不同树种不同森林类型，进行模型模拟统计分析。

第六步：导出成果

在森林资源管理信息系统中，可进行数据汇总统计，导出所需的森林资源各类成果统计表。

4.1.2 森林资源数据采集统计

4.1.2.1 森林资源信息管理的数据、信息、特征和作用

(1) 数据

在信息科技中，数据是用来记录客观事物数量、性质、特征的抽象符号。数据的形式可以是文字、图像、数字等，但数据往往不能给出具体含义，如单纯给出 2020 这几个数字符号时，可以认为是一组数据，并不能从中知道其具体含义。

(2) 信息

信息是对客观事物属性的具体反映。从经营管理的角度来说，信息是指经过加工处理或解释的对经营管理活动有影响的数据。如上边提到的 2020，当其表示一个具体的年份时，它的含义是公元 2020 年，从而消除了人们对该数据的其他理解，故有人将数据与信息的关系比作原材料与成品的关系。同时应该指出：数据和信息两者都是相对的概念，在不同的管理层次中，它们的地位是交替的，即对于某个部门(或人)来说称得上信息，对于另外部门(或人)来说可能只是一种原始数据，这正如某个加工部门的成品只能是另一部门的原材料一样。尽管如此，由于数据与信息的这种相互关系以及它们具有的相似表达形式，在不甚严格的场合，往往不予区分。森林资源管理信息可以从不同角度进行分类，若按决策对象的不同可分为战略信息、战术信息和作业信息等；若按表现形式的不同可分为文字信息、符号信息和图像信息等；还可按其他方法进行分类，在此不再赘述。

(3) 森林资源信息管理的特征

森林资源管理信息除具有所有信息的基本特征外，还具有以下特征。

①来源广。森林资源管理信息分布于森林资源经营管理中的各个生产环节和职能部门，需要通过多种形式、多种方法去采集，如可以通过测绘部门收集航空航天遥感图像、地形图和其他图面资料；可以通过气象和水利部门收集气象、水文方面的信息；可以通过林业专业调查部门进行一、二、三类森林资源调查，采集各级森林区划单位的森林资源信息；可以通过生产经营活动及其检查验收采集经营活动的相关数据。

②类型多。森林资源管理信息的数据类型较多，主要有几何属性和非几何属性的信息，几何属性的信息又分为图像和图形；非几何属性的信息包括定性和定量的自然资源、经济等方面的指示。

③数量大。据初步统计，一个森林经营管理活动的最基本单位即小班的森林资源调查数据可多达几十项，一个较大的国有林场小班数量可达几千个，再加上经济、环境及社会等方面的信息，其数量相当可观；作为空间信息的图像，其数据量就更加庞大。

④变化快。森林资源的管理者和管理对象(森林资源)是动态系统，因此反映其面貌的信息也随时处在不断的变化中。

(4) 森林资源管理信息的作用

①森林资源管理信息是现代林业企业的重要资源。企业资源包括人、财、物、设备、技术和信息，其中信息将前5项资源有机地联系成一个整体，企业的6大资源在企业经营中构成了两大流通体系，即物流和信息流。管理的主要功能之一是通过信息流来规划和调节物流的数量、质量、方向、目标和速度，使之按一定的目标和规则运动。人的作用主要是通过直接参加生产过程或参加某一组织对物流、信息流进行管理、调节和控制。森林资源管理信息是林业企业计划决策的依据，计划决策是确定经营活动的目标及为实现目标所采取的措施，要使企业制定的目标和措施符合实际，就需要大量的可靠的及时的信息为依据。

②管理信息是对生产过程进行有效控制的工具。在企业生产过程中的信息流不仅对物流有指挥作用，而且还有信息流对物流的反馈作用。由于管理信息的这种调控作用，才保证了企业各项目标的实现。

③管理信息是保证企业各部门有秩序活动的纽带。任何企业都是一个完整的系统，其中的各部门为它的子系统，这些部门和岗位可由管理信息将它们有机地联系起来。

4.1.2.2 森林资源信息管理与分析

在资源汇总统计的基础上，需要对调查地区的森林资源进行分析。通过分析，找出一些规律性或实质性的问题，为规划设计工作提供论据。

森林资源信息管理与分析大致有以下几方面内容：

(1) 森林覆盖率的计算与分析

森林是以乔木(包括竹子)为主体的生物群落，应以乔木主体计算森林覆盖率。疏林不计算森林覆盖率。灌木林可以参与计算森林覆盖率。其他植被类型如四旁树、林网树、经济林等可以单独计算绿化盖度。林网树、四旁树的树高在 10 m 以上的 2250 株折算为 1 hm^2(150 株/亩)，3~9 m 的以 3750 株折算为 1 hm^2(250 株/亩)，3 m 以下的 6000 株折算为 1 hm^2(400 株/亩)。

森林覆盖率的多少以及增减情况，反映这个地区的森林资源现状及经营活动情况。尤其覆盖率增减的速度可以说明经营水平提高速度，如果覆盖率比前次统计减少，应找出减少的原因，并提出改进意见。

(2) 土地面积变化分析

林区内各类土地面积的变化情况，一定程度上反映了林区经济条件及经营水平的变动。从各类土地面积所占的比例，可以分析当前土地利用现状是否合理及森林资源分布的特点；从宜林地及各树种所占的面积比重，可以分析扩大森林面积的潜力和实现森林永续利用的资源条件。总之，无论哪类面积的变化，都应分析其原因，提出合理化改进建议。

(3) 蓄积量、生长量、枯损量变化的分析

蓄积量增加的速度与经营措施和生长量有直接的关系。应分别林种、森林起源、龄组及生长、枯损、面积变化等情况进行综合分析。特别是人工林及成过熟林的变化，应重点分析研究。在分析时，可以利用森林资源统计资料(如大龄级表)，也可以利用有关专业调查的固定标准地材料及有连续清查的前后两次森林资源变化材料，通过分析，取得森林资源动态变化的规律，预测和规划森林资源的发展。

(4)多资源的分析

林区中除林木资源外,还有野生动物、药用植物及特用植物等资源,应分析其变化情况及利用的可能性。

在进行森林资源统计分析的同时,对有关专业调查的资料也应进行整理分析,写出有关专业调查踏勘报告。

拓展训练

根据乡镇的二类调查小班资料,分别采用计算机完成一个乡镇的森林资源统计,并提供一份完整的统计资料。

任务 4.2　图面材料制作

任务描述

收集某地的森林资源规划设计调查的矢量数据以及属性数据库相匹配的各类因子代码表,准备好已经配准的一个林班的 1∶10 000 地形图栅格数据。组织学生利用 ArcGIS 软件的制图功能按林业制图的要求制作基本图和林相图。

每人提交一幅森林分类图。

任务目标

(一)知识目标
1. 熟悉林业专题图绘制工艺。
2. 熟悉林业专题图的绘制方法。
(二)能力目标
1. 能利用地形图和森林资源调查资料绘制基本图。
2. 能利用森林资源造林规划设计调查资料和数据绘制林相图。
(三)素质目标
1. 培养学生团队协作精神、表达能力和沟通协调能力。
2. 培养学生热爱林业、热爱自然的职业精神。

实践操作

4.2.1　林业信息图示表达实践与要点分析

林业信息图示表达是将林业信息通过图示,即地图符号模型的方法传递给人,其对象包括与林业信息有关的地物、地貌的符号表达和其属性的文字表示,以及相关注记、林相色标、林种色标、地类色标等。

具体林业地图图示的符号和注记的规格颜色等标准，以及使用原则、要求和基本方法，需按照《林业地图图式》(LY/T 1821—2009)标准来执行。

本次任务将林业制图中常见的基本图、林相图、森林分布图的制作过程作为示例，来演示图示表达模式映射到具体应用的基本方法。

第一步：加载数据

利用GIS计算机制图工具，如常见的 ArcGIS-ArcMAP、MapGIS、QGIS 等软件，加载矢量化后产生的文件(基础数据)，图层文件主要包括"地理基础数据图层""行政图层""林班图层"和"小班图层"等。图层下已隐含了对应的地理、行政、森林资源等具体的属性数据。

第二步：符号化

在制图软件中，对不同类型的图层进行地图符号化表达，例如，图层的颜色、边框、样式等进行分门别类的表示，具体内容详见《林业地图图式》(LY/T 1821—2009)。同时，为直观显示图层信息，可进行地图属性标注。

在林相图和森林分布图中，可通过隐藏数据属性进行林相分类和森林分类，进行具体不同的林相、森林类型、森林经营类型等属性的符号化表达和标注。

第三步：图面设置和整饰

①根据原有影像或图层数据的分辨率大小及具体项目要求，调整地图大小、设置合适的比例尺、设置合适的页面大小。

②为完整表达图面信息，使得地图信息内容更为直观，需在布局视图中添加合适的"标题""指北针""图例""比例尺"和"内图廓线"等要素。

③添加数学要素：即绘制图面网格，用来表示地图的地理坐标信息。

第四步：地图导出与打印

完成以上步骤，可根据需求设置地图保存类型和合适的分辨率(300dpi以上)，进行导出保存地图。根据页面设置大小和项目要求，进行设置打印。

具体林业基本图、林相图和森林分布图的制作过程详见成果案例：计算机制图过程实例。

━━━ 理论基础 ━━━━━━━━━━━━━━━━━━━━━━━━━━━━━━━━━━

4.2.2 图面材料制作

4.2.2.1 基本图

林业用图按照内容和用途可分为：自然资源地图；林业规划、设计地图；林业工程技术地图和林业专题地图4大类。

(1)自然资源地图类

这类地图主要反映林业资源(包括森林和宜林地)的种类、分布、数量、质量等，是林业部门最基础的图纸。主要有 1∶10 000～1∶25 000 的基本图，1∶25 000～1∶50 000 的林相图，1∶50 000~1∶100 000 的森林分布图等。

1∶10 000~1∶25 000 的基本图是以林班为基础的森林区划体系。它体现经营区域的地形、地物、森林分布和经营现状，为建立一定阶段的森林经营活动指导体系——经营方案提供基本图纸。

1∶25 000~1∶50 000 的林相图是以林场、乡、营林区等为单位的图面资料。它有森林区划、地形地物、林相三大要素，并着重反映森林林分结构和立地类型。主要为编制森林经营方案、总体规划设计、开发方案以及确定经营措施和开展林业科研等提供图面资料。

1∶50 000~1∶100 000 的森林分布图是以林业局(总场、县)为单位的图面资料。它体现全区的森林资源分布状况和林区经营单位区划状况，可供上级部门了解森林资源分布状况，为制定林业规划、林区开发顺序和林业生产布局等提供图面资料，也是编制其他专题图的基础图面资料。

(2)林业规划、设计地图类

这类图主要反映林业发展远景、森林开发利用、营林、造林树种、速度安排等，是林业用图中内容复杂的图类。比例尺一般是 1∶25 000~1∶100 000，主要有区域(流域或省)规划图、林业局(场)总体设计图、造林规划设计图。

区域规划设计图是以流域或省为制图单位的总体规划图。它除表示一般自然地理、社会经济要素外，着重反映林业生产规模、主要造林树种(林种)的结构和布局状况，可为有关部门安排造林顺序、制定生产布局和开展水土保持，以及造林技术研究提供图面资料。

林业局(场)总体规划图是以林业局或总场为制图单位的规划图。其内容与表示方法基本同区域规划设计图。

造林规划设计图是以林场或作业区为制图单位的规划设计图，其内容与表示方法基本同区域规划设计图。

(3)林业工程技术地图类

这类图反映的内容和范围较小、较具体，主要是在地形图的基础上对各项工程和设施进行平面布置和设计。比例尺一般为 1∶200~1∶2000 或稍小一些。如局、场(厂)址、贮木场、木材转运场等平面布置图，水库绿化工程设计图，城市绿化平面布置图等。

城市园林绿化平面布置图是以自然美为特征的空间环境规划设计，它借助自然、模仿自然而又高于自然。它不但要考虑到平面，更要考虑空间、时间等因素，使园林材料与空间、时间融合为一体，使形式美和内容美达到高度统一。

(4)林业专题地图类

这类地图主要是林业部门为了专门的用途，在有主要居民地、水系、道路等地理要素的地图上，突出表示一种或几种专门内容的地图。按不同的需要和要求分类，主要包括森林病虫害分布图、林业企事业布局图、林业区划图等。

①森林病虫害分布图。除表示一般自然地理、社会经济要素外，着重反映病虫害的种类、分布范围，为有关部门提供病虫害的种类及分布范围，以便采取有力措施。

②林业企事业布局图。除表示一般自然地理、社会经济要素外，着重反映林业企事业单位的分布状况及相互关系。

③林业区划图。除一般表示自然地理、社会经济要素外，着重反映不同林业生产结构

和发展方向，以及林种、树种的分区情况。

(5) 基本图

基本图是以林场为成图单位，主要反映一般自然地理要素、社会经济要素和林业调查测绘成果。基本图可作为求算面积和编制林场林相图及其他林业专题图。比例尺一般为 1:10 000。

① 基本图的成图方法。基本图的成图方法根据可能利用的测绘资料、技术条件、设备和调查规划设计对图面的精度要求，一般有以下方法：

a. 地形图成图：以国家版地形图为底图，经放大制成比例尺适宜的复制图，然后调绘成图。

b. 航测成图：在设有测绘资料可利用的情况下，应遵循测图有关规范、图式和程序自行测图。

② 基本图的分幅。基本图的分幅，传统上是以整张透明纸或聚酯薄膜在正方位容纳一个编绘单位为原则。但是为了便于成图使用，保持和逐步实现图幅标准化、规范化，应参考国家地形图的分幅方法。

③ 基本图的主要内容。基本图的主要内容是地形、地貌、水系、道路、居民点及林业要素等。

④ 基本图的清绘。包括线划清绘和注记实施两方面内容。

a. 线划清绘。基本图上除地貌公路用棕色表示，水系用蓝绿色表示，林业企事业机构用红色表示外，其余线划、符号、注记都以黑色表示。图内各类小班均不着色，林场界应着色带。

b. 注记实施。分为林班注记和小班注记两类。林班注记内容为林班号，林班面积用分子式表示，林班号为分子，面积为分母。小班注记的内容为小班号和面积，用分子式表示，小班号为分子，面积为分母。

⑤ 图画整饰。基本图的整饰包括图廓、图名、图例、接图表等。

若一个林场包括数幅图时，则只选在北上左起第 1 幅图，在上图廓外适当以宋体书写××林业局××林场基本图。另用一张纸绘制图例，尺度不超过一幅图的高度。内容包括图内原有和新增的全部内容和图例符号，作为附件保存。图例在一个成图单位内，任选一幅图廓内下部空白处较大的图幅，内容可根据林业图式的排列顺序排列，图例中所列项，应是图内所有的内容。

⑥ 基本图的验收与检查。包括基本图的验收、验收检查中问题的处理以及检查验收工作的组织和要求 3 方面内容。

a. 基本图的验收。主要根据绘制基本资料，抓住关键，由图外到图内层层深入地检查。其一般程序为：地图数学基础、图廓整饰、经纬度和千米网注记、大的河川和山脉、大的居民点和主要交通线，再对各要素从上到下，从左到右地逐一检查。

b. 验收检查中问题的处理。对验收检查中发现的不符合规程、林业图式和有关技术规定的项目，应根据其性质和对成图影响的程度，分别提出处理意见，交被验收检查单位进行改正或予以返工。当发现问题较多时，可将部分或全部成图退回被验收检查单位，重新检查或处理。

c. 检查验收工作的组织和要求。根据规程的要求,测绘成果成图的检查验收工作,一般应和整个林业勘探设计的内、外业检查验收工作同时进行,其检查验收的分级组织形式、组成人员、平定标准等具体办法和要求由各单位结合具体情况自行规定。检查验收工作结束,应写出专题检查验收报告,随资料上交保存。

4.2.2.2 林相图

(1)林相图

林相图是以林场为成图单位,内容除表示自然地理及社会经济要素外,着重反映森林林分结构和各土地类型,综合显示林场的森林面貌。

林相图主要是为编制森林经营方案、总体规划设计、开发方案及确定经营措施和开发林业科研等提供图面资料。比例尺一般为1:25 000或1:50 000。

①林相图的成图方法。包括基本图成图、航摄成图、地形图成图和实测成图4方面内容。

a. 基本图成图。以基本图为底图,根据《林业地图图式》(LY/T 1821—2009)中的符号要求,经缩小编绘而成。根据龄级表及非林地一览表注记,林相图以林相色标着色。

b. 航摄成图。以航片平面图为底图,经外业航片调验并转给为成图。根据小班调查卡片注记,并着色。

c. 地形图成图。以国家版地形图为底图,经放大成适宜比例尺的复制图调绘成图。

d. 实测成图。在没有测绘资料可利用的情况下,应遵循有关规范、图式和程序测图。根据调查卡片注记并着色。

②林相图主要内容。林相图的主要内容为自然地理、社会经济、林业三大要素。为使图面清晰并突出林业要素,对其应进行适当的综合取舍。林业要素包括林业区划、林相、林业机构。林业区划有林业局界、林场界、作业区(营林区界)、林班界、小班界。林相图以《林业地图图式》(LY/T 1821—2009)中的林相色标为依据,以小班为单位,按树种组合并着色。林业机构有:林业局、林场、管林段(工段)、木材检查站、楞场、贮木场、木材加工厂、机修厂、护林防火站、瞭望台、学校、医院等。

③林相图的清绘。包括清绘的一般要求、清绘顺序和要素的清绘。

a. 一般要求。主要介绍以下3项要求。一是,准确描绘各要素,依比例的轮廓符号,外围轮廓应保持其轮廓位置的精度,不得变形。轮廓内的说明符号按林业图式规定的方法配置;不依比例、半依比例的符号,应保持其中心或中心线的位置准确,以确保其各要素的几何精度。二是,一般情况下,各要素符号相邻间隔不应小于0.2 mm,若挤得太紧不能按原位置绘出时,可移动次要符号的位置,保持其相邻要素的清晰易读。移动的原则是:重要的不动,次要的动,同等重要的一起动。移动后两者之间要保证0.2 mm的间隔。三是,各要素之间关系不仅应明确,而且主次要清楚,各符号相交(或相遇)以及各符号的线粗、形状、大小和方向均应按林业图式规定进行描绘。要求墨色浓黑,线条光实,符号、注记位置准确,配置准确、恰当,内容完备,无错漏,图面整洁。

b. 清绘顺序。清绘工作要按一定程序进行,绘完一种要素,应经自检或互检后,再绘另一种要素。清绘作业顺序为:各种境界、各种测量控制点、居民点、注记、图面整饰、水系及其附属建筑物、道路及其附属物、地形地貌(等高线)、检查验收。上述清绘程序是一般的情绘程序，有时遇到特殊情况，也可自行做个别调整。

c. 要素的清绘。各要素清绘同基本图清绘，居民地、境界为黑色，水系为蓝色，地貌为棕色，道路为红色。

④林相图注记。林相图中字迹的笔画用黑色绘图墨水绘制(不可使用碳素墨水)。

a. 林班注记。在林班中央位置，以粗等线体阿拉伯数码标注，表示林班号。

b. 小班注记。小班注记以阿拉伯数码表示，注记位置一般应选在小班中央。

⑤林相图整饰。林相图的整饰包括图名、图廓、比例尺、附图、附表、必要的文字说明等内容。布局设计要灵活、美观。

⑥林相图的验收与检查。林相图的验收与检查与基本图的验收与检查相同。

4.2.2.3 森林分布图

森林分布图由各省(自治区、直辖市)结合本地的实际需要清绘，以地区、市、县(林业局)为成图单位。森林分布图图面所表示的内容基本与林场林相图相同，它着重反映林业局地域内的森林分布概貌和林区经营单位区划状况。它为制定林业规划、林区开发顺序和林业生产布局等提供科学依据，也是编制全省森林分布图和其他林业专题图的基础图面资料。一般县(林业局)级森林分布图的比例尺为 1∶100 000，地区(林管局)级的为 1∶200 000~1∶500 000，省级的为 1∶1 000 000。

(1) 成图方法

林业局森林分布图以各林场林相图为底图，经缩制编绘而成，省、市(州)林分布图则由市、县(林业局)森林分布图缩制编绘而成。

(2) 图幅

森林分布图图幅与林相图图幅基本相同，但地区、省森林分布图的分幅较为复杂，具体内容参考"地区分幅"部分内容。

(3) 森林分布图内容

森林分布图除不绘小班界外，其余内容基本与林相图相同。为使图面清晰易读，主题突出，对各要素应进行必要的综合取舍。

(4) 森林分布图清绘

森林分布图的清绘要求、顺序及各要素的清绘与林相图相同。在图上大于 4 mm² 的有林地、疏林地、灌木林地、采伐迹地、火烧迹地、人工林、未成林造林地以及其他无林地与非林地等，均需绘出地类界。在图上不足 4 mm² 者，应加以综合取舍。

固定苗圃不论其面积大小，一律按图示符号绘出。

(5) 森林分布图注记

记林场名称一般为文字注记形式，若在比例尺较小且图面又大的情况下，也可采用代号形式注记。

森林分布图显示的最小区划单位为林班，故只注记出林班。

(6) 森林分布图整饰

森林分布图整饰内容主要有图名、图廓、图例、附图和附表。

(7) 森林分布图着色

森林分布图中的林地着色按综合地块优势树种及其龄级普染，各优势树种色相和各龄组色层与林场林相图相同。

(8) 森林分布图验收与检查

森林分布图的验收与检查，与林相图的验收与检查相同。

4.2.2.4 土地利用现状图

土地利用现状图以林场（乡）为成图单位，主要反映自然地理要素、社会经济要素和土地利用状况，它是作为求算面积和编绘林场造林规划设计图及其他林业地图的底图。比例尺一般为 1:10 000~1:25 000。

(1) 土地利用现状图的成图方法

根据可能利用的测绘资料、技术条件、设备和调查规划，设计对图面的精度要求，通常采用以下几种方法。

①地图成图。包括以下两方面内容：一是用比例尺适宜的国家版地形图，直接调绘成图，此法在航片空缺处偶有使用；二是以国家版地形图为底图，经放大成适宜比例尺的复制图，调绘成图。

②航测成图。以国家版地形图（或经放大的地形图）作为基本图的转绘底图，经航片外业调绘并转绘成图，这是目前广泛使用的方法。

③实测成图。在没有测绘资料可利用的情况下，应遵循测图有关规范、图式和程序自行测图。

(2) 土地利用现状图图幅

现状图的图幅大小应视林场（乡）面积和形状而定，一般在一张图纸上能正方位容纳下一个完整的林场（乡）为好，图面以下不超 1080 mm×780 mm 为宜。

(3) 土地利用现状图的主要内容

现状图的主要内容包括自然地理要素、社会经济要素、土地利用状况三大要素。

(4) 土地利用现状图清绘与注记

除下述各点外，其余均与林场基本图相同。

①有林地小班。采用分数式注记，分子为面积、起源郁闭度，分母为林种、树种，分数式左侧为小班号。

②经济林、竹林小班。采用分数式注记，分子为小班号，分母为面积，分数式右侧为经济林树种、竹类符号（或林种符号）。

③疏林地小班。采用分数式注记，分子为面积，原有优势树种符号，分母为立地类型号，分数式左侧为小班号。为与造林设计树种相区别，故将上述原有优势树种符号加括号。

④能源林小班。采用分数式注记，分子为小班号，分母为面积，分数式右侧为林种符号。

⑤灌木林地小班。采用分数式注记，分子为面积，分母为立地类型号，分数式左侧为小班号，右侧注明所属林种（防护林、经济林、特用林、能源林等）。

⑥苗圃地小班。采用分数式注记，分子为小班号，分母为面积。

⑦宜林地小班。采用分数式注记，分子为面积，分母为立地类型号，分数式左侧为小班号。

(5) 土地利用现状图的着色

现状图的着色可分依林种或依树种分色普染两种，具体根据上级单位的要求而决定。

若分树种着色，则以林业图式中林相色标为准，以各色种之浅色对有林地、经济林、竹林小班分树种进行全小班普染。对疏林地、能源林、灌木林、苗圃地及宜林地小班也以各种浅色分别进行全小班普染，其色标可自行确定，并在图例中标明。选定色标原则为：第一，所选用色相不能与有林地、经济林、竹林中树种所用色相混淆；第二，所选用色相与各树种相遇时色相配置要既分明又协调。

若依林种着色时，则以下列色标分别对各林种进行全小班普染：防护林小班普染浅绿色；用材林小班普染浅棕色；经济林小班普染粉红色；特用林小班普染浅橙色；能源林小班普染浅灰色；疏林地小班普染浅紫色；宜林地小班普染浅黄色；苗圃可依林业图或专业注记符号清绘；灌木林依所属林着色。

(6) 土地利用现状图整饰

现状图的整饰与林相图的整饰相同，主要包括图名、图廓、图例、附图、图衔、比例尺和必要的文字说明等内容。

(7) 土地利用现状图验收与检查

现状图的验收与检查和基本图相同。

拓展训练

从二类调查的矢量数据中抽取一个林场，用 ArcGIS 10.2 软件绘制此林场的基本图、林相图。每人提交一份相关内容报告。

自测题

一、名词解释

1. 森林资源信息管理；2. 森林档案；3. 地理信息系统；4. 图像分辨率；5. 地图投影。

二、填空题

1. 有林地小班在基本图上的注记形式为(　　　)，在林相图上的注记形式是(　　　)。
2. 林业用图主要有(　　　)、(　　　)、(　　　)和(　　　)。
3. 基本图是以(　　　)或(　　　)为绘制单位，其比例尺依据(　　　)决定。

三、选择题

1. 在森林资源调查种类中，其中调查资源数据不落实到具体小班的调查是(　　　)。

　　A. 一类调查　　B. 二类调查　　C. 三类调查　　D. 伐区调查

2. 在图上不但表示出抛物的平面位置，而且表示地形高低起伏的变化，这种图称为(　　　)。

　　A. 平面图　　B. 地图　　C. 地形图　　D. 断面图

3. 平板电脑通过 GPS 定位对照遥感影像、地形图、森林资源分布、基础地理空间数据等信息现场进行(　　)小班、录入相关属性，拍照标注上图。
   A. 录入　　　　　B. 调查　　　　　C. 勾绘　　　　　D. 踏查
4. 下列(　　)是矢量数据的分析方法。
   A. 坡向分析　　　　　　　　　B. 谷脊特征分析
   C. 网络分析　　　　　　　　　D. 地形剖面分析
5. 地理数据一般具有的三个基本特征是(　　)。
   A. 空间特征、属性特征和时间特征
   B. 空间特征、地理特征和时间特征
   C. 地理特征、属性特征和时间特征
   D. 空间特征、属性特征和拓扑特征
6. 对一幅地图而言，要保持同样的精度，栅格数据量要比矢量数据量(　　)。
   A. 大　　　　　B. 小　　　　　C. 相当　　　　　D. 无法比较

四、判断题

1. 林相图是森林测绘最基本的图面材料，利用它求算面积并作为复制其他用图的底图。（　　）
2. 森林分布图是以林相图为底图缩绘而成的。（　　）
3. 在通常情况下，对信息和数据可不作严格区分，在不引起误解的情况下可以通用，因此信息和数据无本质区别。（　　）
4. 重要地区扩大图在地图输出时属于副图的一种。（　　）

五、简答题

1. 描述基本图的基本内容及特征。
2. 描述林相图的基本内容及特征。
3. 描述森林分布图的基本内容及特征。
4. 试比较矢量数据结构与栅格数据结构的优缺点。

六、论述题

试简述基本图、林相图及森林分布图的主要特点及相关之处。

项目5 森林资源信息管理系统应用

森林资源信息管理系统是依据信息编码规则对森林属性信息进行统一编码的基础上,借助计算机技术将森林属性特征与空间特征紧密联系起来,以实现各种森林资源信息的储存、查询、处理和共享的一个完整的管理系统,是准确监测和预测森林资源动态变化以及加快信息反馈的有效手段。本项目分为森林资源信息与编码和信息管理系统应用2项任务。

知识目标

1. 掌握森林资源信息编码规则。
2. 熟悉森林资源信息管理方式。

能力目标

1. 能读懂森林资源信息代码表。
2. 会使用森林资源信息管理系统。

素质目标

1. 具备严谨的工作态度,遵守森林资源信息管理规则。
2. 具备先进的工作理念,能适应先进的森林资源信息管理方法。

任务5.1 森林资源信息与编码

 任务描述

地理信息编码是地理信息共享的基础标准之一。反映森林资源特征的信息多样且丰富,需要按照统一的标准进行信息编码,以满足森林资源调查与管理工作中各级林业部门间信息汇总、分发以及共享与应用的需要,并支持跨部门、跨领域、多源、多时相、多尺度信息整合与管理。

每人提交一份森林资源管理地类实体信息代码表。

项目5 森林资源信息管理系统应用

 任务目标

（一）知识目标
1. 掌握地理信息编码概念。
2. 掌握地理信息编码要求与规则。

（二）能力目标
1. 能读懂森林资源信息分类代码表。
2. 会用 ArcGIS 软件编写林业小班图的小班代码。

（三）素质目标
1. 有规则意识，遵守森林资源信息编码规则。
2. 能适应先进的森林资源信息管理方法。

 实践操作

5.1.1　森林资源信息编码的过程和重点分析

第一步：构建森林资源信息分类体系

将森林资源信息分为实体类和特征类，采用线分类法将实体类划分为门类、大类、中类、小类4个层次，同层间是并列关系，不同层间是隶属关系。根据森林资源实体类别及内容，权衡考虑实体类所有属性因子，在实体类的小类的基础上划分特征类，即属性因子的划分，属于实体取值的枚举，如权属是一个实体，其特征为国有、集体、个人等。

①一级为门类，根据林业信息本身的特点和共享需要划分为3个门类，即"基础类""专题类"和"综合类"。基础类是适用于林业的基础地理信息，"专题类"是林业各专项业务信息；"综合类"是综合反映林业各项业务及管理的信息。

②二级为大类，是在一级数据类型基础上按数据的专业领域划分，如森林资源、造林绿化、森林防火等；

③三级为中类，是在二级数据类型基础上按数据对象特征划分，如森林资源中的地类、森林权属、立地类型等。

④四级为小类，在门类、大类、中类的基础上，对中类进一步细分到小类。例如，"专题类"门类、"森林资源"大类下的"样地因子"中类，可细分为"样地类型""样地设置方法""样地形状"和"标准地类型"4个小类。

第二步　进行森林资源信息编码

(1)实体类编码

各个等级实体类型按信息分类码或标识码的规则进行编码。层次编码与顺序编码相结合，上下位之间采用层次编码，同位类内部采用顺序编码。实体类代码为4层6位组合码，门类、大类各1位，中类、小类各2位，如图5-1所示。若因上位类无须进一步细分便已到达实体层次而导致代码层次不够4层时，所缺层次的码位用"0"补齐。

例如，"专题类"门类、"森林资源"大类下的"样地因子"中类，可细分为小类"样地类型""样地设置方法""样地形状"和"标准地类型",采用递增顺序码,则小类代码依次为"211401""211402""211403"和"211404"。

(2)特征类代码

采用线分类与编码时,实体特征码前面无需加实体类代码。实体特征值代码分为一级特征码、二级特征码、三级特征码。各类代码的长度不等,总代码长度在4~11位,如图5-2所示。

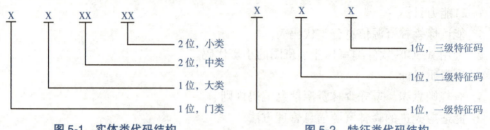

图 5-1 实体类代码结构　　　图 5-2 特征类代码结构

例如,地类代码采用3层3位数字码,代码142,其中1为一级特征码林地,4为二级特征码未成林地,2为三级特征码未成林封育地。

第三步:软件编码项目

应用ArcGIS软件,根据林业小班区划要求,以行政村为单位,从上到下,从左到右的空间顺序编制小班号码,步骤如下。

①计算小班质心坐标。属性表中添加X字段和Y字段坐标,分别计算X质心坐标和Y质心坐标,属性表导出成独立的DBF表文件。

②排序。在Excel中打开DBF文件,保留OBJECTID、村、X、Y字段,先村代码排序,再Y坐标降序排列,然后X坐标升序排列。

③计算小班标识码。新一列字段命名【标识码】,输入公式 IF(A2=A1,ED1+1,1)(表示,小班号存到ED列,如果A2=A1,那么ED2等于ED1+1,否则ED2等于1)进行编号。转为文本格式小班号,新一列命名【文本标识码】输入公式 TEXT(DI2【单元格】,"000")(表示,把E列单元格的数字转为3位字符文本),字符不够用0补齐,生成小班标识码。保存为.exe格式。

④形成带行政区划地籍的小班代码。在ArcGIS软件中用【OBJECTID】字段建立属性表与Excel表的连接把Excel追加到小班属性表上。用字段计算器写Python语句,形成省+市+县(区)加乡(镇)+村+林班+小班完整的小班代码。如代码4201150160030012103表示该小班是湖北省武汉市江夏区016乡003村0012林班103号小班。

 理论基础

5.1.2 森林资源信息与编码

5.1.2.1 概念

(1)数字林业信息

数字林业信息是林业工作中一切与土地、森林和自然环境的地理空间分布和经营管理有关的要素及其关系的表达，即是这些方面的各种要素的属性信息、图形信息、经营管理信息以及要素间的逻辑或空间关系的总称。

(2) 实体

现实世界中任何基本的或抽象的有关事物，包括事物之间的关系，通常作为特定类别或类型中的一个成员。在数据库中表现为数据表或字段。

(3) 特征

实体取值的枚举，如权属是一个实体，其特征为国有、集体、个人等。实体特征对应数据库表中字段的属性。

(4) 信息编码

是指将数据分类的结果，用一种易于被计算机和人识别的符号系统表示出来的过程。其结果是形成代码。代码由数字、字符或混合组成。

5.1.2.2 森林资源信息类型及特征

森林资源信息内容十分广泛，根据不同的原则可以列出不同的类型，从大的门类上大体上可以分为三大类：

(1) 基础信息

提供最基本的森林资源和地理空间及遥感影像的信息，具有统一性、精确性和基础性的特点。统一性是指各地区的基础信息应该由主管部门集中统一采集，建立数据库，提供使用，以实现系统间信息共享和交换；精确性是指基础信息数据的精度应能满足林业各层次的各种用户的需求；基础性是指基础信息是数字林业系统数据库的最基本的内容，基础信息数据库是数字林业技术系统的基础设施，应当优先于其他专题信息进行建设。

(2) 专题信息

这类信息是指各个重点林业生态建设项目和各类专业领域的专题信息。专业性是相对于基础信息的统一性而言的，即专题信息无论是内容还是应用范围，都有一定的特殊性。这类信息包括数字林业体系建设自身的层次结构及数据库设计等方面的规则和标准以及目前六大林业生态工程的数字林业子系统中的具体专题数据库和森林防火、森林病虫害防治等具体林业专题信息。

(3) 统计信息

统计信息是在前两类信息基础上按特定的约束条件、采用一定的统计方法和模式进行采集、汇总的信息。包括林业社会经济、营林及工业生产、人员及就业、资产及投资、教育及科研等方面的加工提炼和汇总分析信息。统计信息可以借助于基础信息确定其空间位置，进行空间分析，并在此基础上进一步确定与不同的专题信息之间相互联系和相互制约的关系。

5.1.2.3 森林资源信息编码的意义

森林资源信息种类繁多，内容丰富，涉及诸多领域，如何将它们有机地进行组织，有效地进行存贮、管理和检索应用，是一件十分重要的工作，它直接影响数据库乃至整个数字林业技术系统的应用效率。只有将林业的各种信息和数据按一定的规律进行分类和编码，使其能统一地采集并有序地存入计算机，才能对它们进行按类别存贮，按类别和代码进行检索，以满足各种应用分析需求。否则，各个区域采集的数据可能由于定义、概念、单位、分级等方面的细微差别而无法统一汇总，而这些信息经各地方的业务部门按各自的方法录入数据库后，将会成为一堆杂乱无章的数据，或者无法查找，或者检索出的数据与需求不一致，甚至可能使数据库完全失去使用价值。

5.1.2.4 数字林业信息编码

(1) 编码原则

①科学性和系统性。通过分析林业实体本身的特征及实体间的联系，并适合现代计算机、地理信息系统和数据库技术对数据进行处理、管理和应用的目的，对其进行分类编码，形成林业信息分类与编码体系。

②唯一性。各类信息所包含的对象与代码一一对应，以保证信息存储和交换的一致性、语义的唯一性。

③实用性和稳定性。以我国现有基础地理信息和林业各专题信息的常规分类为基础。在不会发生概念混淆和二义性的前提下，分类名称应尽量沿用各专业已有的习惯，结合林业各部门信息的特点，以适应业务数据的组织、建库、存储及交换等为目标对林业信息进行科学的分类编码，代码数值必须稳定，一旦确定就不再变更。

④完整性和可扩展性。分类和编码体系总体上能容纳林业、地理、遥感等各专业领域中现有的和将来可能产生的所有信息。设计代码结构和进行具体编码时应留有适当的余地和给出扩充办法，以便在必要时扩充新类别的代码，且不影响已有的分类和代码。

(2) 分类与编码方法

①线分类法。将分类对象按所选定的若干个属性(或特征)逐次地分成相应的若干个层级的类目，并排列成一个有层次的、逐渐展开的分类方法。上等级包含下级；同等级平行，不交叉，不重复。

②面分类法。选定分类对象的若干属性(或特征)，将分类对象按每一属性(或特征)划分成一组独立的类目，每一组类目构成一个"面"。再按一定顺序将各个"面"平行排列。使用时根据需要将有关"面"中的相应类目按"面"的指定排列顺序组配在一起，形成一个新的复合类目。

> **拓展训练**
>
> 1. 查找大类、中类实体代码
>
> 例如，"铁路""公路"和"航道"的代码，在"基础类"门类、"交通"大类下查找中类，代码分别为"1401""1402"和"1407"。
>
> 2. 按顺序编写带实体类代码的特征类代码
>
> 例如，"专题类"门类、"森林资源"大类下的"样地因子"中类，可细分为小类"样地类型""样地设置方法""样地形状"和"标准地类型"，采用递知识。

 项目5 森林资源信息管理系统应用

任务5.2　信息管理系统应用

 任务描述

国家森林资源智慧监测与数字管理平台(以下简称"平台"),是在大数据技术支撑下,以推动林业和草原业务数字化、网络化、智能化为目标,在全国森林资源管理一张图(简称"一张图")的基础上,按照"1个平台+N个业务应用"模式搭建的基于互联网在线运行的森林资源大数据管理与业务应用系统。国家林业主管部门通过该系统进行"一张图"数据的分发、采集、编码、传输、处理、更新、储存、综合查询、报表统计、专题图统计等对森林资源的数量和质量及其动态变化及时有效的监测,以实现全省森林资源"一张图"管理、"一个体系"监测、"一套数"评价。

每人提交一份森林资源信息管理系统组成结构和功能简述。

 任务目标

(一)知识目标
1. 掌握森林资源信息管理系统结构。
2. 掌握森林资源信息管理系统主要功能。
(二)能力目标
会使用森林资源信息管理系统平台。
(三)素质目标
1. 具备工作创新精神,会使用先进的森林资源信息管理系统。
2. 能利用森林资源信息管理系统提高工作效率。

 实践操作

5.2.1　森林资源信息管理系统应用的过程和重点分析

森林资源信息管理系统包括外业数据采集前端、不同业务数据接口端和"国家森林资源智慧管理平台"展示端。

第一步:接口端数据准备工作

各类森林资源信息管理业务需求的接口端不同,如图5-3所示,用"森林即时监管"接口端确定森林资源管理"一张图"数据变更工作范围并打开工作影像,如图5-4所示。

第二步:数据接口端区划判读

叠加前期影像、即时影像、基础数据,采用双轨制开展对比判读。提供的判读区划工具有:创建图斑、修边、分割、挖洞、合并、删除等。判读区划出地类或林相发生变化的

— 125 —

图斑，如图 5-5 所示。以县级单位为调查基本单位，对判读区划的林地变化图斑按从北到南，从西到东顺序依次编码，并填写判读地类、判读变化原因等其他判读因子，形成判读结果。

一人判读区划后，由另一个人结合第一人的判读结果对变化图斑再次判读，即数据复核。一个人先逐网格初判，再由另一个人逐网格复判，如有判读结果不一致的，再对照遥感影像变化特征共同商定，最终形成遥感判读的疑似变更图斑矢量图层，等待核实，如图 5-6 所示。

图 5-3　数据服务和业务应用端口

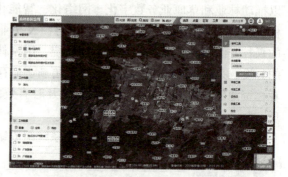

图 5-4　"森林即时监管"数据接口端

图 5-5　判读区划区域

图 5-6　变化图斑复核

第三步：数据复核（外业核实）

注册"森林变化核实"外业数据采集前端 APP，从"森林即时监管"数据接口端下载待核实数据和影像图。现地调查，确认实地变更情况。对遥感判读和档案资料上图的待核实的变化图斑进行调查核实，完善相关属性信息；对遥感判读和档案资料都无法确认的变化情况进行现地调查，确认实地变更情况；对判读和档案资料以外的变化内容进行补充，如未成林造林地达到成林标准等情况。完成外业核实，数据上传到数据接口端，外业核实流程，如图 5-7 所示。

第四步：接口端数据核实

通过接口端浏览外业核实后的图斑及核实调查卡片（图 5-8），进一步核查图斑图形和属性信息，核实合格，形成有统一的技术标准变化图斑数据。

项目5 森林资源信息管理系统应用

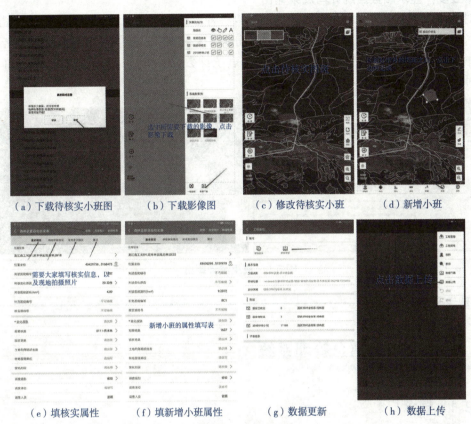

图 5-7 外业核查

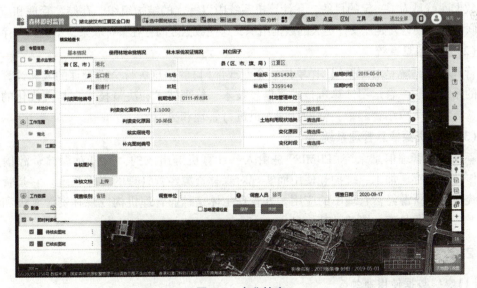

图 5-8 内业核查

第五步：显示端数据统计与成果输出

对各种业务需求统计汇总，将统计结果以各种形式的图表展示，同时支持统计图表的输出。包括空间数据的汇总分析，动态生成分析汇总报表；自定义统计规则，实现不同数据库中的数据综合统计；输出各种类型的图表统计数据，包括.doc、.pdf、.exe 和.jpeg等多种格式，如图 5-9 所示。

 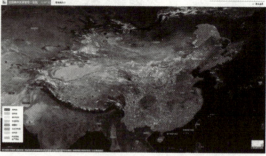

图 5-9　成果统计输出

 理论基础

5.2.2　森林资源信息管理系统

5.2.2.1　概念

(1) 数据库

数据库就是为了一定的目的，在计算机系统中以特定的结构组织、存储、管理和应用的相关联的数据集合。是比文件更大的数据组织，这些数据之间存在某种联系，不能孤立存在。

(2) 管理信息系统

管理信息系统是对一个组织(单位、企业或部门)的信息进行全面管理的人和计算机相结合的系统，它综合运用计算机技术、信息技术、管理技术和决策技术，与现代化的管理思想、方法和手段结合起来，辅助管理人员进行管理和决策。

(3) 森林资源信息管理系统

森林资源管理信息系统(FRMIS)是由人、计算机等组成的，通过对森林资源信息收集、传送、储存、加工、维护和使用而实现对森林资源经营管理的工作系统。它是管理信息系统在森林资源经营管理中的应用，其管理主体是林业管理机构或森林资源管理和经营单位，管理对象是森林资源及其信息。

5.2.2.2　森林资源与管理信息系统建设目的

(1) 突破数据使用瓶颈

以公开版的国家地理信息为参考基础，通过空间匹配与坐标转换处理，将"一张图"改造为可在非涉密环境中使用的数据，获得了"一张图"公开使用、公开登载的行政许可，克服了涉密数据应用难题，实现了"一张图"数据开放共享。

(2) 降低技术应用门槛

基层业务人员不需要掌握数据存储和处理的专门知识，也不需要熟悉遥感、地理信息和数据库的专业软件，就能借助互联网，通过移动终端 App 利用平台的软硬件资源完成各种业务，降低了现代技术应用的技术门槛。

5.2.2.3　森林资源信息管理系统功能设计

功能设计要能反映现实世界，通过对错综复杂的数据管理过程的认识与抽象，最终形成反映用户观点的概念模式的空间数据库系统，能较好地满足用户对数据处理的要求。

森林资源信息管理系统主要功能包括：林业数据管理、查询、统计、林业专题图设计输出等。其中属性数据管理功能主要包括：小班、林班等属性数据的输入、删除/修改、排序、检索、提交、逻辑检查、数据输出/导出、数据标准化等；空间数据管理的主要功能主要包括：矢量小班图输入、处理、专题图生成、图形输出以及栅格影像和地形的处理。

5.2.2.4　森林资源信息管理系统发挥的作用

(1) 增强业务能力

平台建设有利于通过一套遥感数据，一次判读区划，一次验证核实，一次现地复核，有效促进森林督查、"一张图"更新、国家级公益林监测以及森林资源目标责任制检查 4 项工作的协同开展。在统一平台、统一标准下开展造林绿化、林木采伐、林地征占等业务应用，并及时展现在平台上，增加了各种业务工作的透明度，有利于规范业务工作行为。同时，各类业务数据的汇集，有利于适时更新平台数据，缩短数据更新周期。

(2) 提升管理水平

平台建设有利于"一张图"更新，实现"一体系"监测、"一套数"评价、"一张图"管理，推动森林资源"常态化、动态化"管理。统一资源数据平台，建立数据采集、汇交、处理体系，实现数据适时更新与发布，保障业务数据的相互衔接。通过推动平台的业务管理应用，可提高许可审批、核查检查、林政执法等工作效率，应急能力将显著提升，并及时发现和遏制破坏资源的现象，把各种违法行为消灭在萌芽时期。

(3) 优化决策管理

按照统一的技术框架和数据标准，使林业各类资源数据得到及时有效管理，决策依据更丰富。利用地理信息和三维可视化展示，对森林资源数据进行综合展示与仿真，决策方式更直观。通过对数据的挖掘与宏观分析，能得到更加可靠、更加翔实的数据支撑，决策能力得以提升。

> **拓展训练**
>
> 为使于森林资源信息管理，请根据信息管理系统结构建立基于 GIS 的森林资源信息管理系统，导入数据后将该系统打包提交。该系统自上而下由数据库、数据集、数据 3 层结构组成，如图 5-10 所示。

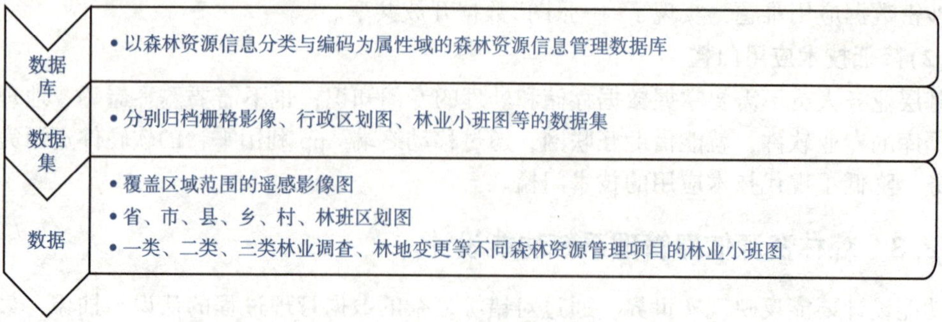

```
┌─────┬──────────────────────────────────────────────────────┐
│数据库│ • 以森林资源信息分类与编码为属性域的森林资源信息管理数据库 │
├─────┼──────────────────────────────────────────────────────┤
│数据集│ • 分别归档栅格影像、行政区划图、林业小班图等的数据集      │
├─────┼──────────────────────────────────────────────────────┤
│数据 │ • 覆盖区域范围的遥感影像图                             │
│     │ • 省、市、县、乡、村、林班区划图                        │
│     │ • 一类、二类、三类林业调查、林地变更等不同森林资源管理项目的林业小班图 │
└─────┴──────────────────────────────────────────────────────┘
```

图 5-10　基于 GIS 的森林资源信息管理系统结构

> **自测题**

一、名词解释

1. 数字林业信息；2. 信息编码；3. 数据库；4. 森林资源信息管理系统。

二、填空题

1. 森林资源信息管理系统属性数据管理功能主要包括：(　　　)、(　　　)、(　　　)、(　　　)、(　　　)、(　　　)、(　　　)、(　　　)等。
2. 森林资源信息管理系统空间数据管理的功能主要包括：(　　　)、(　　　)、(　　　)、(　　　)、(　　　)、(　　　)。
3. 分类与编码原则包括：(　　　)、(　　　)、(　　　)、(　　　)、(　　　)、(　　　)。
4. 分类与编码方法包括：(　　　)、(　　　)、(　　　)。

三、判断题

1. 森林资源信息管理系统的核心是数据采集移动端。　　　　　　(　　)
2. 森林资源信息管理系统可以实现数据导入、编辑、检查、输出。(　　)
3. 森林资源信息特征类的划分即属性因子的划分。　　　　　　　(　　)
4. 森林资源实体类中的大类对应二级分类。　　　　　　　　　　(　　)

四、选择题

1. 森林资源信息管理系统主要功能包括(　　)。
   A. 数据管理　　　B. 信息查询　　　C. 统计分析　　　D. 专题图设计输出
2. 森林资源信息分为(　　)。
   A. 实体类　　　　B. 特征类　　　　C. 门类　　　　　D. 大类
3. 森林资源实体类划分为(　　)。
   A. 门类　　　　　B. 大类　　　　　C. 中类　　　　　D. 小类

五、简答题

1. 简述森林资源信息管理系统的作用。
2. 简述森林资源信息分类编码的意义。

项目6 森林资源档案数据变更

森林档案是记述和反映林业生产单位的森林资源变化情况,森林经营利用活动及林业科学研究等方面的具有保存价值的、经过归档的技术文件材料。森林资源档案数据变更,是指在调查监测森林资源现状和动态变化情况的基础上,按年度更新森林资源管理"一张图",及时掌握森林资源保护利用现状及其消长变化,全面掌握违法违规破坏森林资源情况,推进森林资源常态化、动态化、规范化管理,为森林资源保护管理及生态文明建设重大决策提供科学依据。本项目包括林地遥感影像判读区划、基于GIS森林资源管理"一张图"档案数据库建立与更新2项任务。

知识目标

1. 了解森林资源档案数据变更的意义。
2. 熟悉森林资源档案数据变更的工作流程与过程。
3. 掌握林地遥感影像的判读。
4. 掌握森林资源管理"一张图"的内涵。

能力目标

1. 能够进行林地遥感影像的判读解译与区划工作。
2. 能够进行基于GIS森林资源管理"一张图"档案数据库建立工作。
3. 能够进行基于GIS森林资源管理"一张图"档案数据库更新工作。

素质目标

1. 掌握新技术新方法,保护绿水青山,践行"绿水青山就是金山银山"的理念。
2. 培养学生团结协作、有效沟通、无私奉献的品格。

任务6.1 林地遥感影像判读区划

 任务描述

根据不同林种在遥感影像上的反映,对林地遥感影像进行判读。本次工作任务是根据林地分类标准,对林地遥感影像进行目视解译与判读区划。

模块二　森林资源信息管理

 任务目标

(一)知识目标
1. 明确森林遥感影像特征。
2. 掌握影像波段组合。
3. 熟悉林地遥感影像解译标志。

(二)能力目标
1. 能够根据需要,进行林地遥感影像波段组合。
2. 能够根据需要,建立林地遥感影像的解译标志。
3. 能够进行林地遥感影像的判读与区划工作。

(三)素质目标
1. 能够应用新技术新方法,提升生态文明建设思想。
2. 团结协作,有效沟通,无私奉献的品格。

 实践操作

6.1.1　林地遥感影像判读区划的过程与要点分析

遥感影像与遥感软件种类多,实际应用可根据需要选择合适的影像与软件。本任务选择 TM 影像、SPOT 影像,基于 ERDAS 软件介绍其操作过程与要点分析。

第一步:建立解译图层

在本任务案例中,所采用的影像是 TM 影像,具有 7 个波段,其色彩丰富,可以组合多个波段建立解译图层。本案例采用波段组合为 432 假彩色和 321 真彩色组合。在实际应用中,可以根据需要,多个波段组合联合应用。

(1)打开要解译影像

①在 ERDAS 图标面板工具栏,单击【Viewer】图标, 打开一个【Viewer】视窗。
②在【Viewer】视窗,单击图标, 查找路径,打开要解译的影像 2000TM.img。

(2)波段组合

①在影像 2000tm.img 视窗的菜单栏,单击【Raster】→【Band Combinations】命令→打开【Set Layer Combinations】对话框,如图 6-1 所示。

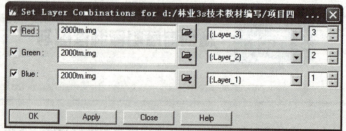

图 6-1　【Set Layer Combinations】对话框

②在【Set Layer Combinations】对话框，根据需要，在 Red、Green、Blue 波段输入波段名称。

③设置完成，单击【OK】按钮，则波段组合图像实现，432 波段组合图像，如图 6-2 所示，321 波段组合图像，如图 6-3 所示。

图 6-2　432 波段组合

图 6-3　321 波段组合

第二步：目视解译判读 TM 影像（土地利用目视解译判读）

在影像 2000TM.img 上，大概判读共有道路、水体、农田、林地、城镇建设用地、沙滩 6 种地类，其判读见表 6-1。

①道路。色调多为灰白色，形状为不规则线状，纹理较均匀、平滑，地域分布具有明显规律，在城镇及沿着河流有分布。

表 6-1　遥感影像（2000TM.img）解译标志

类型	标志描述				解译样片
	色彩	形态	结构	地域分布	
道路	灰白色	不规则线状	纹理较均匀、平滑	城镇及沿着河流	
水体	浅蓝色、深褐色或黑色	不规则形状	纹理均匀光滑	规律不明显	
农田	淡红色	不规则片状	纹理稍显粗糙	山脚下、城镇边郊等有人居住的平地	
林地	鲜红色	不规则形状	纹理粗糙、不均匀	丘陵或山地	
城镇建设用地	灰蓝色	不规则片状	纹理粗糙、不均匀	平地	
沙滩	白色	不规则片状	纹理均匀、平滑	水体边缘	

②水体。色调为浅蓝色、深褐色或黑色,形状不规则,其中江与内河呈现不规则片带状、水库或小湖泊是不规则片状,纹理均匀光滑,地域分布没有明显规律,其中江是沿着山势蜿蜒,水库一般位于山脚下,内河则分布在城市里。

③农田。色调为淡红色,形状为不规则片状,纹理稍显粗糙,地域分布具有一定的规律性,多分布于山脚下、城镇边郊等有人口居住的平地。

④林地。色调多为鲜红色,其随着郁闭度的增大,颜色也逐渐加深,形状为不规则形状,纹理粗糙、不均匀,地域分布规律,多分布于丘陵或山地。

⑤城镇建设用地。色调为灰蓝色,形状为不规则片状,纹理粗糙、不均匀,地域分布具有一定的规律性,多分布于平地。

⑥沙滩。色调为白色,形状为不规则片状,纹理均匀、平滑,地域分布规律,多分布于水体边缘。

第三步:判读区划

将本期遥感影像叠加到前期森林资源成果数据库和前期遥感影像上,对比分析,判读区划地类或林相发生变化的图斑。采取一人判读区划,另一人复核的方法。两人判读结果不一致的,采用会审的方式确定遥感判读结果。

变化图斑要填写"判读变化原因",分为建设项目使用林地(代码10)、采伐(代码20)、开垦林地(代码30)、灾害等引起的林地地类或林相变化(代码40),以及可识别的因造林更新等营林活动引起的林地地类或林相变化(50)和其他变化(代码60),用代码填写。

以县为单位对判读区划的变化图斑,按顺序依次编码,并按县(林业局)、乡(场)、村(林班)记录图斑所处的位置等属性因子,形成遥感判读结果,建立森林资源遥感判读数据库。

理论基础

6.1.2 林地遥感影像判读区划

6.1.2.1 森林遥感影像特征

遥感影像反映的是区域内地物的电磁波辐射能量,有明确的物理意义。遥感影像数据中像元亮度值的大小及其变化主要是由地物类型以及所发生的变化引起的。像元亮度值的大小及其变化所反映出的图像局部区域差异构成地物的影像特征。卫星影像的解译是遥感影像理解的重要内容,是对遥感图像上的各种特征进行综合分析、比较、推理和判断,最后提取出所需信息的过程。在卫星影像的解译过程中,无论是目标识别还是分类,特征才是事实上起决定作用的因素。特定的目标总是和相应的特征或特征组合(多特征)相联系的。只有选择合适的特征或特征组合,才能把某一对象与其他目标区别开来。因而,正确区分和界定森林不同类型的遥感影像特征,在森林资源的遥感影像理解与分析中具有重要的意义。

遥感影像特征包括两部分内容:一是物质特征,表征物体成分、结构、形状、大小的空间特征、时间分布以及与环境因素相关性;二是能量特征,是表征物体能量流的成分、结构及特征状态。它蕴藏了时间、波谱(能量谱)、空间结构3方面内容。不同的地物波谱的时间效应和空间效应不同，在影像上的表现形式也有所不同。

对多光谱影像来说，遥感影像解译的重要依据正是遥感影像上的这种变化和差别，即地物反映在各波段通道上的像元值，也就是地物的光谱信息。在遥感成像过程中，由于受传感器、大气状况、区域条件等复杂因素影响，再加上地物自身所表现出来的差异性和相似性、边界的模糊性、以及景观的多样性，往往会产生"同物异谱，异物同谱"现象。相同地物的影像光谱特征常表现出区域差异、季相差异等特征，不同的遥感传感器所记录的影像光谱也同样存在差异；反过来，不同时空尺度的遥感数据有着相对应的应用领域。因此，开展森林资源的遥感信息提取时，必须对调查与监测总体的森林资源背景情况较为了解，同时也必须对森林的光谱特性、空间特征、时相特征、以及传感器波段有较深入的分析和了解，才能准确描述不同森林类型的影像特征，达到有效地提取所需特征信息的目的。

(1) 光谱特性分析

地物的光谱特性既为传感器工作波段的选择提供依据，又是RS数据正确分析和判读的理论基础，同时也可作为利用电子计算机进行数字图像处理和分类时的参考标准。

自然界中的任何地物都具有本身的特有规律，如具有反射、吸收外来的紫外线、可见光、红外线和微波的某些波段的特性；具有发射红外线、微波的特性(都能进行热辐射)；少数地物具有透射电磁波的特性。其中，地物的反射率随入射波长变化而变化的规律，称为地物的反射光谱特性。理论上讲，遥感影像上的光谱响应曲线与利用地面光谱仪测出的标准地物光谱曲线应该一致，同时相同地物应该表现出相同的光谱特性。但由于地物成分和结构的多变性，地物所处环境的复杂性，以及遥感成像中受传感器本身和大气状况的影响，使得影像上的地物光谱响应呈现多重复杂的变化，在不同的时空会显示出不同的特点。

(2) 空间特征分析

地物的各种几何形态为其空间特征，它与物体的空间坐标X、Y、Z密切相关。这种空间特征在遥感影像上由不同的色调表现出来，具体表现为不同的形状、大小、图形、阴影、位置、纹理、布局等，这些构成目视判读的解译标志。

①色调。是地物电磁辐射能量在影像上的模拟记录，在黑白相片上表现为灰阶，在彩色相片上表现为色别与色阶。

②阴影。表现出一种深色调到黑色调的特殊色调，可造成立体感，根据阴影的形状可以判断地物的性质。

③形状。是地物轮廓在影像平面上的投影，需要根据影像比例尺和分辨率具体分析地物形状，注意畸变对形状分析的误导。

④大小。地物的尺寸、面积、体积等在影像上按比例缩小的相似记录。目视解译时，在不同比例尺的影像上能识别的地物是可以估算的。有些情况下可以在影像上量算地物的尺寸。应用这一标志也应注意投影方式和畸变影响。

⑤位置。是指地物之间彼此相互关联关系在影像上的反映。例如，沿海岸分布的滩涂、盐池、沙滩，湖边的芦苇，荒漠中的红柳，火山附近的熔岩，这种由生态和环境因素引起的相互印证的位置关系有时会成为判读的充分条件。此外，许多人为地物如交通设

施、军事目标等都可以根据位置作出判断。

⑥布局。是景观各要素之间，或地物与地物之间相互有一定的依存关系，或人类活动形成的格局反映在影像上形成规律性的展布，如植被分带、不同形态沙丘分布、城市建筑、土地利用等。

⑦图案。是景观地物几何特征随影像比例尺变化在影像上的模型系列。例如，绕山分布的梯田在航片可清晰判读，但在卫星影像上则成为条带状图案。

⑧纹理或质地。纹理是地物影像轮廓内的色调变化频率。点状、粒状、线状、斑状的细部结构以不同的色调呈一定的频率出现，组成轮廓内的影像特征，这常常是解译地物的主要标志。例如，沙漠中的纹理能表现沙丘的形状以及主要风系的风向；岩石纹理或质地能分析岩性。

(3) 时相特征分析

地物的时间特征具有明显的季节性和区域性。同一地区地物的时间特征表现在不同时间地面覆盖类型不同，地面景观发生很大变化。如冬天冰雪覆盖，初春为露土，春夏为植物或树林枝叶覆盖；同一种类型，尤其是植物，随着出芽、生长、茂盛、枯黄的自然生长过程，地物及景观也在发生巨大变化；不同地区，尤其是不同气候带地物自然分布和生长规律差异很大。地物的这种时间特征在图像上以光谱特征及空间特征的变化表现出来，出现卫星成像的时间效应。例如，森林砍伐，随时间变化，砍伐区在扩大，形状发生变化等。因此，根据森林分布的地域性、生长的季节性特点，选择遥感最佳时相对于森林遥感就显得非常必要，以达到强化森林植被信息及其类型的识别，并弱化其他因子干扰的目的。在影响森林植被遥感提取的干扰信息中，与森林交错分布的其他植被、遥感平台及传感器、太阳高度角以及背景土壤等直接影响对遥感最佳时相的选择。目前，森林遥感时相选择的常用方法是根据全国及各省森林类型分布进行森林植被遥感分区，通过对比分析同一区域不同植物的物候历，再参照太阳高度角和土壤光谱噪音对植物光谱的影响来确定。

①包括农作物、牧草资源等在内的各种植物有其特有的光谱反射特性，不同的空间分布和物候，例如，高山草甸、北方草地，以及寒温性针叶林的分布等。选择其与森林植被光谱差异最大的时期是森林植被遥感识别的主要原则和常用依据。

②太阳高度有明显的年变化和日变化，并因纬度而异，它通过多种途径间接地影响地物反射光强度、反射率和反射光谱，从而使地物光谱差异、植被指数及其对植被群体参数的敏感度因太阳高度而变。其中，太阳高度年变化反映在不同季节对植被遥感识别的准确率的影响，其日变化反映在不同的时刻对植被遥感识别的影响。Gilabert(1993)研究表明，红外波段植被反射率随太阳高度的降低有较明显增大；在可见光波段，大气散射对这一规律有明显的干扰。当散射辐射与总辐射的比值小于 0.2 时，可见光反射率随散射辐射比重的增加而迅速上升；该比值大于 0.2 时，可见光反射率对散射辐射很不敏感。

③土壤光谱噪声随森林郁闭度而发生变化。在森林郁闭度较小的地段内，土壤光谱噪声的干扰非常明显，并且因郁闭度而变化。研究表明，各种土壤都有一定的绿度值，只有当植物覆盖度大于 25%~30% 时，才能用绿度识别植物。结合近几年来我国人工造林情况，对幼龄林、疏林地或郁闭度较小的有林地选用适宜的遥感时相尤为关键。

6.1.2.2 影像波段组合

地物在各波段有不同的反射波谱特征信息，在遥感影像上呈现出不同彩色灰度，而且各类型的反射波谱差异不一样。因此基于多波段组合的遥感信息提取是必要的，能大大提高区分不同植被类型的能力。特别是对于森林资源目视解译来说，通常需要选择 3 个波段进行彩色合成，这样就产生了一个波段优化组合选择问题。对于森林资源监测来说，由于其地域广阔及植被丰富等特点，使得多光谱影像在林业上发挥了巨大的作用，因此下面以 TM 影像为例来介绍影像波段优化组合问题。

(1) 波段特征

对于 TM 影像来说，其共有 7 个波段，具体可分为 4 个区段。

①TM1、TM2、TM3 处于可见光区，能反映出植物色素的不同程度。3 个波段中，TM2 记录植物在绿光区反射峰的信息。不过，鉴于反射峰值的大小取决于叶绿素在蓝光和红光区吸收光能的强弱，因此，TM2 不能本质地决定可见光区植物反射波谱特性的叶绿素情况。TM1 和 TM3 记录蓝光区和红光区的信息，由于蓝光在大气中散射强烈，TM1 亮度值受大气状况影响显著；而 TM3 不仅反映了植物叶绿素的信息，而且在秋季植物变色期，还反映出叶红素、叶黄素等色素信息，在遥感信息上，能使不同类型的植被在色彩上出现差异，有利于植被类型的识别。

②TM4 为近红外区。它获取植物强烈反射近红外的信息，且信息强弱与植物的生活力、叶面积指数和生物量等因子相关，对植物叶绿素的差异表现出较强的敏感性。因此，TM4 是反映植被信息的重要波段。

③TM5 和 TM7 属中红外区。两个通道获取的信息对植物叶子中的水分状况有良好的反映。研究表明，在 TM 的 7 个波段中，TM5 记录的光谱信息最为丰富，植被、水体、土壤 3 大类地物波段反射率相差十分明显，是区分森林反射率最理想的波段。此外，TM5 和 TM7 所包含的光谱信息有很大的相似性。

④TM6 属热红外区。由于空间分辨率低，在植被调查、监测中应用很少，一般用于岩石识别和地质探矿等方面。

(2) 波段组合

波段组合的选择遵循两个原则：一是所选波段要物理意义良好并尽量处在不同光区；二是要选择信息量大、相关性小的波段。国内外学者对此研究很多，其主要方法有：最佳指数法、熵和联合熵法、方差—协方差矩阵特征值法等。按 RGB 合成方法，除波段 6 以外的 TM 波段可构成 20 个波段组合。根据施拥军等（2003）利用最佳指数因子法（OIF），对 20 个波段组合进行量化排序的结果，TM 影像的最佳波段组合为 TM1、TM2、TM3 和 TM3、TM4、TM5。同时综合考虑 TM1 亮度值受大气状况影响显著，因此，TM3、TM4、TM5 组合是进行森林植被解译的最佳波段组合方案，也是目前全国森林资源清查所采用的 TM 波段组合，反映出理论与实践的高度一致性。

6.1.2.3 遥感影像解译标志建立

遥感影像特征与实地情况对应的逻辑关系是影像解译的依据。各种地物都有各自特有的逻辑关系,这种逻辑关系在影像上所能够反映和表现地物信息的各种特征称为解译标志,通常又称为判读标志,包括直接解译标志和间接解译标志。其中,直接解译标志有目标地物的大小、形状、阴影、色调、纹理、图形和位置与周围的关系等;间接解译标志是指与地物有内在联系,通过相关分析能够间接反映和表现目标地物信息的遥感影像的各种特征,借助它可推断与目标地物的属性相关的其他现象。解译标志是遥感影像解译的主要标准,通过建立解译标志,能够帮助解译者识别遥感影像上的目标地物。这样不仅减少了野外工作量,节省人力财力,提高效率,而且也提高了解译工作的准确程度和质量。

(1) 解译标志建立的原则与方法

为了有效地对各类地物进行分析判读,依据遥感影像特征和遥感影像判读解译的基本原理,可利用分层分类方法,建立影像解译标志。整个过程应遵循以下原则:遥感信息与地学资料相结合原则;室内解译与专家经验、野外调查相结合原则;综合分析与主导分析相结合原则;地物影像特征差异最大化、特征最清晰化原则;解译标志综合化原则,既要包括影像的色调、形状、大小、阴影等直接特征,也要涵盖纹理、位置布局和活动等间接特征。

遥感影像解译标志的建立采用野外调查与影像分析相结合的方法进行。通过对具体区域内的土地利用背景资料的整理分析,深入细致地了解和掌握研究区地形、地貌、气象、土壤、植被和土地利用等基本情况,在此基础上,结合全国森林资源清查样地资料、森林调查规划设计资料,开展野外踏勘调查,对影像的色调、纹理和形状等特征与野外实地土地利用特征进行比较分析,建立各种地类的遥感影像解译标志;同时,收集有关从影像上无法获取的信息资料,包括基础图件、地形图、土壤图、植被图等,通过专家知识的推理确定各地物类型的界线,作为室内目视解译的依据。

(2) 解译标志建立的过程

解译标志的建立主要有室内预判、采集样点、典型样地调查、建立解译标志、核查与修改等步骤。

①室内预判。室内预判的目的是为了了解调查区概况、地貌类型、土地利用类型及各自时空分布规律。预判时首先应全面观察调查区遥感影像,了解调查区地形地貌特征及地类分布情况,在了解和掌握解译地区概况的基础上,根据解译任务的需要及遥感监测三阶调查的特点,制定统一的分类系统,并选择已知或典型地类先进行室内解译,以已知类型图斑的属性作为样地属性,此过程为室内预判。根据预判结果在计算机上分别将不同地类勾绘出来。预判的正确程度如何必须经过外业核实、建标、检验才能最终确定。对于同一地类不同的类型也应经过进一步的外业调查、内业解译与分析才能了解和掌握其影像特征。

②采集样点。采集样点是在室内预判的基础上进行,样点采集应具有代表性。代表性包括两种内涵:一是代表的种类全,包括该地区非常典型的地貌和难以解译的地类。按照"地貌—植被"的顺序,根据预判的大致情况,结合调查总体区域的自然条件,选择不同地类的样点;二是种类表现的特征全,需要从每一类型中选择出多个典型样点,使它们能包含该地类的所有特征。一个地区典型样点应涵盖不能判定地类的所有不同色调、不同形态、不同结构、不同纹理的影像以及根据专业调查及动态监测所需确定的更细的分类等

级。采集样点需要借助遥感电子数据,遥感图像处理软件或地理信息系统软件,借助上述软件得到样点的经纬度,以便准确地进行实地勘察。

③典型样地调查。典型样地的调查是将影像与其实际地类相结合的过程。带上事先采集样点的经纬度数据、预判区划过的卫星影像、地形图及相关的图面资料,根据事先已布设的样点,用地形图、GPS现地定位,调查并记载已有的全国森林资源清查样地调查资料和所采集样点的地类、地貌因子、地理坐标、类型等信息,并用照相机拍摄现地影像。

④建立解译标志。解译标志建立将外业勾绘在卫星影像上不同地类的图斑在计算机上准确区划出来,并把卫星影像、实地照片、解译标志汇集成该类型的典型解译样片作为其解译标志。将计算机影像特征与实地情况相对照,建立实际类型与计算机影像之间的关系,即可获得不同色调、不同形态、不同纹理、不同地形、地貌等因子所对应的专业要素。根据卫星影像上看到所调查的地类与影像之间的对应关系,获得各地类在影像上的特征,将各地类影像的色调、光泽、质感、几何形状、地形地貌等因子记载下来,建立影像特征与实地情况的对应关系,即目视解泽标志,并形成解译标准。

⑤核查与修改。建立的解译标志还应经过复核检查后才能确定。鉴定的方法是在所有样地中系统抽取15%~20%的样地进行现地调查和利用解译标志室内解译,根据对样地的实测和利用解译标志室内解译的结果进行对比分析,计算解译地类精度,如果正判率达到技术要求(地类95%,荒漠化85%),则解译标志可以用于指导工作;否则进行错判分析,并重新建标或修正原有解译标志。

6.1.2.4 遥感影像目视解译判读

遥感影像目视解译判读是指通过对遥感图像的观察、分析和比较,判断和识别遥感资料所表示的地物的类型、性质,获取其空间分布等的定性信息。

遥感影像的判读,应遵循"先图外、后图内,先整体,后局部,勤对比,多分析"的原则。

(1)"先图外,后图内"

"先图外,后图内"是指遥感影像判读时,首先要了解影像的相关信息,包括以下内容:图像的区域及其所处的地理位置、影像比例尺、影像重叠符号、影像注记和影像灰阶等。

(2)"先整体,后局部"

了解图外相关信息后,再对影像作认真观察,观察应遵循"先整体,后局部"的原则,即对影像作整体的观察,了解各种地理环境要素在空间上的联系,综合分析目标地物与周围环境的关系。有了区域整体概念后,就可以在区域背景与总体特征指导下对具体目标判读,这样可以避免盲目性和减少判读错误。

(3)"勤对比,多分析"

对于"勤对比,多分析"的判读原则,在判读过程中要进行以下对比分析:

①多个波段对比。同一种地物在不同波段往往有不同的反射率,当在不同波段扫描成像时,其色调存在着差异,色调的明暗程度取决于地物在该波段的反射率,若反射率高,影像上的色调浅,反射率低,则色调深,因此,同一种物体在不同波段影像中的色调一般是不同的。地物色调的变化往往造成同一地物在不同波段影像上的差异。这是因为影像色调差异是构成物体形状特征的基础。如同一目标地物,在一个波段,色调与背景反差大,

地物边界形状清晰，其形状特征明显，但在另一个波段，色调与边界色调反差很小，有些地方甚至用肉眼难以区分，在这种情况下，地物边界形状难以辨认，由此导致了同一地物在不同波段上的灰度与形状的差异表现，对比不同波段消除不同地物在同一个波段的"同谱异质"现象，可有效地防止误判。

②不同时相对比。同一地物在不同季节成像时，即使采用同一波段，影像也会存在色调的差异。如在温带与亚热带地区，一年四季太阳辐射不同，降水量不同，直接影响植被和土壤在扫描影像上的色调与形状的构象。不同时相对比，可以了解地物在不同季节的变化规律，也可以通过不同时相对比来选取最好的解译时相。

③不同地物的对比。在同一波段影像上，不同地物类型的色调或形状存在着差异。通过不同地物的对比，可以将它们区分开来，这也是建立判读标志的重要依据。

影像判读过程中的"多分析"是指以一个解译标志为主，多方面综合运用其他解译标志，对遥感影像进行综合分析，特别是色调和颜色的运用。

拓展训练

收集某林场的无人机遥感影像，分析各林地地类影像特征，对林地地类进行目视解译判读；基于面向对象方法对影像进行分类，提交两种方法分类结果图，并比较分析两种方法精度高低及适用方式。

任务6.2 森林资源管理"一张图"档案数据库建立与更新

任务描述

建立基于空间数据库的森林资源档案动态管理机制。以前期森林资源管理"一张图"为基础，将造林更新、采伐、森林抚育等森林经营活动，建设项目使用林地、土地整理、开垦林地等非森林经营活动，以及自然灾害等导致森林资源变化情况，确定边界，并记录有关活动、森林资源变化等属性信息，形成基于GIS的森林资源档案信息数据库。

任务目标

（一）知识目标
1. 深刻理解森林资源管理"一张图"更新的目的。
2. 明确森林资源管理"一张图"年度更新的内容。

（二）能力目标
1. 能够理解森林资源管理"一张图"年度更新的任务。
2. 能够学会森林资源变化调查的内容。
3. 掌握森林资源管理"一张图"年度更新的内容。
4. 能够基于GIS进行森林资源管理"一张图"档案数据库建立与更新。

（三）素质目标

1. 能够运用新技术新方法建立森林资源档案数据库，保护绿水青山，践行"绿水青山就是金山银山"的经营理念。

2. 团结协作，有效沟通，无私奉献的品格。

实践操作

6.2.1 森林资源管理"一张图"年度更新过程与要点分析

第一步：森林资源变化档案记载

建立基于空间数据库的森林资源档案动态管理机制。以前期森林资源管理"一张图"为基础，将造林更新、采伐、森林抚育等森林经营活动，建设项目使用林地、土地整理、开垦林地等非森林经营活动，以及自然灾害等导致森林资源变化情况，确定边界，并记录有关活动、森林资源变化等属性信息，形成基于GIS的森林资源档案信息数据库。

第二步：遥感监测

应用遥感技术监测林地及森林变化地块。采集调查年度最新遥感影像数据，经加工处理制作正射遥感影像图，通过对照前期森林资源管理"一张图"和前期遥感影像，判读勾绘地类和林相变化图斑，重点判读林地范围内新增的建设用地、耕地、采伐迹地等图斑，形成以县级单位为调查基本单位的遥感判读数据库。

第三步：森林资源变化调查

核实调查森林资源变化情况。以前期森林资源管理"一张图"为基础，利用遥感判读数据库，采用档案核实或现地核实的方法，调查年度内建设项目使用林地、开垦林地，以及造林更新、采伐等森林经营活动引起的地类、林分及其管理属性变化情况。全面掌握国家级公益林范围变化、森林资源变化等情况。重点查清林地范围内出现的建设用地、耕地、伐区及新增林地和森林情况。

第四步：森林督查

以本年度的森林资源遥感判读变化图斑为督查线索，与前期森林资源管理"一张图"和森林资源档案等有关资料进行内业核实，并结合必要的现地核实，核实所有图斑变化原因，重点查清建设项目使用林地、土地整理和毁林开垦等违法违规改变林地用途情况，以及违法违规采伐林木情况，建立森林督查数据库。遥感判读变化图斑外发现的破坏森林资源问题，应纳入本年度的森林督查范围。

第五步：成果数据库更新

以县级单位前期森林资源管理"一张图"数据库为基础，根据遥感判读结果、森林资源档案核实和必要的现地核实结果，形成调查年度森林资源变化数据库、森林资源现状数据库。

第六步：成果统计汇总

以县级单位为调查基本单位，基于调查年度森林资源变化数据库和森林资源现状数据库，编制县级森林资源年度更新统计表；逐级集成汇总，形成省级、国家级森林资源现状数据库和森林资源变化数据库，编制省级、国家级森林资源年度更新统计表和成果报告。

在森林资源管理"一张图"年度更新过程中，同步完成县级森林督查数据库并形成县级统计表和成果报告，逐级汇总形成省级、国家级森林督查数据库、统计表和成果报告。

 理论基础

6.2.2 森林资源管理"一张图"更新方法

调查监测森林资源现状和动态变化情况，按年度更新森林资源管理"一张图"，及时掌握森林资源保护利用现状及其消长变化，全面掌握违法违规破坏森林资源情况，推进森林资源常态化、动态化、规范化管理，为森林资源保护管理及生态文明建设重大决策提供科学依据。

森林资源管理"一张图"年度更新时点原则为更新年度的12月31日。森林督查应根据实际破坏森林资源情况向前追溯和向后延伸。

调查基本单位以县级单位为调查基本单位，东北、内蒙古重点国有林区以国有林业经营单位为调查基本单位。自然保护地、国有林场、经济开发区等国有企事业单位是否作为独立的调查单位，由省级林业和草原主管部门确定。

6.2.2.1 森林资源档案资料处理

(1) 资料收集

①建设项目使用林地可行性报告以及相关审核审批资料和设计图，可能引起林地范围变化的其他规划实施的相关资料。

②森林分类区划界定成果(图)、林地权属发生变化的证明材料、营造林等林业工程建设项目实施资料等管理属性变化的相关资料，以及自然保护地相关界线等。

③人工造林、人工更新和封山育林、飞播造林等造林设计(图)、验收及检查等资料，以及其他可能引起林地和森林变化的林业工程建设的设计(图)和验收资料。

④引起森林资源变化的主伐、抚育、低产(效)林改造、更新采伐等林木采伐设计(图)和验收资料。

⑤引起林地利用状况(地类)变化的破坏森林资源案件卷宗和相关勘查资料。

⑥森林火灾、地质灾害、病虫害等灾害调查资料。

⑦其他能证明林地范围变化、森林变化和管理属性变化的材料。

(2) 资料处理

①纸质档案数字化。可根据档案资料的管理方式及技术条件，采用不同方法，将林业经营管理纸质档案记录的图斑矢量化处理，形成电子数据，并转录有关信息。

②电子档案处理。对于电子档案资料，将电子档案资料的地图投影和坐标系、比例尺和精度等，采用投影转换和坐标转换的方法统一到规程要求的投影坐标系下，形成统一标准的电子档案资料数据库。

③建立森林资源档案数据库要求。其中，建设项目使用林地档案数据库结构至少应包含项目名称(C, 50)、审核(批)文号(C, 50)、审核(批)面积(N, 10, 4)等字段；林木采伐审批档案数据库至少应包含伐区名称(C, 50)或林木采伐许可证号(C, 50)、发证面积(N, 10, 4)、发证蓄积(N, 10, 1)等字段。

6.2.2.2 遥感监测

(1) 建立判读标志库

建立遥感判读标志有以下两种方法。

①野外建标。以遥感影像景幅为单位，选择若干条能覆盖调查区域内各地类、色调齐全且有代表性的勘察线路进行实地踏查，将遥感影像特征与实地进行对照，记录各地类影像的色调、纹理、大小、几何形状、地形地貌及地理位置(包括地名)等因素，拍摄地面实况照片，形成遥感特征与现地关联的感性认识，建立判读类型与现地的对应关系，即目视判读标志。

②室内建标。将遥感影像与森林资源现状数据库进行叠加分析，选择前后期遥感影像特征没有变化的区域，与森林资源数据库记录的不同地类图斑进行对照分析，形成各地类与遥感影像特征的对应关系；分析前后期遥感影像特征发生显著变化的情况，判别现地发生变化的情形，形成地类变化的目视判读标志。已经建立完整判读标志的，可以直接采用。逐年累积，形成判读标志库。判读标志库应记录时间、地点、坐标，遥感影像获取时间、传感器、波段组合等相关信息。

(2) 遥感判读勾绘

将本期遥感影像叠加到前期森林资源成果数据库和前期遥感影像上，对比分析，判读勾绘地类或林相发生变化的图斑。

采取一人判读勾绘，另一人复核的方法。两人判读结果不一致的，采用会审的方式确定遥感判读结果。变化图斑要填写"判读变化原因"，分为建设项目使用林地(代码10)、采伐(代码20)、开垦林地(代码30)、灾害等引起的林地地类或林相变化(代码40)，以及可识别的因造林更新等营林活动引起的林地地类或林相变化(50)和其他变化(代码60)，用代码填写。

以县为单位对判读勾绘的变化图斑，按顺序依次编码，并按县(林业局)、乡(场)、村(林班)记录图斑所处的位置等属性因子，形成遥感判读结果，建立森林资源遥感判读数据库。

6.2.2.3 森林资源变化调查

(1) 林地范围变化调查

①新增林地。包括因营造林等林业工程建设，通道绿化、农田林网建设等各类植树造林，封山育林、滩涂围垦造林等增加的林地，及经县级以上人民政府批准的规划调整实施后变为林地的。新增林地的地类，按现状进行调查确认，调查记载相关因子。由于种植结构调整农民在耕地上种植林木、建设用地绿化等使土地用途发生改变的情况，按现状调查确认地类，"土地管理类型"属性为"按非林地管理"。

②减少林地。主要是指经批准建设项目使用林地、经批准土地整理使用宜林地以及县

级以上人民政府批准调减林地等。

③经批准实施的县级林地。保护利用规划和森林资源管理"一张图"中落实的林地边界和范围是林地管理的法定界线，未经批准不得变动。确属原林地保护利用规划林地落界错误需要调整林地界线的，须按林地保护利用规划审批程序批准后，再进行调整修改。变为有林地、灌木林地、未成林造林地等新增的林地，实施退耕还林等林业工程新增的林地，及林地保护利用规划或空间规划等已规划为林地的，且"土地管理类型"属性为"按林地管理"，未经批准，不得擅自变更为建设用地等非林地。

④未经审核审批的建设项目使用林地、开垦林地的，仍然保留在林地范围内。

(2) 林地地类变化调查

①新增森林地块。由非森林的地类转为有林地或国家特别规定灌木林地的地块。

②减少森林地块。由有林地或国家特别规定灌木林地转为非森林的地块。

③其他林地地类变化的地块。包括疏林地、其他灌木林地、未成林造林地、苗圃地、无立木林地、宜林地、林业辅助生产用地等地类之间变化的林地地块。

④其他应记载为无立木林地的地块。建设项目临时使用林地的地块，毁林开垦种植农作物的地块，仍属于林地范围。地震、塌方、泥石流等自然灾害，导致林业生产条件完全丧失的林地地块，在规划调整前也属林地范围。

⑤违法违规采伐、不改变林地性质的，如实记载地类变化。

(3) 管理属性变更调查

①林地权属。包括国有和集体所有权之间的变更，以及国有、集体、个人和其他等林地使用权之间的变更，依据有关权属证明核实确认。

②森林类别。国家级公益林地、地方公益林地和商品林地之间的变更，依据经批准的森林分类区划界定成果或调整批准文件。

③林种。按防护林、特种用途林、用材林、经济林和能源林进行变更调查，核实确认记载到亚林种。

④事权等级、林地保护等级。对事权等级、林地保护等级等变化情况进行变更调查。不得随意改变国家公园、自然保护地、森林公园、重点国有林区、国有林场，以及重点生态工程、公益林、林地保护等级等的范围和界线。上述范围和界线变化，应依据经批准的林地保护利用规划调整或修编、公益林区划界定调整、自然保护地等范围调整的批文和批准结果进行更新。

(4) 自然属性变化调查

对于龄组、郁闭度、优势树种、平均胸径、每公顷蓄积量等林分自然属性，根据实际情况进行更新。

林木起源不得随意变更。确有必要时对林木起源进行变更的，须核实确认并提供充足依据，方可进行变更。对于地类没有发生变化的，原则上不得改变林木起源。

(5) 变化图斑核实调查

①遥感判读变化图斑与森林资源档案记录变化图斑的位置、范围、信息对应的，确认为变化图斑，根据档案信息、资源数据库、基础地理数据等资料转录记载相关因子。

②遥感判读变化图斑与森林资源档案记录变化图斑不对应的，应进行现地核实调查，

现地调查是否发生变化及变化情况,并根据现地调查记录有关因子,转录相关数据库未发生变化的属性因子。

③建设项目使用林地、采伐、开垦林地,需要相关审批材料进行内业核实和外业核实。

④补充图斑核实调查。在遥感判读变化图斑外发现的地类和林相发生变化的地块,应根据实际情况补充勾绘图斑,纳入森林资源管理"一张图"年度更新范围,属于破坏森林资源问题的,纳入森林督查数据库。

⑤判读变化原因为灾害等引起的林地地类或林相变化、可识别的因造林更新等营林活动引起的林地地类或林相变化、其他变化的图斑,经核实属于破坏森林资源问题的,同时纳入森林督查数据库。

⑥变化图斑只是督查线索,建设项目使用林地、土地整理、毁林开垦等违法违规改变林地用途和毁林造林、采伐林木情况以督查时实际发生的破坏森林资源问题为准,应向前追溯和向后延伸,根据现地情况修订完善原变化图斑和补充图斑,纳入督查范围。其中向前追溯和向后延伸的部分在森林督查中单独增加区划图斑。填写森林资源变化图斑现地核实表,见表6-2。

表 6-2 森林资源变化图斑现地核实表

省(自治区、直辖市):_____ 县(市、区、旗、局):_____

判读图斑编号	乡	村	小班号	横坐标	纵坐标	判读面积	前地类	现地类	土地利用现状地类	判读变化原因	变化原因	备注
1	2	3	4	5	6	7	8	9	10	11	12	13

检查单位名称:_____ 检查人员:_____ 检查日期:____年____月____日

(6) 成果数据库建立与更新

①森林资源数据库更新。以前期森林资源管理"一张图"数据库为基础,按调查基本单位,采用人机交互的方式,对前期空间图斑和属性数据进行更新,生成本年度县级森林资源现状数据库;再逐级汇总形成省级、国家级森林资源现状数据库。有最新"二类"调查成果的省,可以最新"二类"调查成果为基础,融合森林资源管理"一张图"中的规划、管理等信息,整合国家级公益林区划落界等成果,再进行森林资源年度更新。已完成森林资源更新的省,以本省上一期森林资源更新成果为本底,按照森林资源管理"一张图"年度更新要求进行更新。对地类无变化的图斑,且无最新二类调查资料的,采用林分生长模型,结合森林经营措施,更新图斑林分定量因子。

②森林资源数据库检查。森林资源数据库检查包括以下内容。

a. 变化图斑检查。包括遥感判读的森林资源变化图斑核实情况、是否变更到森林资源现状数据库和森林资源变化数据库,是否记载到森林督查数据库,森林资源变化图斑边界与影像的吻合程度，是否存在漏划、错划图斑，面积求算是否准确、面积单位是否正确等。

b. 数据库检查。包括矢量数据拓扑关系、图形数据与属性数据关联性、属性因子完整性和正确性等。

c. 管理属性检查。对比前期森林资源现状数据库，检查国家级公益林地、林地保护等级、林木起源等有无不合理突变问题，是否存在擅自调整林地边界和范围的问题。

根据问题导向，重点检查森林督查关注的建设项目使用林地、开垦林地、采伐、人为调查因素等导致的变化图斑。

③建立森林资源变化数据库。根据森林资源更新调查，建立调查年度森林资源变化数据库（表6-3）。

表 6-3 森林资源变化数据库属性结构表

编号	字段名	中文名	数据类型	长度	小数位	备注
1	BHTB_NO	变化图斑编号	整型	6		
2	SHENG	省（自治区、直辖市）	字符串	2		
3	XIAN	县（市、旗）	字符串	6		
4	XIANG	乡	字符串	3		
5	CUN	村（营林区）	字符串	3		
6	LIN_YE_JU	林业局（场）	字符串	6		
7	LIN_CHANG	林场（分场）	字符串	3		
8	LIN_BAN	林班	字符串	4		
9	XIAOBAN	图斑（小班）	字符串	5		
10	BH_MIAN_JI	变化面积	双精度	18	4	
11	XZ_LD_QS	土地权属	字符串	2		
12	XZ_DI_LEI	现状地类	字符串	5		
13	XZ_L_Z	林种	字符串	4		
14	QI_YUAN	起源	字符串	2		
15	LING_ZU	龄组	字符串	1		
16	SEN_LIN_LB	森林类别	字符串	3		
17	SHI_QUAN_D	事权等级	字符串	1		
18	GJGYL_BHDJ	国家公益林保护等级	字符串	1		
19	YU_BI_DU	郁闭度/覆盖度	浮点型	6	2	
20	YOU_SHI_SZ	优势树种（组）	字符串	6		
21	HUO_LMGQXJ	每公顷蓄积量（活立木）	双精度	12		
22	GQ_ZS	每公顷株数	整型	5		

(续)

编号	字段名	中文名	数据类型	长度	小数位	备注
23	BH_DJ	林地保护等级	字符串	1		
24	TDSYQS	土地使用权属	字符型	2		
25	GLLX	土地管理类型	字符串	2		
26	BHYY	变化原因	字符串	3		
27	BHND	变化年度	字符串	4		
28	BGYJ	变更依据	字符串	2		
29	Q_LD_QS	前期土地权属	字符串	2		
30	Q_DI_LEI	前期地类	字符串	5		
31	Q_L_Z	前期林种	字符串	3		
32	Q_QI_YUAN	前期起源	字符串	2		
33	Q_LING_ZU	前期龄组	字符串	1		
34	Q_SEN_L_LB	前期森林类别	字符串	3		
35	Q_SHI_QU_D	前期事权等级	字符串	2		
36	Q_GJGYL_DJ	前期国家公益林保护等级	字符串	1		
37	Q_YBD	前期郁闭度/覆盖度	浮点型	6	2	
38	Q_YSSZ	前期优势树种(组)	字符串	6		
39	Q_HLMXJ	前期每公顷蓄积(活立木)	双精度	12		
40	Q_GQ_ZS	前期每公顷株数	整型	5		
41	Q_BH_DJ	前期林地保护等级	字符串	1		
42	Q_TDSYQS	前期土地使用权属	字符型	2		
43	BEIZHU	备注	字符串	100		

6.2.2.4 成果统计汇总

(1) 数据库

包括森林资源现状数据库(.shp 或 .gdb 格式);森林资源变化数据库(.shp 或 .gdb 格式);资源遥感判读数据库(.shp 或 .gdb 格式);森林督查数据库(.shp 或 .gdb 格式);行政界线(含村界)发生变化的,提交最新行政界线数据库(.shp 或 .gdb 格式);其他数据库(.shp 或 .gdb 格式),包括自然保护区、森林公园、湿地公园、风景名胜区、地质公园、海洋公园、世界自然遗产地、国际重要湿地等。

(2) 统计表

①森林督查统计。以森林督查数据库为基础,按调查基本单位进行统计。省级以县级为单位、国家以省级为单位,逐级统计汇总。应保证"图数表一致",统计报表表内、表间逻辑关系正确。格式为 .xls/.xlsx 电子表格,包括表6-4中所列统计表。

表 6-4 森林督查统计表

项目	内容	表　名
判读验证		判读图斑现地验证核实情况统计表
改变用途	改变林地用途	改变林地用途项目统计表
		改变林地用途项目按项目用途统计表
		改变林地用途项目按使用林地性质统计表
	违法违规改变	违法违规改变林地用途项目分地类、森林类别统计表
		违法违规改变国家级公益林地分地类、项目类型统计表
		自然保护地内违法违规改变林地用途项目按自然保护地级别及类型统计表
		自然保护地内违法违规改变林地用途项目按项目类型及自然保护地类型统计表
		自然保护地内违法违规改变林地用途项目按项目类型及使用林地性质统计表
		违法违规改变林地用途项目一览表
林木	采伐	林木采伐情况统计表
	乱砍滥伐	违法违规采伐林木伐区一览表

②年度更新统计。以调查年度森林资源现状数据库和森林资源变化数据库为基础，按调查基本单位进行统计，县级以乡级为单位、省级以县级为单位、国家以省级为单位，逐级统计汇总。应保证"图数表一致"，统计报表表内、表间逻辑关系正确。格式为.xls/.xlsx 电子表格。

(3) 数据库字典代码表

以省级为单位提交数据库字典代码表，字典代码表中应包含所有数据库中代码对应的标准名称，以 .xls/.xlsx 电子表格格式提交。

(4) 文字成果

分别县级、省级和国家级编制森林督查报告和森林资源管理"一张图"年度更新报告。

森林督查报告内容主要包括：检查工作开展情况、森林资源管理基本情况，主要检查结果，对检查结果的分析评价，开展森林督查的做法和成效，森林资源保护管理典型做法和成功经验，存在问题，以及对森林资源保护管理工作的建议等，上一次检查发现问题的移交、查处和整改情况，以及违法违规项目（伐区）说明。

森林资源管理"一张图"年度更新报告内容：主要包括工作开展情况简述、林地和森林资源现状分析（包括林业分类标准和国土三调标准两方面及差异）、林地和森林资源变化分析（包括地类、权属、起源、森林类别、林地保护等级等）、主要地类变化原因分析、国家级公益林变化及变化原因分析、采取的森林资源保护发展经验和有效措施、存在问题与政策措施建议等。

县级、省级、国家级报告，均以电子文档 .doc/.docx 格式提交。命名规则：县名_森林督查（或森林资源更新）成果报告_调查年度；省名_森林督查（或森林资源更新）成果报告_调查年度；全国森林督查（或森林资源更新）成果报告_调查年度。

6.2.2.5 成果检查

实行成果质量分级管控制度，采取县级自查、省级复查和国家级核查的质量分级管控措施。

(1) 组织方式

①县级自查由县级林业和草原主管部门组织，负责本单位的森林督查和森林资源管理"一张图"年度更新成果质量检查。

②省级复查由省级林业和草原主管部门组织，负责本省各县级单位森林督查和森林资源管理"一张图"年度更新成果质量检查，编制省级质量检查报告。

③国家林业和草原局组织各直属院，对省级林业和草原主管部门报送的成果进行质量检查，形成国家级质量检查报告。

(2) 检查方法

采用遥感影像结合现地检查方式，对年度森林资源更新成果进行检查，上一级单位对下一级自查结果进行内业检查，根据内业质量检查情况，抽取部分区域进行现地核实，将检查发现的问题反馈给调查组织单位。调查组织单位对相应数据库修改完善后，再次提交检查，直至检查合格后，方可对数据库成果进行验收。数据库成果通过验收后，对统计表和成果报告进行检查验收。

对于森林督查关注的建设占用林地、开垦林地、采伐等遥感监测判读的疑似变化图斑，省级组织全面自查。在对照工程建设项目使用林地可行性报告和使用林地现状图等相关审核审批资料，以及林木采伐设计和验收等有关资料后，确认与判读情况相符的图斑，可根据相关资料填写森林督查核实因子；不相符或有疑问的图斑应进行现地核实调查，查清实际情况。

国家级核查，要对省级林业和草原主管部门报送的成果进行质量检查，同时选择重点区域进行现地复核。现地复核重点抽查遥感影像特征变化明显但没更新的图斑、变化原因为调查因素或无变化、变化原因与影像特征明显不一致的变化图斑。

(3) 检查数量

①县级自查。对森林资源现状数据库、森林资源变化数据库及森林督查数据库进行全面自查。

②省级复查。对森林资源现状数据库、森林资源变化数据库、森林督查数据库内业进行全面检查。森林资源管理"一张图"年度更新外业抽查比例视内业检查情况确定，一般抽取比例为地类变化图斑总数的2%~3%，重点检查遥感影像特征变化明显，但未变更的图斑。森林督查外业抽查比例由各省根据内业检查情况自行确定。

③国家级核查。每省抽取的县级单位数量不少于全省县级单位数量的10%，另再抽取1~3个未上报自查结果和"零"违法项目上报的县级单位作为森林督查核查单位。对工程建设使用林地、采伐、开垦林地（土地整理和毁林开垦）的变化图斑复核。每县抽取不少于10个自查结果与判读情况面积差异较大的典型图斑。选择重点区域进行现地复核，现地复核重点抽查遥感影像变化特征变化明显但没有更新的图斑、变化原因为调查因素或无变化的遥感判读图斑。对林地和森林增长、管理属性的检查。重点抽查因造林更新、自然因

索引起有关地类转为未成林地、有林地的图斑，林地保护等级、林木起源、林地范围调整的图斑。现地核查抽取比例根据判读变化图斑与森林资源档案不一致的情况具体确定，总体要求抽取比例不低于遥感判读变化图斑与森林资源档案不一致总图斑数量的5‰，或每类情况不少于5个图斑进行室内档案复核，室内档案无法准确复核的，开展现地检查核实。国家级公益林变化图斑抽取数量按《国家级公益林监测评价实施方案》的规定抽取。对发现疑似"突出问题"的，可视情况调用县级人民政府盖章确认的最早林地"一张图"成果、2018年完成的国家级公益林落界成果进行检查核实。对成果数据库的矢量数据拓扑关系、图形数据与属性数据关联性、属性因子完整性等进行全面内业检查。

（4）质量评定

①森林资源变化数据库。图斑的空间拓扑关系、属性数据逻辑性、图斑和属性数据的关联性等检查项目完全合格的为合格，有一项不合格的，则为不合格。变化图斑中问题图斑数小于检查图斑总数的5%为合格，否则为不合格。

②森林资源现状数据库。数据的空间拓扑和属性数据逻辑性检查完全合格则为合格，否则为不合格。

③森林资源变化数据库与森林资源现状数据库的有效衔接。变化图斑均更新到森林资源现状数据库中的为合格，否则为不合格。

④森林督查数据库。通过森林督查信息管理系统的逻辑检查，超过最小图斑标准的森林督查变化图斑更新到森林资源现状数据库和变化数据库中为合格，否则为不合格。

拓展训练

收集某林场的遥感影像判读区划图，建立其森林资源图形数据库并进行拓扑关系检查与编辑，建立其属性数据库并进行完整性检查修改，属性数据库与图形数据库连接检查编辑，建立该林场森林资源管理"一张图"档案数据库，最后进行成果表格统计与成果文字报告编辑工作。

自测题

简答题

1. 什么是地物光谱特性？
2. 如何进行森林遥感影像的判读区划工作？
3. 如何选择合适的森林资源监测遥感影像？
4. 什么是拓扑关系？
5. 如何进行森林资源管理"一张图"档案数据库的建立与更新工作？
6. 如何理解森林资源管理"一张图"的内涵？

模块三

森林资源管理综合能力运用

森林资源管理综合能力运用模块将理论知识与实践技能有机结合，将知识点、技能点项目化，以培养学生适应国家生态文明建设的发展步伐，掌握国家"简政放权、放管结合、优化服务"的林业事业改革的政策要求为主要目的，共设4个教学项目。4个教学项目是根据林业事业改革发展工作中的实际情况，按照森林资源实务管理、森林收获调整、森林经营方案编制和森林资源资产评估来设置，真正实现教、学、做一体化。

项目 7　森林资源实务管理

根据《中华人民共和国森林法》和《中华人民共和国森林法实施细则》(以下简称《森林法实施细则》)的规定，林地资源和林木资源是森林资源的重要组成部分，是开展林业生产必不可少的物质基础之一，必须加强管理。既要坚决遏制林地资源的非法流失，防止一切滥用林地的现象发生，又要求林业主管部门和有关国家机关依据国家的法律、法规和政策，加强对木材的收购、销售和加工活动的林木经营管理。本项目有林权登记的报批、占用征用林地的报批、森林采伐限额的审批、林木采伐许可证的申请办理 4 项任务。

知识目标

1. 熟悉森林采伐限额、森林采伐许可证核发的条件。
2. 熟悉占用征用林地和林地流转需要提供的材料。
3. 掌握林权登记发证的范围和林地流转的程序。
4. 掌握占用征用林地报批的办理流程。
5. 掌握森林采伐限额的制定及审批手续的办理流程。
6. 掌握森林采伐许可证的申请办理流程。

能力目标

1. 能分别完成林权证的初始登记、变更登记和注销登记工作。
2. 能完成占用征用林地的上报及审批工作。
3. 能完成森林采伐限额的审批工作。
4. 能完成森林采伐许可证的申请办理工作。

素质目标

1. 培养学生牢固树立绿水青山就是金山银山的理念。
2. 培养学生诚实守信、爱国担当的公民意识。
3. 培养学生科学严谨、实事求是的工作态度。

任务 7.1 林权登记报批

任务描述

林地所有人响应国家的生态文明战略,在自家林地上种植树木,现申请办理林权证,请根据国家法律、法规和政策,分析确定该任务是否符合办证条件,按照报批的流程,组织完成各项报批工作。每人提交一份办理林权证的工作报告。

任务目标

(一)能力目标
1. 能在接到任务后判断是否符合办理林权证的条件。
2. 能够按照要求准确提交办理林权证所需材料。
3. 能够完成外业勘验工作。
(二)知识目标
1. 熟悉林地和林地权属的分类。
2. 掌握林权登记发证的范围。
3. 掌握林地流转的程序。
(三)素质目标
1. 具备爱岗敬业、诚实守信的职业素质。
2. 培养学生热爱祖国一草一木的情怀。

实践操作

7.1.1 林权登记报批的过程与要点分析

第一步：申请登记

国家所有、集体所有的林地和个人使用的林地,凡符合法定条件的,均可以向县级以上人民政府林业行政主管部门提出申请。林权所有权单位签署意见,核对清册,确认山界、公布四至。

第二步：外业勘验

由乡(镇)林业站组织专业技术人员对提交材料清单现地勘测校验进行初审,乡(镇)人民政府复审,并报送县级以上林业主管部门。

第三步：出榜公示

县级以上林业主管部门对林权登记内容进行公示。

第四步：成图签字盖章

根据公示结果,按照申请中提交的清单和勘验数据,形成图面材料,签订合同,报请县(区)林权管理中心审核,县(区)人民政府审批。

第五步:发放林权证

县(区)人民政府核定发放林权证。

第六步:统计汇总、总结、上报

县(区)人民政府核定发放林权证后,进行材料归档、汇总。总结该地区林权登记情况,上报上级林业主管部门。县级以上林业主管部门(登记机关)应当配备专(兼)职人员和必要的设施,建立林权登记档案。登记机关应当公开登记档案,并接受公众查询。

理论基础

7.1.2 林权登记报批

7.1.2.1 林地管理概述

林地是开展林业生产必不可少的物质基础之一。根据《森林法》和《森林法实施细则》的规定,林地是森林资源不可分割的重要组成部分,必须加强管理。

(1)林地管理内容

林地管理的主要目的是坚决遏制林地资源的非法流失,防止一切滥用林地的现象发生。林地管理的主要内容包括:

①基础管理。包括林地调查、林地统计、林权登记发证建档、法规制度建设等。

②权属管理。包括权属调查、权属变更调查登记、调处权属争议等。

③开发利用监督。包括林地利用规划、计划、开发利用设计等的审查,占用征用林地管理及林地变化情况的检查监督等。

(2)林地管理职责

为了进一步加强林地资源的管理,县级以上林业主管部门负责对本行政区域内林地的管理和监督。其主要职责:

①宣传、贯彻、执行国家有关林地保护管理的法律、法规、规章和政策。

②负责林地的调查、统计,监测消长变化,负责林地保护和开发利用规划的制定并监督实施。

③负责林地权属登记、变更和林地地籍管理。

④依法办理征用、占用林地有关事宜,对林地补偿费、林木补偿费、安置补助费、森林植被恢复费的收取和使用进行管理和监督。

⑤监督检查林地保护、管理和利用情况,并协调解决有关问题。

⑥负责查处非法侵占、破坏林地和违法使用林地的行政案件,制止破坏林地的违法行为。

⑦负责国有林地资产管理的日常工作,依法对有偿使用的国有林地实行管理和监督。

7.1.2.2 林地权属管理

林地权属管理是指各级林业主管部门依照国家法律、法规和政策,对森林、林木和林地的保护、利用、归属等实行组织、协调、控制、监督等活动,维护其所有者、使用者的合法权益,调整林地关系,合理利用林地资源。林地权属管理是林地管理的基础。由于林业生产周期长,安全、稳定的林权政策是林业发展的基本保障。因此,我国规定了明确的林地权属政策。

(1)林地权属的类别和特征

①林地权属的类别。林地权属是指林地的所有权和使用权。我国《中华人民共和国民法通则》的规定,财产所有权是指所有人依法对自己的财产享有占有、使用、收益和处分的权利。根据我国《中华人民共和国宪法》《森林法》等有关规定,我国林地的所有权分国家所有权和集体所有权两种形式。我国《宪法》第九条明确规定:"矿藏、水流、森林、山岭、草原、荒地、滩涂等自然资源,都属于国家所有,即全民所有;由法律规定属于集体所有的森林和山岭、草原、荒地、滩涂除外。"我国《森林法》第十四条规定:"森林资源属于国家所有,由法律规定属于集体所有的除外。"根据《宪法》《森林法》的规定,法律规定属于集体所有的森林、林木、林地,属于集体所有。集体所有的林地包括:根据《中华人民共和国土地改革法》分配给农民个人所有后经过农业合作化使其转化为集体所有的林地;在20世纪60年代"四固定"时期确定给农村集体经济组织的林地;在林业"三定"时期部分地区将国有林划给农村集体经济组织,并由当地人民政府核发了林权证的林地。

我国《民法通则》的规定,财产使用权是指使用者依法对他人财产拥有的限制性的占有、使用、收益和处分的权利。根据我国《宪法》《民法通则》《土地管理法》和《森林法》等有关规定,我国林地使用权由多种形式,主要有以下几种:一是国有林地由国有单位使用,该单位依法享有所使用的林地的占有、使用、收益和部分处分的权利,但不拥有所有权;二是国有林地,由集体以合法的形式取得使用权,如采取联营、承包、租赁等形式获得林地的使用权;三是集体林地由国有林业单位使用,该单位没有所有权,但依法拥有使用权;四是公民、法人或其他经济组织以承包、租赁、转让等形式依法获得国有或集体所有林地的使用权,但不拥有所有权。随着改革开放的深入和林地利用形式的多样化,林地使用权形式也将趋向多样化。

②林地权属的特征。林地权属具有以下法律特征。

a. 林地属于生产资料。生产资料所有制是社会经济基础的核心。在我国,作为林业生产资料的林地属于国家或集体所有,任何单位或个人不得侵犯国家或集体的林地所有权。任何个人不得把国家所有的林地随意划归集体或个人所有,也不得把集体所有的林地划归个人所有。

b. 林地是可分物。可分物是指分开以后并不影响也不改变其固有属性的所有物。林地可依照有关规定进行分割。如发生林权争议时,可根据有关法律规定,将林地划分归不同的当事人所有或使用。

c. 林地属于限制流转物。限制流转物是指在其所有权转移时必须遵守有关法律法规特别限制规定的所有物。根据有关法律的规定,国有林地和集体林地不得买卖或违法转让。进行各项工程必须占用或征用林地的,必须按法定程序办理建设用地审批手续。林地的权属如果发生改变,应当依法办理相应的变更登记手续等。

(2)林地权属的保护

我国《森林法》第十五条规定:"林地和林地上的森林、林木的所有权、使用权,由不动产登记机构统一登记造册，核发证书。国务院确定的国家重点林区的森林、林木和林地，由国务院自然资源主管部门负责登记。"

　　林权证是依法经人民政府登记核发，由权利人持有的确认森林、林木和林地所有权或使用权的法律凭证。《林木和林地权属登记管理办法》第十六条规定："国务院林业主管部门统一规定林权证式样，并指定厂家印制。"林权证书中详细记载了地块范围、面积、林木蓄积量等山场情况和森林资源状况，明确了林地所有权或者使用权拥有者、地上森林或林木所有者、地上森林或林木使用者等权属内容。当权属中任何一项内容发生变更时，如林地使用权依法发生流转等，需要依法及时办理变更登记手续。依法持有了林权证，权利人就拥有了该林权证记载范围内的森林、林木、林地所有权或使用权。我国《森林法》第十五条规定："森林、林木、林地的所有者和使用者的合法权益受法律保护，任何组织和个人不得侵犯。森林、林木、林地的所有者和使用者应当依法保护和合理利用森林、林木、林地，不得非法改变林地用途和毁坏森林、林木、林地。"因此只有依法拥有了林权证，才能受到法律保护，主张自己的权利。同时，按照我国现行的《土地管理法》规定，对林地所有权或使用权的登记造册和核发证书，应按《森林法》的规定执行，县级以上地方人民政府依照《森林法》的有关规定核发的确认林地所有权或者使用权的证书，也就是关于该土地所有权或者使用权的证书。县级以上人民政府颁发的林权证，不仅是森林、林木权属的法律凭证，而且也是林地权属的有效法律凭证。

　　①林权登记发证的条件和依据。为了切实保护林地、加强林地管理和合理利用林地资源，深化集体林权制度改革，改善生态环境，促进社会经济的可持续发展，根据我国《森林法》《土地管理法》以及其他有关法律、法规的规定，县级以上人民政府林业主管部门应当做好本行政区域内国家所有、集体所有的林地和个人使用的林地的清查、登记、统计工作，对符合下列条件的，报同级人民政府审查批准，核发林权证。

　　a. 林地及林地上林木的权属无争议。

　　b. 界线清楚、界桩(标)明显，与毗邻单位有认界协议，证明材料合法有效。

　　c. 森林、林木和林地位置、四至界线、林种、面积或株数等数据准确。

　　d. 登记文件和图表资料完备，并同实地吻合。

　　②林权登记发证的类型。林权登记发证分初始登记、变更登记和注销登记3种。

　　a. 初始申领林权证。指森林、林木和林地的所有权及使用权的发证登记，主要是在林业"三定"以来，我国林区，尤其是国有林区和南方集体林区开展了林地确权发证工作，许多单位和农户依法领取了拥有所有权或使用权的权属证书。

　　b. 变更登记林权证。指在初始登记之后，发生权属、林地性质变更，需要办理变更登记手续，重新换发林权证。随着两权的分离，为适应社会主义市场经济发展的需要，《森林法》规定，符合条件的森林、林木和林地的所有权、使用权可以进行转让，同时，随着全社会关心林业，集体、单位和个人等多种形式承包造林、开发山区积极性的高涨，林权证作为持有人的合法凭证，其持有人不是一成不变的。《森林法实施条例》第六条规定："改变森林、林木和林地所有权、使用权的，应当依法办理变更登记手续。"因此，当林权证中有权属内容发生变化时，必须重新换发林权证。

　　c. 申请办理注销登记。指林地被依法征用、占用或者由于其他原因造成林地灭失的，原林权权利人应当到初始登记机关申请办理注销登记。

③林权登记发证的登记程序。我国《森林法实施条例》和国务院林业主管部门发布的《林木和林地权属登记管理办法》分别不同情况，对使用国有林地、集体林地以及单位和个人所有的林地的登记发证程序作了明确规定。

a. 依法使用国有森林、林木和林地的登记程序。使用国务院确定的国有重点林区的森林、林木和林地的，由使用单位向国务院林业主管部门提出登记申请，由国务院林业主管部门登记造册，核发证书，确认森林、林木和林地使用权以及由使用者所有的林木所有权；使用国有的跨行政区的森林、林木和林地的，由使用单位和个人向共同的上一级人民政府林业主管部门提出登记申请，由该人民政府登记造册，核发证书，确认森林、林木和林地使用权以及由使用者所有的林木所有权；使用国有的其他森林、林木和林地的，由使用单位和个人向所在地的县级以上人民政府林业主管部门提出登记申请，由县级以上人民政府登记造册，核发证书，确认森林、林木和林地使用权以及由使用者所有的林木所有权。

b. 集体所有的森林、林木和林地的登记程序。集体所有的森林、林木和林地，由所有者向所在地的县级人民政府林业主管部门提出登记申请，由该县级人民政府登记造册，核发证书，确认所有权。

c. 单位和个人所有的林木的登记程序。单位和个人所有的林木，由所有者向所在地的县级人民政府林业主管部门提出登记申请，由该县级人民政府登记造册，核发证书，确认林木所有权。

d. 使用集体所有的森林、林木和林地的登记程序。使用集体所有的森林、林木和林地的单位和个人，向所在地的县级人民政府林业主管部门提出登记申请，由该县级人民政府登记造册，核发证书，确认森林、林木和林地所有权。

e. 森林、林木和林地所有权或使用权的变更登记。森林、林木和林地所有权或使用权经登记并确认权属后，因某种原因而发生变化，如林地被依法占用或征用，退耕还林，合资、合作造林等，使森林、林木和林地所有权人（或使用权人）发生变化或者导致权利人的林地面积、范围等改变。发生这些变化后，林权权利人应当到初始登记机关申请变更登记。

县级以上林业主管部门（登记机关）应当配备专（兼）职人员和必要的设施，建立林权登记档案。

省级林业主管部门登记机关应当将当年林权证核发、换发、变更等登记情况统计汇总，并于次年1月份报国务院林业主管部门。

7.1.2.3　林地保护和利用管理

森林和草原是重要的自然生态系统，对维护国家安全、推进生态文明建设具有基础性、战略性作用。我国注重提升生态系统的多样性、稳定性、持续性。以国家重点生态功能区、生态保护红线、自然保护地等为重点，加强实施重要生态系统保护和修复重大工程，推进国家公园为主体的自然保护地体系建设。我国自然保护地体系建设稳步推进，逐步把自然生态系统最重要、自然景观最独特、自然遗产最精华、生物多样性最富集的区域，纳入国家公园体系。根据我国《森林法》《土地管理法》以及国家其他有关法律、法规的规定，各级人民政府要把林地保护管理作为重要职责，全面规划、加强保护、严格管理，禁止乱占、滥用和其他破坏林地的行为。

(1) 林地保护和利用管理的内容

林地的保护和开发利用管理，应当坚持土地管理部门统一管理和林业行政主管部门专业管理相结合的原则。县级以上人民政府应当将林地保护利用规划和土地利用规划相衔接。县级以上人民政府林业行政主管部门负责本行政区域内林地规划、建设、保护、利用的管理和监督工作，林地保护和利用管理的主要内容包括以下方面。①进行林地的调查、统计、监测，建立林地地籍档案；②编制林地建设、保护、利用规划和年度计划；③承办林地权属变更登记工作；④办理占用、征用林地的审核手续，监督占用、征用林地各项补偿费的支付；⑤查处非法侵占、破坏和违法使用林地的行政案件；⑥依照人民政府确定的职责，调处林地权属争议；⑦宣传林地保护管理的法律、法规和政策。

林业行政主管部门应当将林地清查登记情况抄送同级土地行政主管部门和农业行政主管部门。林业、土地、农业、水利、环保、建设、地矿、交通、铁道等有关部门应当依照各自的职责分工，配合林业主管部门做好林地保护、管理工作。

(2) 林地利用管理

我国属于少林国家之一，林地资源是扩大森林资源、增加森林覆盖率的物质基础，一个国家或地区林业经营水平的高低，直接体现在林业用地利用率的高低上。因此，编制林地利用规划，加强林地利用的管理是林业经营工作中非常重要的内容。

①林地利用规划管理。林地保护和开发利用规划，应与土地利用总体规划和林业发展长远规划相协调。林地建设、保护、利用规划由林业主管部门组织编制，经依法批准后实施，报同级人民政府批准，并报上一级人民政府林业行政主管部门备案。林地保护利用规划，未经原批准机关同意，不得变更。使用林地的单位和个人，必须严格按照林地保护利用规划确定的用途使用林地。经批准后的林地建设、保护、利用规划，不得擅自变更，确需变更的，需报省级林业主管部门审核同意后，报原批准机关批准。各级人民政府应当组织有关部门保护林地，负责确定林地的四至界线，设立林地的界桩(标)。任何单位和个人不得擅自移动或者破坏界桩(标)。依法享有林地所有权或者使用权的单位和依法享有林地使用权的个人，是该林地的保护人，有保护管理林地的义务。禁止任何单位和个人危害、破坏林地。

②林地利用管理。禁止在未成林造林地、幼林地和封山育林区内放牧、砍柴、狩猎和从事非林业的其他生产经营活动。严禁在林地开垦种植农作物，已开垦的，应限期退耕还林。临时使用林地进行勘测、修筑设施、采石、采矿、取土、取沙等活动的单位和个人，必须依法办理报批手续，并且应当采取保护林地措施，不得造成滑坡、塌陷、水土流失，不得损毁批准用地范围以外的林地及其附着物。使用林地的单位和个人，不得擅自将林地用于非林业生产经营活动。确需改变林地用途，必须依法办理报批手续。林业主管部门应当加强对林地开发利用的指导、监督和服务。林地的开发利用，可以由林地使用者或经营管理者单独进行，也可以由林地使用者或经营者同其他单位和个人合资、合作或以其他方式联合进行。联合开发林地的，必须以合同或协议的方式依法确定林地保护和开发利用的权利和义务。国有林场和苗圃、自然保护区、森林公园等使用的国有林地，改变其隶属关系的，须经省人民政府林业主管部门同意，报省人民政府批准；属于国家级自然保护

区的，由省人民政府报国务院批准。用材林、经济林、能源林的林地使用权，用材林、经济林、能源林的采伐迹地、火烧迹地的林地使用权，以及国家规定的其他林地使用权，可以依法转让，也可以依法作价入股或者作为合资、合作造林、经营林木的出资、合作条件。

(3) 林地流转管理

随着我国改革开放，市场经济体制的确立，林业经营机制和体制不断创新，为实现我国林业跨越式发展，根据我国《森林法》第十六条和第十七条规定："国家所有的林地和林地上的森林、林木可以依法确定给林业经营者使用。林业经营者依法取得的国有林地和林地上的森林、林木的使用权，经批准可以转让、出租、作价出资等；集体所有和国家所有依法由农民集体使用的林地实行承包经营的，承包方享有林地承包经营权和承包林地上的林木所有权，合同另有约定的从其约定。承包方可以依法采取出租（转包）、入股、转让等方式流转林地经营权、林木所有权和使用权。"林地流转是市场经济条件下林业发展的客观必然，它作为林业改革进程中群众的一种创举，在林业上已成为现实并大量存在，且有新的不断发生的不可逆转的发展趋势。

①林地流转的概念。林地流转是指在不改变林地所有权和林地用途的前提下，林地所有者或使用者将林地使用权按一定的程序，通过招标、拍卖、协议等方式，有偿或无偿转让给公民、法人及其他组织的经济行为。

②林地流转的范围。根据《森林法》的规定，林地使用权依法转让的范围包括：用材林、经济林、能源林和竹林的林地使用权；用材林、经济林、能源林的采伐迹地、火烧迹地的林地使用权；宜林地（荒山、荒沟、荒丘、荒滩等）使用权。防护林、特种用途林林地使用权不得转让；林地权属不清或有争议的林地也不得转让；不得将林地转为非林地。需要说明的是林地转让的是使用权，林地所有权不得转让。

③林地流转的形式。林地流转的形式多种多样，主要包括：竞价拍卖、招标、协议方式等。

④林地流转的条件。林地流转应具备以下条件：一是林地权属没有争议；二是经有关部门同意林地流转的文件；三是林地转让双方同意转让。

⑤林地流转需要提供的材料。申请林地转让应提供下列材料：林地类型、坐落位置、四至界址、面积及地形图，现有林木状况，包括林种、树种、林龄、蓄积量等；基础设施和其他附着物现状；意向书及森林资源管理责任状；林权证书；其他应当提供的材料。

⑥林地流转的程序。由于林地流转的形式不同，林地流转的程序也有所区别，常见林地流转的程序是：

a. 林地招标流转的操作程序：转让申请→审核→明晰产权→制定方案→资产评估→确定底价、公开招标→签订合同→办理林权变更登记手续。

转让申请：转让方向林地所在地林业主管部门提出书面申请。

审核：县级以上林业主管部门经过审核，符合转让条件的准予转让。

明晰产权：拟流转的林地必须权属清楚，具有林权证书，权属不清或没有林权证书的林地不能流转。

制定方案：内容包括林地现状、四至范围、经营目的等。

资产评估：流转方案被批准后，林地所有者提出评估目的、评估对象和范围、评估基准日、评估时间和评估要求，委托具有资产评估资格的中介机构进行资产评估。

确定底价、公开招标：招标内容、时间和投标条件要预先公示。

签订合同：竞标者中标后，要与权属所有者签订合同，明确双方的权利义务关系，并交付转让费20%的定金。

变更登记：中标者按合同付清转让费后，向林地管理部门申请办理林地使用权变更手续。

b. 林地拍卖的操作程序：转让申请→审核→对拟卖林地向社会公告→对买卖人进行资格审查登记→对林地资产评估及勘界→现场拍卖，公开竞标→交清钱款，签订合同→办理林权变更登记手续。

c. 协议转让的操作程序：转让申请→审核→转让双方签订转让合同→付费并办理林权变更登记手续。

国有林地的转让不得采取协议的方式；集体林地的转让，须经集体经济组织代表会议或村民代表会议讨论通过。

以林地作为合资、合作条件的，合资、合作各方依法签订合同后，到林地所在地的县级以上林业主管部门办理备案手续，但不需办理林地(林木)权属变更登记手续。

国有林地的转让，必须报县以上林业主管部门审核后，由省林业主管部门批准。

林地在流转过程中，要处理好林地所有者和经营者，国家、集体和个人的利益关系，各级林业主管部门要适时对森林经营者的经营活动进行规范化、科学化的管理和指导。

林地流转过程中的所有手续一定要规范，特别是流转合同。流转合同一般应包括流转双方单位(姓名)及地址；流转林地的地类、面积、地点及四至(附1∶10 000图面材料)；流转的期限和起止日期；流转的用途；流转价款及支付方式；双方当事人的权利义务；违约责任等。合同应当经过公证机关公证。

拓展训练

某村的集体林要申请办理林权证，请根据国家法律、法规和政策，组织完成各项报批工作，每人提交一份办理林权证材料清单和外业勘验报告。

任务7.2 占用、征用林地报批

任务描述

某市的企业单位在扩大再生产过程中，需要使用部分国家所有的林地和集体所有的林地，请根据国家法律、法规和政策，围绕国家生态文明建设的总体布局，分析确定该任务是否符合占用、征用条件，组织完成各项报批工作。

每人提交一份占用、征用林地的书面申请和提交材料清单以及占用、征用林地报批的工作报告。

项目7 森林资源实务管理

任务目标

（一）知识目标
1. 了解占用、征用林地的补偿标准。
2. 了解违法占用、征用林地的处罚标准。
3. 熟悉占用、征用林地的概念。
4. 熟悉占用、征用林地应提交的材料。
5. 掌握占用、征用林地的报批流程。

（二）能力目标
1. 根据国家政策，能确定占用、征用林地的合法性。
2. 按照国家的规定，完成占用、征用林地的报批工作。
3. 根据占用、征用林地的申请，依法进行审核。

（三）素质目标
1. 培养学生实事求是、科学严谨的职业素质。
2. 培养学生遵纪守法的意识。

实践操作

7.2.1 占用、征用林地报批的过程与要点分析

第一步：占用或征用单位提出申请

占用或征用林地单位向县级以上人民政府林业主管部门提出占用或征用林地申请；需要占用或临时占用国务院确定的国家所有的重点林区的林地，应向国务院林业主管部门或者其委托的单位提出占用林地申请。申请单位要编写可行性研究报告，具体内容包括资料准备、范围确认、现状调查、使用林地可行性分析、森林植被恢复费测算、成果编制等。提交的材料有使用林地可行性报告、使用林地申请表（表7-1）、林地权属证明、公示材料。提出申请后，县级人民政府林业主管部门应当认真核对用地单位或者个人提供的申请材料。凡是复印件未注明"与原件核实无误"字样并加盖印章的或者申请材料不齐全的，当场或5日内一次告知申请人需要补正的全部内容。

第二步：林业主管部门现场查验审核

在接到用地单位申请后，县级人民政府林业主管部门对材料齐全、符合条件的使用林地申请报送给市级林业主管部门，指派2名以上工作人员进行现场查验。现场查验人员针对使用林地申请表和可行性研究报告的准确程度，进行审批前置的核查。重点核实建设项目是否符合林地保护利用规划和使用林地的条件，是否存在未批先占林地行为，并填写《使用林地现场查验表》。现场查验人员要对《使用林地现场查验表》的真实性负责，凡提交虚假现场查验意见的，要追究有关人员和领导的行政责任。重点国有林区省级林业主管部门应当对建设项目使用林地进行现场查验，国家林业和草原局派驻森林资源监督机构应当对现场查验情况进行监督。经依法审核后，自然资源部门按法定审批权限报人民政府批准。

— 161 —

表 7-1　使用林地申请表

项目名称						项目类型		
项目批准机关						批准文号		
使用林地性质			使用期限			应缴森林植被恢复费(元)		
使用林地类型		总计	防护林林地	特用林林地	用材林林地	经济林林地	能源林林地	苗圃地	其他林地
面积(hm^2)	小计								
	国有								
	集体								
蓄积(m^3)	小计								
	国有								
	集体								
林地保护等级			国家级公益林地			自然保护区林地		
级别	面积(hm^2)		级别	面积(hm^2)		级别	面积(hm^2)	
Ⅰ			一			国家级		
Ⅱ			二			省级		
Ⅲ			三					
Ⅳ								
森林公园林地			湿地公园林地			风景名胜区林地		
级别	面积(hm^2)		级别	面积(hm^2)		级别	面积(hm^2)	
国家级			国家级			国家级		
省级			省级			省级		
重点保护野生动物栖息地		重点保护植物及生境		古树名木及保护范围		使用地方公益林地面积		
有/无		有/无		有/无		省级公益林		其他公益林
备注								

注：用材林林地、经济林林地、能源林林地均包含其采伐迹地。

声明：我单位承诺对本申请表所填写内容及所附文件和材料的真实性负责，并承担内容不实之后果。

占用、征用非重点林区林地的，地方林业主管部门要组织力量对申请占用征用的林地进行现场查验(表 7-2)，其中，占用征用林地面积 2 hm^2 以下的，由县级林业主管部门组织不少于 2 名有资质的工作人员进行现场查验；占用征用林地面积 2 hm^2 以上 70 hm^2 以下且未跨县级行政区的，由县级林业主管部门组织具有丙级以上资质的林业调查规划设计单位进行现场查验；占用征用林地跨行政区的，由所在地共同的林业主管部门组织乙级以上资质的林业调查规划设计单位进行现场查验。占用重点林区林地，在一个国有林业局经营区内的，由所在地国有林业局组织具有丙级以上资质的林业调查规划设计单位进行现场查验；在 2 个以上国有林业局经营区的，由所在地共同的林业（森工）主管部门组织具有乙级以上资质的林业调查规划设计单位到现场查验。占用征用林地面积 70 hm² 以上的，由省级林业主管部门组织乙级以上资质的林业调查规划设计单位到现场查验。临时占用林地的期限不得超过 2 年，并不得在临时占用的林地上修筑永久性建筑物；占用期满后，用地单位必须恢复林业生产条件。森工企业或国有林场等森林经营单位在自己所经营的林地范围内修筑直接为林业生产服务的工程设施，需要占用林地的，由县级以上人民政府林业主管部门批准，同意后即可按批准的面积、范围、项目、用途使用自身经营的林地。修筑其他工程设施，需要将林地转为非林业建设用地的，必须依法办理建设用地审批手续。

表 7-2　使用林地现场查验表

项目名称	
查验时间	
查验地点	
现场查验意见	依据建设项目使用林地可行性报告或者林地现状调查表进行现地查验，查看建设项目拟使用林地的位置、范围与现地是否一致，是否存在未批先占林地情况等
查验人	签字： 年　月　日
查验单位	负责人： （盖章） 年　月　日

第三步：预收森林植被恢复费

经林业行政主管部门审核同意后，按国家规定的标准予交森林植被恢复费，到申请的林业主管部门办理占用、征用林地手续，领取《使用林地审核同意书》。

第四步：公示和上报

县级人民政府林业主管部门对建设项目拟使用的林地组织公示，公示情况和第三人反馈意见要在上报的审查意见中予以说明。公示格式、公示内容由各省规定。由地方人民政府依照法律法规规定组织公示公告的，不再另行组织。涉密的建设项目不进行公示。

第五步：县级以上人民政府审核批准

占用或者征用林地的申请经审核后，用地单位凭《使用林地审核同意书》，依照有关土地管理的法律、行政法规，到当地自然资源局国土管理主管部门申请土地的划拨，按法定审批权限报县级以上人民政府批准。需要报上级人民政府林业主管部门审核审批的建设项目，下级人民政府林业主管部门应当在收到申请之日起 20 个工作日内提出审查意见，除图件材料外留存一套申请材料后，正式行文报上一级人民政府林业主管部门。有审核审批权的人民政府林业主管部门同意使用林地的，应在使用林地现状图等图件上加盖人民政府林业主管部门公章后，逐级将图件材料返还下级人民政府林业主管部门和用地单位。

根据《森林法》第三十六条规定："国家保护林地，严格控制林地转为非林地，实行占用林地总量控制，确保林地保有量不减少。各类建设项目占用林地不得超过本行政区域的占用林地总量控制指标。"占用或征用林地 10 亩以下的，由县级人民政府批准；占用或征用林地

2000 亩以上的，由县级以上人民政府逐级审查，报国务院批准；占用或征用林地 10 亩以上 2000 亩以下的，由省级人民政府批准。占用或者征用林地未经林业主管部门审核同意的，土地行政主管部门不得受理建设用地申请，用地单位不能直接向上级土地行政主管部门申请。临时占用或者征用林地的不需办理建设用地审批手续。森林经营单位在其所经营的林地范围内修筑直接为林业生产服务的工程设施需要占用林地时，无须办理建设用地审批手续。占用或征用林地未被批准的，有关林业主管部门应将收取的森林植被恢复费如数退还。各级主管部门要严格按批准权限办理，不得越权办理；未经批准，不得占用、征用林地。

 理论基础

7.2.2 占用、征用林地报批

7.2.2.1 占用、征用林地的概念

占用林地是指国有企业事业单位、机关、团体、部队等单位因勘查、开采矿藏和各项建设工程的需要，依法使用国家所有的林地。占用林地有两个特征：一是林地的所有权没有改变，仍归国家所有；二是林地的使用权发生改变，归依法占用林地的单位享有。

征用林地是指国有企业事业单位、机关、团体、部队等单位因勘查、开采矿藏和各项建设工程的需要，依法使用集体所有或个人使用的林地并给予补偿。征用林地也有两个特征：一是林地的所有权发生改变，原为集体所有，经征用后变为国家所有；二是林地的使用权依法改变为征用林地的单位享有。

7.2.2.2 占用、征用林地的条件和范围

为了规范林地资源的管理，遏制林地资源的非法流失，防止一切滥用林地的现象发生，进行勘查、开采矿藏和各项工程建设，应当不占或者少占林地。必须占用或者征用林地的，应当遵循节约用地和有偿使用的原则，按规定的审批权限和程序报经批准。未经批准，不得征用或占用林地。

征用或占用林地必须具备下列条件。

①经国务院或者省人民政府批准的能源、交通、水利等基础设施建设项目，需要使用林地的应当严格执行《建设项目使用林地审核审批管理办法》执行。列入省级以上国民经济和社会发展规划的建设项目，确需使用林地且不符合林地保护利用规划的，可以先调整林地保护利用规划，再办理建设项目使用林地手续。因项目建设导致自然保护区、森林公园等范围、功能区调整的，根据其范围、功能区调整结果，可以调整林地保护利用规划，再办理建设项目使用林地手续。

②生态区位重要和生态脆弱地区按照国家林业和草原局公布的范围执行。单位面积蓄积量高的林地由各省人民政府林业主管部门根据本省实际情况确定。

③国务院有关部门和省级人民政府及其有关部门批准的基础设施、公共事业、民生建设项目包含其批复的有关规划中的，或列入省级重点建设项目的基础设施、公共事业、民

生建设项目。

④建设项目类型界定，包括以下内容。

a. 基础设施项目：包括公路、铁路、机场、港口码头、水利、电力、通信、能源基地、国家电网、油气管网等。

b. 公共事业和民生项目：包括科技、教育、文化、卫生、体育、环境和资源保护、防灾减灾、文物保护、市政公用、乡村公路、廉租房、棚户区改造等。

c. 经营性项目：包括商业、服务业、工矿业、仓储、城镇住宅、旅游开发、养殖、经营性墓地等。

d. 战略性新兴产业项目：以国家发展改革委组织编制的《战略性新兴产业重点产品和服务指导目录》为依据。

e. 大中型矿山：不包括普通建筑用砂、石、黏土等，以国土资源部(现自然资源部)《关于调整部分矿种矿山生产建设规模标准的通知》为依据，自然资源部门或者相关部门出台新规定的，按新规定执行。

⑤临时占用林地类型划分，包括以下内容。

a. 工程施工用地：包括施工营地、临时加工车间、搅拌站、预制场、材料堆场、施工用电、施工通道和其他临时设施用地。

b. 电力线路、油气管线临时用地：包括架设地上线路、铺设地下管线和其他需要临时占用林地的。

c. 工程建设配套的取(弃)土场用地：包括采石、挖砂、取土等和弃土弃渣用地，以及堆放采矿剥离物、废石、矿渣、粉煤灰等固体废弃物压占用地。

d. 工程勘察、地质勘查用地：包括厂址、坝址、铁路公路选址等需要对工程地质、水文地质情况进行勘测，探矿、采矿需要对矿藏情况进行勘查。

e. 其他确需临时占用林地的。

7.2.2.3 占用、征用林地报批须提交的文件材料

(1) 有关的批准文件

①审批制、核准制的建设项目，提供项目可行性研究报告批复、核准批复等；备案制的建设项目，提供备案确认文件。其他批准文件包括，需审批初步设计的建设项目应当提供初步设计批复；符合城镇规划的建设项目，应当提供建设用地规划许可证或者建设项目选址意见书。

②乡村建设项目，按照有关地方规定提供项目批准文件。其中，符合乡村规划的建设项目，应当提供乡村规划许可证或者县级城乡规划主管部门出具的符合乡村规划的证明文件。

③批次用地项目，提供有关人民政府同意的批次用地说明书，内容包括用地范围、用地面积、开发用途(具体建设内容)、符合城镇总体规划或近期建设规划情况或乡村规划情况。

④勘查、开采矿藏项目，提供勘查许可证、采矿许可证和项目批准文件。

⑤宗教、殡葬设施等建设项目，提供相关行政主管部门的批准文件。

⑥森林经营单位在所经营的林地范围内修筑直接为林业生产服务的工程设施，属于国有森林经营单位的，提供其所属主管部门的意见材料；属于其他森林经营单位的，提供被使用林地农村集体经济组织或者利益相关人出具的意见材料。

(2) 林地的证明材料

①没有权属证书的林地或者政府统一征地的，可以由县级人民政府林业主管部门出具林地权属证书明细表，或者由县级人民政府林业主管部门依据经批准的县级林地保护利用规划出具林地证明。其中，出具林地权属证书明细表的，有关林地权属证书应在县级人民政府林业主管部门存档；出具林地证明的，国有林地应当明确到具体的经营单位，集体林地应当明确到具体的村(组)。

②拟使用林地存在争议尚未依法解决的，应当提供县级以上人民政府出具的关于争议林地基本情况、争议林地补偿费用处置情况的证明材料。

(3) 使用林地可行性报告或者林地现状调查表

提供符合《使用林地可行性报告编制规范》(LY/T 2492—2015)的建设项目使用林地可行性报告或者林地现状调查表。

(4) 其他材料

①临时占用林地的建设项目，用地单位应当提供原地恢复林业生产条件的方案或者与林权权利人签订的临时占用林地恢复林业生产条件的协议，包括恢复面积、恢复措施、时间安排、资金投入等内容。

②建设项目因设计变更等原因需要增加、减少使用林地面积或者改变使用林地位置的，用地单位应当提供有关设计变更等的批复文件。其中，新增使用林地面积部分还应当按《建设项目使用林地审核审批管理办法》第七条规定提供材料，减少使用林地面积部分应当对不占范围予以说明并在附图上标注。

(5) 申请材料要求

用地单位或者个人提供的申请材料是复印件的，应当在复印件上注明"与原件核实无误"字样并加盖印章。

7.2.2.4 森林植被恢复费征收的原则和标准

由占用、征收林地的建设单位依法缴纳森林植被恢复费，是促进节约集约利用林地、培育和恢复森林植被、实现森林植被占补平衡的一项重要制度保障。通过加强和规范森林植被恢复费征收使用管理，对推动植树造林、增加森林植被面积发挥了重要作用。

(1) 森林植被恢复费征收的原则

①合理引导节约集约利用林地，限制无序占用、粗放使用林地。

②反映不同类型林地生态和经济价值，合理补偿森林植被恢复成本。

③充分体现公益林、城市规划区林地的重要性和特殊性，突出加强公益林和城市规划区林地的保护。

④保障公共基础设施、公共事业和民生工程等建设项目使用林地，控制经营性建设项目使用林地。

⑤考虑不同地区经济社会发展水平、森林资源禀赋和恢复成本差异，适应各地植树造林、恢复森林植被工作需要。

⑥与经济社会发展相适应，考虑企业承受能力，并建立定期评估和调整机制。

⑦体现公平公正原则，对中央和地方企业不得实行歧视性征收标准。

(2) 森林植被恢复费征收的标准

①郁闭度0.2以上的乔木林地(含采伐迹地、火烧迹地)、竹林地、苗圃地，每平方米不低于10元；灌木林地、疏林地、未成林造林地，每平方米不低于6元；宜林地，每平方米不低于3元。

②国家和省级公益林林地，按照①规定征收标准2倍征收。

③城市规划区的林地，按照①②规定征收标准2倍征收。

④城市规划区外的林地，按占用征收林地建设项目性质实行不同征收标准。属于公共基础设施、公共事业和国防建设项目的，按照①②款规定征收标准征收；属于经营性建设项目的，按照①②规定征收标准2倍征收。

⑤公共基础设施建设项目包括：公路、铁路、机场、港口码头、水利、电力、通信、能源基地、电网、油气管网等建设项目。

⑥公共事业建设项目包括：教育、科技、文化、卫生、体育、环境和资源保护、防灾减灾、文物保护、社会福利、市政公用等建设项目。

⑦经营性建设项目包括：商业、服务业、工矿业、仓储、城镇住宅、旅游开发、养殖、经营性墓地等建设项目。

7.2.2.5 占用、征用林地的补偿

经批准征用、占用林地的，按规定对征用、占用林地征用各项补偿费用，用于造林营林、恢复植被、补偿损失，保护林地和维护森林经营单位合法权益。根据有关法律、法规的规定，凡是占用或征用的，用地单位应按规定支付林地补偿费、林木及其他地上附着物补偿费、森林植被恢复费和安置补助费。因情况不同，补偿的范围、标准、办法也不同。具体征用办法和标准由各省、自治区、直辖市规定。所收取的各项补偿费用，除规定付给个人的部分以外，全部纳入林业主管部门和森林经营单位的造林营林资金，专门用于造林营林、恢复森林植被。

7.2.2.6 违法占用、征用林地的处罚

占用或征用林地必须依法办理建设用地审批手续，未经林业主管部门审核，任何单位和个人不得擅自批准征用、占用林地。违反规定征用、占用林地或以其他方式非法占用林地的，被征用、占用林地单位应当予以抵制，不得同意用地单位进入林地施工，林业主管部门不得办理林木采伐许可证。

(1) 依法办理建设用地审批手续,但与申请使用情况不符的处理

经批准征用、占用的林地有下列情况之一的，由土地管理部门报县级以上人民政府批准，收回用地单位的土地使用权，注销土地使用证，对适宜还林的土地用于还林。

①用地单位已经撤销或迁移的。

②未经原批准机关批准，连续两年未使用的。

③不按批准的用途或占地位置使用的。

④擅自转让给其他单位或个人使用的。

⑤矿场、铁路、公路、机场等核准报废的。

(2) 未经审核批准,非法占用林地的处理

未经审核批准,非法占用林地的由县级以上人民政府林业行政主管部门责令退还非法占用的林地,依法赔偿损失,限期拆除或者没收在非法占用林地上的新建建筑物和其他设施,并给予经济处罚。

(3) 非法批准征用、使用林地的处理

无权审批、越权审批、不按法律规定的程序审批、不按林地保护利用规划确定的用途审批林地的,其批准文件无效。对非法批准征用、使用林地的直接负责的主管人员和其他直接责任人员,依照有关规定给予行政处分;构成犯罪的,依法追究刑事责任;对当事人造成损失的,依法承担赔偿责任。非法批准、使用的林地应当收回。

拓展训练

某市修建高速铁路,需要占用某村集体林若干亩,请根据国家法律、法规和政策,分析确定该任务是否符合占用条件,组织完成各项报批工作,每人提交一份占用林地的书面申请和材料清单。

任务 7.3 森林采伐限额审批

 任务描述

为了落实国家林业和草原局关于"十四五"期间年森林采伐限额编制的重大决策部署,加强生态建设,某地区需要重新核定采伐限额。请根据自身森林资源状况,按照国家相关规定完成森林采伐限额的审批工作。

每人提交一份本单位的森林采伐限额建议指标报告。

任务目标

(一)知识目标

1. 了解森林采伐限额管理工作的深度和广度。
2. 了解木材凭证运输制度。
3. 熟悉林木的范围和木材的经营管理。
4. 掌握森林采伐限额的概念。
5. 掌握森林采伐限额的制定依据。

(二)能力目标

1. 能够合理确定森林采伐限额建议指标,并完成审批工作。
2. 能够按照法律要求完成木材的运输管理。

(三)素质目标

1. 具有敬畏法律、遵章守纪的意识。
2. 培养学生团结协作的团队精神。

7.3.1 森林采伐限额审批的过程与要点分析

第一步：编限送审材料编制和上报

编限的资源数据以森林资源管理"一张图"年度更新调查成果为基础，全民所有的森林和林木以国营林业局、林场、农场、厂矿为编限单位，集体所有的森林和林木以及农村居民自留山的林木以县为编限单位。

各编限单位根据合理经营和永续利用的原则以及本地区森林资源状况，按上级确定的采伐年龄、龄组、生长率、抚育间伐技术参数、轮伐期、采伐强度、出材率、采伐方式，运用公式进行测算，提交用于测算合理年伐量的资源数据和合理年伐量测算统计表，经省级编限工作领导小组办公室审核后，用于合理年伐量测算。在上报建议指标时，要对测算方法、测算过程中所使用的各项指标、公式、数据等加以文字说明。各编限单位测算合理年伐量，并科学论证、合理确定本单位年森林采伐限额建议指标，提出加强年森林采伐限额管理的意见和建议，形成编限单位年森林采伐限额建议指标，逐级上报至省级林业主管部门审核及汇总。

第二步：测算数据审核与会审

省级编限工作领导小组严格审核各编限单位上报的编制材料，在综合分析经营区域内森林资源状况和汇总、平衡各编限单位编限结果的基础上，形成全省的年森林采伐限额建议指标，组织有关专家进行论证，逐一提出会审意见。

第三步：编限成果材料上报

各市、县林业主管部门根据会审意见，组织各编限单位进行修改完善，提出本市、县的年森林采伐限额建议指标，拟定本市、县加强年森林采伐限额管理的措施和意见，并报同级人民政府审核后，逐级报送省级林业主管部门。

第四步：省级编限成果材料编制

省级的林业设计院组织技术人员，对各市、各编限单位的测算数据和建议限额指标验算和汇总，根据森林资源清查成果、森林资源"二类"调查成果及森林资源管理"一张图"年度更新成果数据，分别测算各市的合理年伐量；在此基础上，对各编限单位测算结果进行验证、审核及汇总，并负责编制省级编限工作报告。

第五步：编限正式成果材料上报

省级林业主管部门组织召开编限成果评审会，将修改完善后的编限成果报编限工作领导小组审核，汇总平衡后填制"年森林采伐限额汇总表"，经省级人民政府审核认可后，报国务院，同时抄送自然资源部。

第六步：批准下达

国务院批准下达后，各省(自治区、直辖市)根据国务院批准的限额指标，再核定下达到县和各林业生产单位。

> 理论基础

7.3.2 森林采伐限额的审批

7.3.2.1 森林采伐限额管理

(1)森林采伐限额的概念、意义

①采伐限额的概念。森林年采伐限额是指制定年采伐限额的部门,依照法定的程序和方法,通过对本行政区内森林、林木进行科学的测算而确定的,并经国家批准的在一定行政区域或经营区内,各单位每年以各种采伐方式对森林资源采伐消耗的最大限量。年森林采伐限额是立木蓄积,而不是伐倒木材积。

森林年采伐限额是国家对森林资源实行限额消耗的法定控制指标。制定了限额的单位都必须严格遵守。凡超限额下达木材生产计划,超限额发放采伐证,超限额批准采伐和进行采伐,都是违法行为,要受到法律制裁。所以,限额采伐制度是采伐管理的法律武器,也是当代世界公认的经营利用森林的一条根本原则。

森林采伐限额管理是指各级林业主管部门依照国家批准的森林采伐限额,制定合理的年伐计划,实行凭证采伐、合理消耗的森林采伐管理。

②限额采伐的意义。实行森林采伐限额制度是森林法的重要内容,是森林资源管理的核心内容,是控制森林资源消耗,扭转森林赤字,保护森林,实现森林持续经营的战略措施,是维护森林生态平衡的有力手段。

长期以来,我国森林的消耗量大于生产量,木材供需矛盾十分尖锐,同时,由于森林资源的减少,致使生态环境恶化。为了恢复和扩大森林资源,合理采伐森林资源,必须实行限额采伐,根据消耗量低于生长量的原则,严格控制森林年采伐量。《森林法》第五十四条规定,"国家严格控制森林年采伐量。省、自治区、直辖市人民政府林业主管部门根据消耗量低于生长量和森林分类经营管理的原则,编制本行政区域的年采伐限额,经征求国务院林业主管部门意见,报本级人民政府批准后公布实施,并报国务院备案。重点林区的年采伐限额,由国务院林业主管部门编制,报国务院批准后公布实施"。

③采伐限额与木材生产计划的关系。采伐限额和木材生产计划是两个环节的管理,各有侧重,但实质是相辅相成的,特别是在加强林业的基础管理,加强对森林资源消耗的约束、控制整个系统方面,两者缺一不可。年森林采伐限额是制定年度木材生产计划的依据,年度木材生产计划必须在年森林采伐限额的范围内安排,木材生产计划是采伐限额的具体实施。采伐限额和木材生产计划在维护正常木材生产的流通秩序,控制森林资源不合理消耗方面共同起着重要作用。

采伐限额和木材生产计划都是控制采伐的指标,二者既有联系,又有区别,采伐限额和木材生产计划的差异表现在:

a. 年采伐限额是以蓄积量表示的,而计划是以材积表示的。

b. 木材生产计划所消耗的森林蓄积仅是限额中的一部分，计划小于限额，而限额中包含了计划，并大于计划。如果将限额当成木材生产计划，其结果必然是年森林消耗量超过年采伐限额。

c. 限额是以国营林业企事业等全民所有制单位和县为单位制定的，计划编制因层次不同，可以小至以农户为单位进行编制。

d. 制定和批准的单位不一样。限额是按森林法规定的程序制定和提报，并经国务院批准的。限额指标是法定指标，一经国务院批准不得变动。而计划是由省级林业主管部门编制和下达的，市县分解落实。

e. 限额核定到县和企业事业单位，而木材生产计划要下到乡、村乃至农户户头上。

f. 木材生产计划每年制定一次，年采伐限额每 5 年调整一次。

g. 年森林采伐限额是林政资源部门发放采伐许可证的依据，计划则不能作为发证的依据，只能作为发证的参考。

(2) 森林采伐限额管理工作的深度和广度

①森林采伐限额管理工作的深度是指森林采伐限额管理的工作内容，主要包括以下内容。

a. 制定和调整年森林采伐限额（每 5 年一次）。

b. 编制年度林木采伐和消耗计划。

c. 审批林木采伐作业设计，核发林木采伐许可证和木材运输证。

d. 检查、验收伐区采伐和更新。

e. 监督森林采伐限额和年度采伐计划、消耗计划的执行情况。

②森林采伐限额管理工作的广度是指实行限额采伐的森林和林木范围。制定年采伐限额，应将用材林的主伐和抚育间伐，防护林和特种用途林的抚育及更新性质的采伐，低产林分的改造和"四旁"林木的采伐等，凡人为采伐胸高直径 5 cm 以上的林木所消耗的蓄积都必须纳入采伐限额内，依法规定不纳入的除外。特种用途林中的名胜古迹、革命纪念林和自然保护区林等森林法规定严禁采伐的森林和林木以及农村居民采伐自留地、屋前屋后个人所有的零星林木，不计算在年采伐限额之内。农村居民在自留山种植的林木、个人承包国家所有和集体所有的宜林荒山荒地种植的归个人所有的林木（承包合同另有规定的除外）纳入年采伐限额。对利用外资营造的用材林达到一定规模需要采伐的，可以在国务院批准的年森林采伐限额内，由省级林业主管部门批准，实行采伐限额单列。

(3) 森林采伐限额的制定依据

制定年森林采伐限额的依据主要有两方面：一是经上级林业主管部门批准的森林经营方案确定的合理采伐量；二是尚未编制森林经营方案的，应依据上级林业主管部门审定的最新森林资源调查成果或森林资源档案进行测算。既未编制森林经营方案，又无最新森林资源调查成果或森林资源档案的单位，其年森林采伐限额可暂时按最近一次森林资源调查的修正数据制定。无任何资源调查数据的单位，应由地方人民政府、上级主管部门组织资源分析测算，暂时确定年森林采伐限额，但必须限期进行森林资源调查，编制森林经营方案。

（4）森林采伐限额管理的实施

为了加强森林采伐限额管理工作，应建立采伐限额执行情况的检查报告制度，加强检查、监督和处理，以保证采伐限额的贯彻落实。

森林采伐限额实施的检查监督任务是监督各项采伐管理办法和措施的贯彻执行，检查采伐数量的真实性，采伐行为的合法性和采伐对象的合理性。检查监督中应以国务院批准、省政府下达的采伐限额和林业主管部门制定下达的年森林总采伐量计划为依据；以上级颁发的有关管理办法、条例、规定为准绳；以控制消耗促进生长，提高效益，合理利用，实现森林良性循环的目的。为保证森林采伐限额制度的实施应从各方面采取有力的措施，加强森林采伐限额的检查和监督。

① 建立采伐限额执行情况的检查报告制度。采伐单位每月需自查一次以上，每季度向当地县以上森林资源管理机构报告一次；县每年要检查两次以上，半年向市、地、州森林资源管理机构报告一次；市、地、州每年至少进行一次全面检查，并在规定时间向省报告；省每年组织一次抽查，并按时将检查情况向上级政府做出报告。

② 严格对超限额采伐的处理。按国务院文件规定，超限额采伐的，要追究林业部门和地方人民政府的责任。超限额采伐的木材，扣减下年采伐指标，所得销售收入全部上缴林业主管部门用于发展林业生产。对直接责任人，要依法处理。

（5）采伐管理政策的调整

省级林业主管部门和重点国有林区森工（林业）主管部门，可以预留不超过5%的采伐限额，用于解决因自然灾害、征占用林地、森林经营保护等对采伐限额的需要，其余采伐限额一次性分解落实到编限单位。经国务院批准的年森林采伐限额，是每年采伐胸径5 cm以上林木蓄积的最大限量，必须严格执行，不得突破。限额内人工林采伐可以占用天然林采伐限额，抚育采伐可以占用主伐限额或更新采伐限额，公益林抚育采伐可以占用更新采伐限额，其他各分项限额严禁互相挪用、挤占。商品林采伐限额年度有结余的，可以在编限期内可以结转使用；公益林采伐限额不允许结转使用。对于长江上游、黄河上中游及新疆天然林资源保护工程区，因自然灾害、工程建设征占用林地和森林经营保护等需要，年森林采伐限额不足的，编限单位可以申请追加当年森林采伐限额。因扑救森林火灾、防洪抢险、防治林业有害生物等紧急情况需要采伐林木的，可先行采伐。组织紧急采伐的部门和单位应当自紧急情况结束之日起30日内，将采伐林木的情况报告当地县级以上林业行政主管部门备案，所采伐的林木蓄积占用当年森林采伐限额。

7.3.2.2 林木经营管理

（1）林木的范围及木材的经营管理

林木资源是指成片或单株的树木，包括利用木材的树木和利用果、叶、茎、根等非木材的树木。林木的经营管理是指林业主管部门和有关国家机关依据国家的法律、法规和政策，对木材的收购、销售和加工活动的管理。为保障木材流通秩序健康发展，我国《森林法》第六十五条规定："木材经营加工企业应当建立原料和产品出入库台账。任何单位和个人不得收购、加工、运输明知是盗伐、滥伐等非法来源的林木。"

项目7 森林资源实务管理

(2) 木材运输管理

木材运输管理是森林资源保护和管理的重要内容之一,是控制森林资源消耗的一项重要措施,是维护林区木材运输的正常秩序,防止和制止非法运输木材的重大举措。

①木材凭证运输制度。加强木材运输管理的关键是实行木材凭证运输制度。木材凭证运输是指从林区运出木材,必须持有县级以上林业主管部门核发的木材运输证件,并按规定的内容进行运输。需要凭证运输的木材包括原木、锯材、竹材、木片和省、自治区、直辖市规定的其他木材。木材运输证是由法定的林业主管部门根据运输者的申请,经审核后核发的允许其从林区运出木材的合法凭证。木材运输证分为《出省木材运输证》和《省内木材运输证》,出省木材运输证式样由国务院林业主管部门规定,统一印制,省内木材运输证式样由省、自治区、直辖市规定,统一印制。木材运输证主要内容包括:所运木材的树种、采种、规格、数量、运输起止地点和有效期限等。根据有关的规定,申请办理木材运输证的单位和个人,应当提交的证明文件有:林木采伐许可证或者其他合法来源证明。合法来源证明是指运输农民自留地及房前屋后生产的木材或旧房料,凭乡、镇人民政府或者基层林业站的证明。个人搬迁按规定允许携带的木材,凭户口迁移证明或工作调动证明。木材经营、加工单位运输木材,凭林业主管部门规定的证件和履行的手续;检疫证明;省、自治区、直辖市林业主管部门规定的其他文件。

②木材运输管理。我国《森林法》第七十八条规定:"违反本法规定,收购、加工、运输明知是盗伐、滥伐等非法来源的林木的,由县级以上人民政府林业主管部门责令停止违法行为,没收违法收购、加工、运输的林木或者变卖所得,可以处违法收购、加工、运输林木价款三倍以下的罚款。"林区木材运输的监督机构是木材检查站。经省、自治区、直辖市人民政府批准,可以在林区设立木材检查站,负责检查木材运输。木材检查站的设立,必须按照统一规划、合理设置的原则,由县级以上林业主管部门提出,经省级林业主管部门审核,报省级人民政府批准。木材检查站的职责是宣传森林法和国家其他有关木材运输监督的法规和政策;依法检查木材运输,维护林区木材运输秩序,制止非法运输木材的行为。

(3) 林木权属特征、林木使用权的流转形式和条件

①林木权属特征。林权是指森林、林木、林地的所有者或使用者依法对林木的占有、使用、收益和处分的权利。以林权客体的不同,林权可以分为森林所有权、林木所有权和林地所有权3种。森林、林地只能是国家或集体所有,而林木可以是国家、集体所有,也可以归个人所有。一般情况下,森林、林木、林地的所有权主体是一致的,但在特殊情况下也可以不一致,如合作造林,林地所有权为合作一方所有,林木所有权则归合作各方共同所有;公民在自留山上造林,林地所有权归集体,林木所有权则属于公民个人;承包造林,林地所有权归国家或集体,林木所有权可以是承包方,也可以归承包方与发包方共有。

②林木使用权的流转形式和条件。林木使用权的流转是指林木的使用权的依法转让。生产实践中,林木使用权流转的主要形式包括:一是林木的转让,包括以培育、经营为目的的林木折价转让和林木采伐权转让;二是将林木折价入股或者作为合资、合作的出资条件,可以采取股份合作方式将林木折价入股合作经营,也可以把林木所有权折为公司股本的一部分。林木使用权转让或者作为合资、合作的条件的,转让方或出资方已经取得的林木采伐许可证仍然具有法律效力,也可以同时转让。林木使用权进行流转必须具备相关条

— 173 —

件：要转让的林木权属清晰，不存在林木所有权、使用权权属争议；已经完成了林木资源资产评估评价工作；林木使用权的有偿转让，转让双方必须遵守森林、林木采伐和更新造林的规定，防止在流转过程中造成森林资源的破坏。

拓展训练

某林场接到上级主管部门的通知，需要重新核定采伐限额，并根据森林资源状况，按照国家相关规定提交森林采伐限额的建议指标，每人提交一份对建议指标的审查报告。

任务7.4 林木采伐许可证申请办理

任务描述

某村民响应国家的生态文明建设号召，牢固树立"绿水青山就是金山银山"的理念，科学依法经营森林资源，根据国家有关规定要为自家自留山上的林子申请办理林木采伐许可证，请组织完成各项申请办理工作。

每人提交一份申请办理林木采伐许可证的工作报告。

任务目标

（一）能力目标

1. 能够按照要求完成林木采伐申请并进行报送。
2. 能够根据林木采伐申请进行逐项审查。
3. 能够对申请采伐林分进行现场核查。

（二）知识目标

1. 了解申领林木采伐许可证的凭证。
2. 熟悉伐区验收的各项环节。
3. 掌握凭证采伐的法律依据。

（三）素质目标

1. 具有高尚的家国情怀和责任担当。
2. 培养学生尊重自然、热爱自然的生活态度。

实践操作

7.4.1 林木采伐许可证申请办理的过程与要点分析

第一步：提出申请

集体、个人和国有森林经营单位申请采伐林木，申请采伐林木的单位将《林木采伐申请审批表》送相应林业主管部门和有关发证单位。

第二步：审核材料

林业主管部门和有关发证单位接到申请后，应对申请审批表逐项进行审查，并按规定审查有关证明文件。

第三步：现场核查

经审查符合规定的申请受理后，受理单位将组织专业技术人员对申请采伐的林木进行现场勘察并做出处理意见。

第四步：批准、办证

经审核合格后，办理林木采伐许可证人员将《林木采伐申请审批表》《伐区调查设计说明书》或《伐区简易调查设计表》送单位领导，由领导在《林木采伐申请审批表》上签署审批意见；办证人员在森林采伐限额和核定的年度木材生产计划内，根据领导审批意见填写林木采伐许可证；属集体、个人采伐林木的，由乡林木工作站将林木采伐许可证送达采伐申请人；属国有森林经营单位采伐林木的，由发证单位将采伐证直接发给申请采伐单位。

  理论基础

7.4.2　林木采伐许可证申请办理

7.4.2.1　林木凭证采伐制度

(1) 凭证采伐的法律依据

林木采伐许可证是采伐林木的单位和个人依照法律规定办理的采伐林木的证明文件。《森林法》第五十六条规定，采伐林地上的林木应当申请采伐许可证，并按照采伐许可证的规定进行采伐。

林木凭证采伐制度是指任何采伐林木的单位和个人，必须依法向核发林木采伐许可证的部门申请林木采伐许可证，经批准取得林木采伐许可证后，按照采伐许可证规定的地点、数量、树种、方式和期限等进行采伐，并按规定完成采伐迹地的更新。

(2) 凭证采伐的实施范围

根据《森林法》的规定，除采伐竹子和不是以生产竹材为主要目的的竹林，以及农村居民采伐自留地、房前屋后自有的林木，可以不申请采伐许可证外，其他任何林木的采伐都必须办理采伐许可证，并按照许可证的规定进行采伐。

凭证采伐的范围，依据林木的所有权，应包括国有单位经营的森林和林木，集体所有的森林、林木，个人经营的自留山、责任山的林木和承包荒山、荒地营造的林木，农村居民采伐自留地、房前屋后自有的零星林木除外；依据采伐的目的和用途，则包括以生产商品材为目的的林木采伐和不以生产商品材为目的的林种结构调整、农民自用材、培植业用材和烧材等林木的采伐，同时包括工程建设占用或者征用林地的林木采伐以及因病虫害、火灾受害的林木采伐等；因扑救森林火灾、防洪抢险等紧急情况需要采伐林木的，组织抢险的单位或部门应当自紧急情况结束之日起30日内，将采伐林木的情况报告当地县级以上人民政府林业主管部门。

(3) 核发林木采伐许可证的单位

林木采伐许可证是由林业主管部门和有关部门根据采伐林木者的申请，依法发放的允许采伐者从事采伐活动的凭证。林木采伐许可证的内容包括采伐地点、面积、蓄积（或株数）、树种、采伐方式、期限和更新造林的时间等。林木采伐许可证的式样由国务院林业主管部门规定，由省、自治区、直辖市人民政府林业主管部门印制。

根据《中华人民共和国森林法实施条例（2018 修正版）》第十六条第 3 款规定，"用地单位需要采伐已经批准占用或者征收、征用的林地上的林木时，应当向林地所在地的县级以上地方人民政府林业主管部门或者国务院林业主管部门申请林木采伐许可证。"第三十二条对林木采伐许可证的核发单位做出明确规定，"除森林法已有明确规定的外，县属国有林场，由所在地的县级人民政府林业主管部门核发；省、自治区、直辖市和设区的市、自治州所属的国有林业企业事业单位、其他国有企业事业单位，由所在地的省、自治区、直辖市人民政府林业主管部门核发；重点林区的国有林业企业事业单位，由国务院林业主管部门核发。"

(4) 申请林木采伐许可证需要提交的材料

①林木采伐申请表。采伐国有土地上的林木提交国有林木采伐申请表，采伐集体土地上的林木提交集体（个人）林木采伐申请表。

②林木权属证明。采伐国有土地上的林木，应提交林木权属证明；采伐集体林地上的林木，应提交全国统一式样的林权证书。没有林权证书的，应提交县级人民政府规定的可以证明林木权属的有效材料。

③伐区调查设计材料。有以下情形之一的，不能核发林木采伐许可证。

a. 防护林和特种用途林进行非抚育或者非更新性质的采伐的，或者采伐封山育林期、封山育林区内的林木的。

b. 上年度采伐后未完成更新造林任务的。

c. 上年度发生重大滥伐案件、森林火灾或者大面积严重森林病虫害，未采取预防和改进措施的。

(5) 申领林木采伐许可证的凭证

单位或个人申领林木采伐许可证应提交的材料，一是申请采伐林木的所有权证书或者使用权证书；二是应提交的其他有关证明文件，包括国有林业企业事业单位提交伐区调查设计文件和上年度采伐更新验收证明，其他单位提交采伐林木的目的、地点、林种、林况、面积、蓄积量、方式和更新措施等内容的文件；个人提交包括采伐林木的地点、面积、树种、株数、蓄积量、更新时间等内容的文件。对未按规定提交申请文件或未按规定完成上年度更新任务的申请者，发证部门不予发证；对伐区作业质量不符合规定的，发证部门应收缴采伐证，终止其采伐，直至纠正为止。

7.4.2.2 伐区验收

根据国务院有关文件规定：各级森林资源管理部门应加强采伐更新的检查、监督管理工作，严格执行采伐审批伐区拨交验收和更新造林检查验收制度，对违反《森林法》规定的单位和个人有权进行处罚。森林资源管理部门应对伐区的日常管理和作业质量进行检查和监督，在作业结束时，对伐区进行检查验收。

伐区验收的程序是：采伐单位提出验收申请→现场检查验收→签发伐区验收合格证。

森林资源管理部门在伐区作业结束前，应组织有关单位的人员组成伐区质量验收小组，按伐区作业质量验收标准进行验收，验收合格的，资源管理部门签发伐区作业质量验收合格证，作为下一次申请采伐的依据。对伐区作业不符合规定的单位，发放采伐许可证的部门有权收缴采伐许可证，终止其采伐，直至纠正为止。检查的项目如下：

①按规定的采伐方式、采伐面积进行采伐，不得越界采伐或遗弃应采伐的林木。

②择伐和渐伐作业实行采伐木挂号，按规定采伐强度采伐，保留郁闭度和保留株数达到规程规定要求。

③保护好幼树、幼苗，不得采伐母树等禁伐树木。

④刨土下锯，合理造材，提高经济材的出材率，集材时要把木材长度 2 m 以上，小头直径不小于 8 cm 的，全部运出伐区；装车场和楞场不得遗弃木材。

⑤对容易引起水土冲刷的集材主道，应当采取防护措施。

⑥采伐剩余物和藤条灌木，在不影响森林更新的原则下，采取保留利用、火烧、堆集或者截短散铺方法清理。

拓展训练

某林场根据森林经营的需要，申请办理木材采伐许可证，请根据国家有关规定，组织完成各项申请办理工作，每人提交一份木材采伐申请表。

自测题

一、名词解释

1. 林地林权管理；2. 林权证；3. 林地流转；4. 占用林地；5. 征用林地；6. 森林采伐限额；7. 林木凭证采伐制度；8. 木材凭证运输制度；9. 林木采伐许可证。

二、判断题

1. 我国林地的所有权分国家所有权和集体所有权两种形式。（   ）
2. 林权证式样由国务院林业行政主管部门统一规定。（   ）
3. 在发生林权争议时，不能将林地划分归不同的当事人所有或使用。（   ）
4. 根据有关法律的规定，国有林地和集体林地可以买卖。（   ）
5. 集体所有的森林、林木和林地，由所有者向所在地的县级人民政府林业主管部门提出登记申请，由该县林业主管部门登记造册，核发证书，确认所有权。（   ）
6. 森林、林木和林地所有权或使用权经登记并确认权属后，因某种原因而发生变化，使森林、林木和林地所有权人发生变化或者导致权利人的林地面积、范围等改变，林权权利人应当到初始登记机关申请变更登记。（   ）
7. 林地转让的是使用权，林地所有权不得转让。（   ）
8. 国有林地的转让可以采取协议的方式，集体林地的转让，须经集体经济组织代表会议或村民代表会议讨论通过。（   ）
9. 需要临时占用林地的，应当经县级以上人民政府林业主管部门批准。临时占用林

地的期限不得超过 4 年,并不得在临时占用的林地上修筑永久性建筑物;占用期满后,用地单位必须恢复林业生产条件。( )

10. 林木使用权转让或者作为合资、合作的条件的,转让方或出资方已经取得的林木采伐许可证仍然具有法律效力,也可以同时转让。( )

11. 年森林采伐限额是立木蓄积,而不是伐倒木材积。( )

三、填空题

1. 林地管理的主要内容包括( )、( )和( )。
2. 我国林地所有权分成( )和( )两种形式。
3. 我国林地使用权分成( )、( )、( )和( )4 种形式。
4. 林权登记发证可以分为( )、( )和( )3 种形式。
5. 林地流转的形式有( )、( )和( )3 种。
6. 占用、征用林地需要交纳的费用包括( )、( )、( )、( )和( )。
7. 经批准征用、占用的林地有下列情况之一的( )、( )、( )、( )、( )和( )由土地管理部门报县级以上人民政府批准,收回用地单位的土地使用权,注销土地使用证,对适宜还林的土地用于还林。
8. 林木资源是指( )的树木,包括利用木材的树木和利用果、叶、茎、根等非木材的树木。
9. 需要凭证运输的木材包括( )、( )( )、木片和省、自治区、直辖市规定的其他木材。
10. 林木使用权流转的主要形式一是( );二是( ),也可以把林木所有权折为公司股本的一部分。
11. 年森林采伐限额是立木( ),而不是伐倒木材积。
12. 申领林木采伐许可证的凭证分为( )和( )。
13. 伐区验收的程序是( )、( )和( )。

四、选择题

1. 林权登记发证分( )。
   A. 初始登记   B. 变更登记   C. 注销登记   D. 恢复登记
2. 核发林权证的条件包括:( )。
   A. 林地及林地上林木的权属无争议。
   B. 界线清楚、界桩(标)明显,与毗邻单位有认界协议,证明材料合法有效。
   C. 森林、林木和林地位置、四至界线、林种、面积或株数等数据准确。
   D. 登记文件和图表资料完备,并同实地吻合。
3. 林地所有者或经营者依法申办林权证应提交以下材料:( )。
   A. 林权登记申请表。
   B. 个人身份证明、法人或其他组织的资格证明、法定代表人或负责人的身份证明、法定代理人或委托代理人的身份证明和载明委托事项和委托权限的委托书。
   C. 申请登记的森林、林木和林地权属证明文件资料。
   D. 省、自治区、直辖市人民政府林业主管部门规定要求提交的按其他有关文件材料。

4. 林地使用权依法转让的范围包括：(   )。
   A. 用材林、经济林、能源林和竹林的林地使用权。
   B. 用材林、经济林、能源林的采伐迹地、火烧迹地的林地使用权。
   C. 宜林地(荒山、荒沟、荒丘、荒滩等)使用权。
   D. 防护林、特种用途林的林地使用权。
5. 林地流转应具备以下条件：(   )。
   A. 林地权属没有争议   B. 经有关部门同意林地流转的文件
   C. 林地转让双方同意转让   D. 已经交过费用
6. 占用或征用防护林林地或者特种用途林林地面积(   )以上的，用材林、经济林、能源林林地及其采伐迹地面积(   )以上的，其他林地面积(   )以上的，由国务院林业主管部门审核。
   A. 10 hm²   B. 35 hm²   C. 70 hm²   D. 55 hm²
7. 根据《土地管理法》和《森林法》的规定，占用或征用林地(   )以下的，由县级人民政府批准；占用或征用林地(   )以上的，由县级以上人民政府逐级审查，报国务院批准；占用或征用林地(   )以下的，由省级人民政府批准。
   A. 10 亩   B. 2000 亩   C. 4000 亩
8. 伐区验收的程序是：(   )
   A. 采伐单位提出验收申请   B. 现场检查验收
   C. 签发伐区验收合格证   D. 提供书面材料的审查

五、简答题

1. 简述林地管理的职责。
2. 简述林地管理的特征。
3. 简述林权登记发证的条件和依据。
4. 申请办理林权证需要提交什么材料？
5. 简述林地保护和利用管理的内容。
6. 简述林地流转的法律依据、范围和条件。
7. 简述占用、征用林地的条件。
8. 简述占用、征用林地须提交哪些文件材料？
9. 简述森林采伐限额的概念、意义。
10. 简述采伐限额与木材生产计划的关系。
11. 简述制定采伐限额的依据。
12. 简述凭证采伐的意义。

项目 8 森林收获调整

森林结构包括林种、树种、径级、树高、年龄、面积结构等。森林可持续经营是现代林业的根本特征,是实现森林资源可持续发展的必要途径。森林可持续经营必须有合理的森林结构。森林收获调整的理论和技术,历来是森林经营管理课程的核心问题之一。一个森林经营单位内所定的森林采伐量是否合理,关系到森林资源的可持续发展,因此,森林采伐量的制定一直是森林经营管理课程研究的主要内容之一,也是森林经理工作的重要任务之一。本项目分为森林成熟与经营周期、森林结构调整、森林采伐量的计算、合理年伐量的测算 4 项任务。

知识目标

1. 了解森林生长发育的阶段和各阶段特点。
2. 熟悉森林成熟、森林结构调整的种类。
3. 掌握森林成熟龄的确定方法。
4. 掌握森林年采伐量的计算方法。

能力目标

1. 能够区分主伐年龄和森林成熟龄的关系。
2. 能够根据不同林种确定森林成熟的判断方法。
3. 能够运用不同采伐量公式计算森林采伐量。

素质目标

1. 培养学生践行吃苦耐劳、无私奉献的敬业精神。
2. 培养学生践行生态文明、保护绿水青山的职业素质。
3. 培养学生一丝不苟、精益求精的工匠精神。

任务 8.1 森林成熟与经营周期

任务描述

根据物质产品森林成熟和非物质产品森林成熟特点,确定数量成熟龄、不同材种规格的工艺成熟龄以及自然成熟龄。

每人提交一份设计表。

任务目标

（一）知识目标
1. 了解各种森林成熟在森林经营和森林利用中的意义。
2. 熟悉各种森林成熟和经营周期的概念及影响因素。
3. 掌握数量成熟龄、工艺成熟龄、竹林成熟龄、自然成熟龄、轮伐期、经营周期的确定方法。

（二）能力目标
1. 根据物质产品森林成熟和非物质产品森林成熟特点，能确定数量成熟龄和不同材种规格的工艺成熟龄、竹林成熟龄、自然成熟龄。
2. 根据主伐年龄和更新期，能确定轮伐期；根据径级择伐，能确定择伐周期。

（三）素质目标
1. 培养学生学林、护林、爱林、兴林的高尚情操。
2. 培养学生团结协作、精益求精的科学态度。

实践操作

8.1.1 森林成熟与经营周期确定的过程与要点分析

第一步：确定森林成熟龄

根据经营目的和各种森林在国民经济中的作用不同，通过查阅生长过程表、利用标准地实测、生长过程表结合材种出材量表等方法，确定不同的森林成熟龄。

第二步：确定轮伐期

同龄林经营周期指的是轮伐期。根据森林成熟龄、不同的更新方式，结合经营单位的龄级结构经营单位的生产力和林况等情况，确定轮伐期。不同的更新方式，轮伐期不同。伐前更新，轮伐期等于主伐年龄减去更新期；伐后及时更新，轮伐期等于主伐年龄伐后更新时，轮伐期等于主伐年龄加更新期。

第三步：确定择伐周期

异龄林经营周期指的是择伐周期。根据择伐作业的生长周期，运用径级法、最小径级和最大径级年龄差等方法，确定择伐周期。

理论基础

8.1.2 森林成熟与经营周期

8.1.2.1 森林成熟概述

在森林经营过程中，有一个重要的时间节点，是森林成熟。森林成熟是森林资源经营管理的基本理论之一，是确定采伐更新和经营周期所依赖的主要技术经济指标，是森林经营和森林利用的重要依据。

森林成熟是指森林在生长发育过程中，最符合经营目标时的状态。达到这一状态时的年龄称为森林成熟龄。所谓经营目标，是指国民经济、生态环境、人民生活对木竹材、其他林产品及森林有利性能的需要得到满足的状况而言。成熟是一种现象，而成熟龄则是这一现象的时间概念。

在确定和判断森林成熟时，必须明确以下3点。

①通常所说的森林成熟，不能直接应用到内容极其复杂的森林综合体上去。森林是一个复杂的生态系统，对于一个经营单位来说，所拥有的森林是各种不同林分、林木与环境的集合，因此这里所说的森林，不是泛指的森林，而是指个别林木或林学特征相同的林分。

②确定了森林成熟龄不代表个别树木或林分恰好就在这一年中表现其最高的有利性能，而往往有可能在比较长的时期，甚至在十几年内，林木仍能保持着它的高度良好性能。所以，森林成熟龄只是大体上代表成熟期的年代。

③森林成熟具有不明显性和多样性的特点。森林的生命周期很长，不能单纯从外部形态、色泽特征上判断森林成熟。森林成熟与经营目的相关。如经营目标是大径材，生长周期长，达到成熟的时间也相对较晚。另外，我们常见的林种，如防护林、经济林等，他们所需要的经营目标各自不一样，成熟期不同。

8.1.2.2　物质产品森林成熟

森林能为人们提供木材、林副产品及发挥多种有益性能，因此，就决定着森林有不同种类的成熟。在树木或林分的整个生长发育过程中，从不同种类的森林成熟角度出发，会得出不同的森林成熟龄。也就是说，森林资源经营管理研究的不是一种森林成熟，而是多种成熟。至于需要研究哪些种类的森林成熟应根据经营目的和任务而定。有些成熟是决定于树木或林分的自然生长过程，而另一些成熟则决定于技术计算的方法和经济条件。

(1) 数量成熟

①数量成熟的概念。收获较多的木材是森林经营者的主要目的。因此，树木或林分材积平均生长量达到最大值的状态称为数量成熟。达到此状态时的年龄，称为数量成熟龄。数量成熟，也称为材积收获最多成熟，绝对成熟等。主要用于用材林、能源林中。用公式可以表达为：

$$\max Z_i = \frac{V_i}{i} \tag{8-1}$$

式中：V_i——树木或林分第i年的材积或蓄积量，m^3；

　　　i——年龄，$i=1, 2, \cdots, n$；

　　　Z_i——第i年的材积平均生长量，m^3。

通常情况下，林木材积生长有共同的规律：材积平均生长量由小逐渐增大，某年时达到最大值(数量成熟)，然后缓慢地下降，这种变化规律可以从云南松天然林生长过程表中看出(表8-1)。

表 8-1　云南松 I 地位级生长过程(疏密度=1.0)

林分年龄(a)	每公顷蓄积量(m^3)	平均生长量(m^3)	连年生长量(m^3)	连年生长率(%)
10	68	6.8	6.8	
20	176	8.8	10.8	8.85
30	276	9.2	10.0	4.42
40	357	8.9	8.1	2.56
50	419	8.4	6.2	1.60
60	471	7.9	5.2	1.17
70	518	7.4	4.7	0.95
80	556	6.9	3.8	0.71
90	588	6.5	3.2	0.56

注：引自亢新刚，2011。

从表 8-1 可以看出：树木幼年时期，连年生长量和平均生长量都随年龄生长而增加，但连年生长量比平均生长量增加得快，绝对值也大；连年生长量达最高峰的时间比平均生长量早；当平均生长量达最高峰时，连年生长量和平均生长量相等，即这个交点正好是平均生长量的最大值。在此之前，连年生长量大于平均生长量，此后连年生长量小于平均生长量。在确定数量成熟时，把达到此交点的年龄定为数量成熟龄。

根据表 8-1 中连年生长量和平均生长量的数字绘成生长过程曲线(图 8-1)，可以看出两种生长曲线有规律的变化中，对确定数量成熟龄提供了有力的根据。

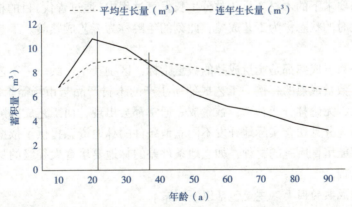

图 8-1　云南松平均生长量与连年生长量曲线
(引自亢新刚，2011)

从图 8-1 可明显看出，两种曲线的交叉点就是平均生长量的最高年龄，那么这个年龄就是云南松 I 地位级的数量成熟龄，此时采伐，可以收获年均最多的木材。

②影响数量成熟的因素。达到数量成熟的早晚受多种因素的影响。一般因树种特性、起源、确定范围、立地条件和经营措施等多种因素的影响。

a. 树种。不同的树种有不同的生长规律。一般来说，喜光的速生树种数量成熟较早，而耐阴的慢生树种数量成熟较晚。

b. 立地条件和生长环境。立地条件和生长环境直接影响树木和林分的生长规律，进而影响到数量成熟。立地条件好、生长环境优越时，数量成熟较早；反之较晚。

c. 林分密度。不同的林分密度，将影响到林分和林分中单株树木的生长节律。密度越大，数量成熟越早；密度越小，数量成熟越晚。

d. 经营技术。任何改变林木生长过程的技术措施都将影响到数量成熟。如修枝、间伐、施肥、浇水以及影响林分起源的不同形式的更新方式（萌生或实生等），都会影响到林分的生长，对林分或树木的数量成熟产生影响。

③数量成熟龄的确定方法。确定数量成熟龄的方法如下。

a. 生长过程表法。生长过程表是人工编制的反映某林分在一定立地条件下，疏密度为1.0时的生长变化过程的表格，包括林分年龄、单位面积蓄积量、连年生长量和平均生长量等，可通过查表中蓄积平均生长量最大时的林龄即为数量成熟龄。

b. 标准地法。在待定树种的各龄级林分中选择标准地，确定在各龄级林分中设立标准地的数量，将选定的各标准地林木伐倒并区分求积，并查定平均年龄，计算蓄积总量和蓄积平均生长量；将计算出的各龄级标准地林分的年龄、材积平均生长量列表，查出最大值的年份，即为数量成熟龄。

(2) 工艺成熟

①工艺成熟的概念。有一定规格要求的木材种类称为材种，每个材种都有一定长度、粗度和质地的标准。人们在经营森林时，往往要根据具体情况，设定一个培育材种目标，如各种规格的原木、板材、锯材、纸浆材等，以满足市场对不同材种的需求，同时提高单位面积生产效率。因此，在很多情况下，仅考虑林分生产木材的量的最大化是不够的，还要考虑一定规格要求下的木材产量。林分生长发育过程中（通过皆伐）目的材种的材积平均生长量达到最大时的状态称为工艺成熟，此刻的年龄称为工艺成熟龄。工艺成熟主要用于用材林中。

工艺成熟和数量成熟都是衡量成熟的数量指标，区别在于：其一，工艺成熟加上了材种规格要求，是数量成熟的特例。工艺成熟所生产的木材产品与市场需求能更紧密结合，以需定产；其二，无论林分或林木，数量成熟通常都会出现，而工艺成熟龄则不然。工艺成熟的提出，为充分且切合实际地开发不同立地条件的林地资源提供了依据，因为不是任何条件的林地都能培育所有的材种，如立地条件差的林地要培育大径级的材种，工艺成熟龄就永远不会出现。

②影响工艺成熟的因素。主要包括以下因素。

a. 材种规格。材种的小头直径越大，工艺成熟龄越高。例如，I_a地位级的云南松培育锯材原木（小头直径 28 cm，材长 6 m 以上）需 110 年，而培育矿柱（小头直径 8~12 cm，材长 2 m 以上）只需 40 年（表 8-2）。

b. 立地条件。同一材种的工艺成熟龄，立地条件越好，工艺成熟龄越低。例如，在云南松林中培育锯材原木，在 I_a 地位级需 90 年，而在 Ⅳ 地位级则需 140 年（表 8-2）。

c. 营林措施。任何提高树木生长量的措施，都可以降低工艺成熟龄。例如，采取各种速生丰产措施，适时进行系统抚育间伐等都能降低工艺成熟龄。

表 8-2　云南松数量成熟龄与工艺成熟龄的比较

地位级	数量成熟龄(a)	工艺成熟龄(a)				
		锯材原木	矿柱	火柴材、造纸材	原木	建筑材
I_a	31	90	40	—	60	30
I_c	33	110	40	—	65	40
I	35	120	40	—	70	40
II	37	120	50	—	80	50
III	40	120	60	—	90	60
IV	42	140	80	—	90	90

③工艺成熟的确定方法。主要包括以下方法。

a. 生长量过程表法结合材种出材量表法。从生长过程表中查出各年龄林分的平均高、平均胸径和每公顷蓄积量，从材种出材量表中相对应的栏目中查出材种的出材率，用各年龄林分蓄积乘以材种出材率，得到材种出材量。用材林材种出材量除以相应的年龄得到各材种各年平均生长量，对材种平均出材量进行排序，得到最大值，所对应的年龄即为该材种的工艺成熟龄。

b. 标准地法。选择龄级均匀，立地条件一致，疏密度中等的标准低，调查林分调查因子，如林分平均年龄、树高、胸径、每公顷蓄积量等，求出材种的出材率、出材量、平均生长量，分析、判别材种平均生长量序列，以最大值确定工艺成熟龄。

c. 马尔丁法。马尔丁法是一种灵活方便地测算某材种工艺成熟龄的方法，这种方法要调查一定数量的解析木。工艺成熟龄等于材种小头半径方向上 1 cm 内的年轮数乘以材种小头半径，加上树高达到材种长度时所需时间(年)。

(3) 竹林成熟

竹林资源在我国十分丰富，第九次全国森林资源清查结果显示，全国竹林面积 $641.16\times10^4\ hm^2$，其中毛竹林 $467.78\times10^4\ hm^2$，占比 72.96%，其他竹林 $173.38\times10^4\ hm^2$，占比 27.04%，位于世界第一位。竹子种类繁多，用途多样，因此成熟的种类也多种多样。也有各种工艺成熟龄，自然成熟和类似的更新成熟。由于毛竹占了绝大多数，以毛竹为例，说明其不同用途的成熟。用于造纸和纤维原料的竹材需要用嫩竹，以 1 年生为宜，在当年竹子新叶展开时即可收获；编织用材以 2~4 年生最好；建筑用材以 5~6 年以上，特殊用途的竹材需 8 年以上。我国竹林种植区有"存三去四莫留七"的谚语，意思是说：1~3 度(1 度为 2 年，相当于龄级)时留养，4 度时抽砍，7 度以上则不宜保留。

竹林通常为异龄林，收获一般用择伐。

毛竹属于单子叶植物，没有年轮可数，为了正确确定竹林成熟，必须掌握确定单株年龄的方法。目前在生产实践中，通常根据外部形态识别年龄。

(4) 经济林成熟

经济林是我国 5 大林种之一，也是近年来发展最快的林种。经济林是以生产和利用干鲜果品、食用油料、饮料、调料、工业原料、香料和药材等为主要目的的林木。收获物的形式主要有：果实、叶、花、皮、根、汁、树液等。因此，上述各种成熟的概念都不适用。而经济林又与农作物种类只收获一次不同，在整个生长发育过程中，常在一个相当长的时期内能够多次提供产品。过了这个时期以后，产量显著降低，需要采伐更新。所以研究各种经济林产量开始显著降低的时期有着重要意义。

一些木本油料和木本粮食，如油茶、油桐、核桃、板栗等，成熟的概念主要反映在结实能力的盛衰上，把树龄分为始果期、盛果期、减果期和衰果期。以油茶为例，一般划分为：果前期(1~6年)；始果期(7~20年)；盛果期(21~50年)；减果期(51~70年)；衰果期(71年以上)。

利用树皮的一些树木，如栓皮栎、肉桂、棕榈等，其成熟主要反映在适宜的剥皮年限上，栓皮栎一般需到15年生以上才开始剥皮，而以40年生左右所剥栓皮质量最好。每隔12~15年再剥皮一次。

利用树液的一些树木，其成熟主要反映在不同年龄阶段树液的流量上。

有些经济林在完成它的主要经营任务之后，木材仍可利用，如板栗、核桃、油桐等。所以研究经济林成熟时，还应考虑木材利用的成熟问题。

8.1.2.3 非物质产品森林成熟

(1) 自然成熟

①自然成熟的概念。当树木或林分从衰老到开始枯萎阶段时的状态，称为自然成熟。达此状态的年龄称为自然成熟龄。它是以林木生理上自然衰老的现象为标准的，所以也称生理成熟龄。对于用材林，达到或超过自然成熟龄都会降低林地生产率，使平均年收获量减少。因此，我国《森林采伐更新管理办法及说明》中规定，自然成熟是"森林经营中确定主伐年龄的最高限"。

②影响自然成熟的因子。主要包括以下几个方面。

a. 树种。软阔叶树的自然成熟龄比针叶树和硬阔叶树的低、喜光树种比耐阴树种短。例如，水曲柳、黄波罗、胡桃楸比白桦、杨树的寿命长；云杉、冷杉较落叶松寿命长。

b. 林木起源。实生的树木或林分，其自然成熟龄比萌芽的高；

c. 立地条件。生长在不良立地条件下的树木或林分，其自然成熟较早，而生长在良好立地条件下，则到来得较晚。

另外，单株树木由于营养空间大，因而比林分的自然成熟龄长。我国东北地区的红松林，个别单株寿命可达400~500年，而红松林分的平均寿命一般只有200~300年。

③自然成熟的确定。单株树木的自然成熟比较容易确定，通常可以从树木的形态上得到确认。树木达到自然成熟龄时，通常有直径生长显著减缓，树高生长停止，树冠偏平而枝条稀疏，针叶变黑，梢头干枯，不再发生嫩枝，树皮呈宽大裂片，心腐扩大，根系死亡，个别树木或成群树木发生折断或倾倒。如果生长在阴湿环境下，树干上常有很多地衣、苔藓。

在林分生长发育过程中，有两种现象同时存在：一种现象是林分中的部分树木因竞争、分化、自然稀疏等原因而死亡，使林分蓄积量减少；另一种现象，活着的林木继续生长又增加了林分的蓄积量。当林分处于幼龄、中龄阶段，活立木生长增加的蓄积量总是大于死亡林木减少的蓄积量，因而林分的总蓄积量不断增加。当到达一定年龄时，每年活立木增加的蓄积量与死亡林木减少的蓄积量相等，随后林分蓄积量开始出现负增长，即死亡林木的蓄积量大于活立木增加的蓄积量，此时就达到了自然成熟。到达自然成熟时，虽然林分的平均生长量不是最高的，但林分的蓄积量是最高的。表 8-3 中列举了阿尔汉格尔斯克州松林的生长过程。

表 8-3 中等地位级松林主林木生长量

年龄(a)	每公顷总断面积(m²)	每公顷蓄积量(m³)	每公顷平均生长量(m³)	每公顷连年生长量(m³)
120	29.9	288	2.4	1.1
140	30.3	320	2.2	0.7
160	29.7	304	1.9	0.2
180	28.5	295	1.6	-0.4
200	26.5	279	1.3	-0.9
220	23.5	251	1.1	-1.3
240	19.8	217	0.9	-1.7

注：引自亢新刚，2011。

从表 8-3 中可以看到，林分蓄积量出现负生长在 180 年（准确地说是在 160～180 年），此时达到了自然成熟。

自然成熟由于受很多因素的影响，因此，判断一个林分是否达到自然成熟，最好的方法是根据林分的生长状态，特别是生长量来进行判断。

(2) 防护成熟

①防护成熟的概念。防护林是生态公益林的主体，是以发挥防护效益为主要经营目的的森林，也是五大林种之一。我国为促进林业发展而实施的六大林业重点工程中，防护林就占了5个。从面积上来说，防护林已经成为用材林之后的第二大林种。在我国，防护林主要有水土保持林、农田防护林、水源涵养林、防风固沙林、护路林和护岸林等类型。

防护林的主要目的是保护、稳定和改善生态环境，同时兼具生产木材及其他林产品的功能。因此，在评价和计算防护林的功能时，要以防护效益为主，兼顾经济效益。当林木或林分的防护效能出现最大值后，开始明显下降时称为防护成熟，此时的年龄称为防护成熟龄。

②防护成熟的影响因素。主要包括以下方面。

a. 树种。一般来说，速生喜光树种防护成熟早，慢生耐阴树种防护成熟晚。

b. 林分结构。包括密度结构、树种结构和年龄结构。密度大的林分，郁闭较早，单株林木营养空间小，衰老期提前，因而防护成熟较早；合理搭配的混交林，生态稳定性较纯林高，有望发挥较强的防护功能，并且推迟防护成熟的到来；由不同年龄林木组成的异龄林，同样有较高的生态稳定性，可以采用择伐作业的方式更新，保持林分防护效能的持续发挥，从而避免或弱化防护成熟的出现。可以看出，营造和调整合理的林分结构，是提高和保持防护林防护效益持续稳定的重要措施。

c. 经营管理措施。不同的经营管理措施，如造林、修枝、间伐、施肥、浇水等，都会影响林分的生长规律和林分结构，从而影响防护成熟龄的大小。例如，用萌生方式更新的林分，初期生长快，但林分老化早，因此防护成熟龄较小。

d. 更新方式。当防护林的防护效能明显下降以后，应该进行更新。如果采用皆伐方式更新，因为更新期间有防护空白期，应该适当推迟采伐时间，延长防护成熟龄；如果采用择伐或渐伐方式更新，更新期间仍然保持一定的防护效能，开始采伐时间可以适当提前，减小防护成熟龄。一般情况下，为保持防护效益的持续发挥，宜采用择伐或渐伐的方式对防护林进行更新。例如，农田防护林、护路林更新时，如果该防护林有几行，可以隔行采伐，待更新后再采伐剩余行的林木；如果防护林是单行，可以隔株采伐，待采伐位置更新后再采伐剩余部分。

③防护成熟的确定。无论哪种防护林，其防护效能的发展变化规律是基本一致的，即随着森林的生长期从幼龄林、中龄林到成熟林、过熟林，防护效能由小到大，达到最高值后保持一定时间，然后逐渐变小。因此，可以参照用材林的数量成熟的理论，将防护林各年度所发挥的防护效能看成连年防护效能，将到某一年龄为止的累计防护效能与年龄的比看成平均防护效能，平均效能最大的时间应该是与连年防护效能相等的年份，也就是防护成熟龄。所以，防护林的防护效能（连年防护效能）开始下降时，并不意味着到达防护成熟，只有当其下降到平均防护效能的水平时，才是真正的防护成熟，此时更新，整个经营期内的整体防护效能最大。

(3) 经济成熟

①经济成熟的概念。在森林生长发育过程中，货币收入达到最多时的状态称为经济成熟，此时的年龄称为经济成熟龄。经济成熟可用于能源林、用材林、经济林等林种中。

②经济成熟相关概念。

a. 利率(p)。使用货币资金的补偿称为利息。而在一定的时间内，利息量占资本的百分率称为利率。常见的利息计算方法有单利式和复利式两种。

b. 单利计算。单利法是从简单再生产的角度出发来计算经济效果的，它假定每年所创造的新财富（纯收入）不再投入到生产中去。在单利形式下，一定的本金（或现值）A，按年利率 p 计息，经历计息期数为 n 时，期末的本利和 F（即终值）为：

$$F = A + A \times n \times p = A(1 + n \times p) \tag{8-2}$$

c. 复利计算。复利法是指一定资金投入生产后所取得的报酬加入本金，并在以后各期内再计报酬的方法。不仅本金要计息，利息也要计息，即所谓"利滚利"。在复利形式下，一定的本金（或现值）S_0，按年利率 p 计息，经历计息期数为 n 时，期末的本利和 S_n（即终值）为：

$$S_n = S_0 (1 + p)^n \tag{8-3}$$

8.1.2.4 经营周期

在森林经营中，经营周期是指一次收获到另一次收获之间的间隔期。他在森林经营中起着重要作用，关系到生产计划、经营措施等一系列生产活动的安排。

经营周期主要指轮伐期和择伐周期（回归年）。他们主要用于用材林、能源林、经济林等林种中。轮伐期用于同龄林、择伐周期用于异龄林森林经营中。

(1)轮伐期

①轮伐期的概念。轮伐期是一种生产经营周期。它表示林木经过正常的生长发育到达可以采伐利用为止所需要的时间。轮伐期属于森林经营上的概念。森林经营对象往往不是一个林分,而是许多林分的集合体。轮伐期是在一个经营单位内建立永续利用时间序列的依据。因此,轮伐期就是为了实现永续利用伐尽整个经营单位内全部成熟林分之后,可以再次采伐成熟林分的间隔时间。或者说,是采伐完经营单位全林一遍所需要的时间。它表示采伐—更新—培育—再采伐—再更新—再培育,进行周而复始,长期经营,永续利用的生产周期。

应该注意,"采伐年龄""伐期龄"和"主伐年龄"等概念与"轮伐期"的概念是有差异的。所谓采伐年龄,是指在同一经营类型里,树木或林分到达成熟而进行主伐的最低年龄,也称伐期龄,或称主伐年龄。

主伐年龄只适用于实行皆伐作业的同龄林,按一般规定,主伐年龄以龄级符号表示,如Ⅲ、Ⅳ、Ⅵ、Ⅸ等。而轮伐期则以具体年数表示,如50,70,80,100,120等。另外,主伐年龄是指采伐成熟林的年龄,没有考虑更新的年限,而轮伐期则是包括了更新期在内的生产周期。

例如,某经营单位轮伐期为50年,假定其中包括有自1年生至50年生的各龄级的林分。本年度采伐50年生的林分,并及时更新。现为49年生、48年生以至到1年生的林分,依次进行采伐更新。依次类推,在50年内轮流采伐一遍。如此周而复始,轮流下去。在此种情况下,轮伐期和主伐年龄是一致的。

②轮伐期的作用。确定轮伐期有以下主要作用。

a. 轮伐期是确定利用率的依据。一般情况下,只有当经营单位(经营类型)内各同龄林分的龄级结构均匀,亦即从幼龄林、中龄林及成熟林各年龄林分都具备,而且面积相等,各龄级林分生长量相当大时,才有可能使年伐量等于年生长量,以实现该森林经营单位内的森林永续利用。在年龄结构均匀的条件下,其利用率公式为

$$P = \frac{2}{u} \times 100\% \tag{8-4}$$

式中:P——利用率;

u——轮伐期。

例如,某经营单位蓄积量为300 000 m³,轮伐期为50年,则利用率为4%,其标准年伐量为300 000×4% = 12 000(m³)。从上例中可以看出轮伐期与采伐量、生长量和蓄积量之间的关系。当轮伐期不同时,利用率亦随之变化。例如,轮伐期为100年、50年、40年、20年、10年时,则利用率相应为2%、4%、5%、10%、20%。相应年伐量为6000 m³、12 000 m³、15 000 m³、30 000 m³和60 000 m³。

从上式和上例还可以看出,利用率与轮伐期成反比。即轮伐期越长,则利用率越小;反之,轮伐期越短,则利用率越大。

b. 轮伐期是划分龄组的依据。在林业调查规划中,要划分龄组(幼龄林、中龄林、近熟林、成熟林、过熟林),以表示林分培育和利用的阶段。龄组的划分标准就是轮伐期。通常把达到轮伐期的那一个龄级和高一个龄级的林分称为成熟林;龄级更高的林分为过熟

林；比轮伐期低一个龄级的林分为近熟林。其他龄级更低的林分，若龄级数为偶数，则一半为幼龄林，另一半为中龄林；如果龄级数为奇数，则幼龄林比中龄林多分配一个龄级。成熟林和过熟林构成了利用资源，或称利用蓄积。近熟林以下的则称为经营蓄积。现以不同轮伐期列举其林分按龄组的分配情况（表8-4）。

表8-4 不同轮伐期林分按龄组分配

龄组	轮伐期为120年			轮伐期为80年		
	面积(hm²)	百分率(%)	龄级	面积(hm²)	百分率(%)	龄级
幼龄林	1700	28.3	Ⅰ~Ⅱ	500	8.3	Ⅰ
中龄林	1700	28.3	Ⅲ~Ⅳ	1200	20.0	Ⅱ
近熟林	1000	16.7	Ⅴ	800	13.3	Ⅲ
成熟林	1600	26.7	Ⅵ~Ⅶ	1900	31.7	Ⅳ~Ⅴ
过熟林	—	—	—	1600	26.7	Ⅵ~Ⅶ
合计	6000	100	—	6000	100	—

表8-4为同一经营类型，只是轮伐期不同，则各龄组的面积及其占经营类型面积的百分比就有很大差异。

c. 轮伐期是确定间伐的依据。轮伐期不仅对主伐量有直接关系，而且对间伐量也有影响。因为木材产量主要是由主伐量和间伐量两部分构成。轮伐期确定后，明确了经营单位的经营目的和目的材种。这样林分在到达轮伐期以前，可以适当安排几次间伐，结合间伐可以生产部分木材。由此可见，林分间伐次数、生产材种、间伐量比例等，都和轮伐期的长短有直接和间接关系（表8-5）。

表8-5 龄级划分后应采取的主要经营措施

龄级	面积(hm²)	轮伐期为120年		轮伐期为80年	
		龄组	采伐种类	龄组	采伐种类
Ⅰ	500	幼龄林	透光抚育	幼龄林	透光抚育
Ⅱ	1200	幼龄林	透光抚育	中龄林	生长抚育
Ⅲ	800	中龄林	生长抚育	近熟林	生长抚育
Ⅳ	900	中龄林	生长抚育	成熟林	卫生伐及主伐
Ⅴ	1000	近熟林	生长抚育	成熟林	卫生伐及主伐
Ⅵ	1200	成熟林	卫生伐及主伐	过熟林	卫生伐及主伐
Ⅶ	400	成熟林	卫生伐及主伐	过熟林	卫生伐及主伐
合计	6000				

在以场定居、以场轮伐、全面经营，逐步提高经营水平的情况下，按轮伐期组织林业生产具有重要意义。

③轮伐期的确定依据。确定轮伐期时，森林成熟是主要的依据。除此之外，还应考虑

经营单位的面积和龄级结构等因素。

a. 根据森林成熟确定轮伐期。轮伐期是林业生产中一个重要的林学技术经济指标。它反映着森林的经营目的和培养目标。各种各样的森林成熟都是不同经营目的在林学技术上的反映。因此，应该根据各种森林在国民经济中的作用不同确定不同的轮伐期。一般来说，轮伐期不应低于数量成熟龄。在以利用为主的用材林区，轮伐期应根据所培养目的材种的工艺成熟龄来确定。同时，还应根据不同的更新方式，考虑更新成熟龄。对于防护林应以防护成熟龄和自然成熟龄为主，同时也要考虑更新成熟龄和工艺成熟龄等。要用经济观点进行分析，以确定适宜的轮伐期。

b. 根据经营单位的生产力和林况确定轮伐期。经营单位的林木生产力、林分面积按龄级分配和林况等，是确定轮伐期时不可忽视的一个重要自然因素。从充分利用林木生产力方面看，用材林的轮伐期不应低于数量成熟龄。因为低于数量成熟龄时，平均生长量尚未达到最高峰，没有充分发挥林木的生产力。因此数量成熟龄只能作为确定轮伐期的最低年龄。同时还应考虑林分的立地条件好坏，使确定的轮伐期有利于充分发挥林地的生产潜力。如果林况(生长状况和卫生状况)不良，也应降低轮伐期，以便迅速伐去劣质林分，而代之以生产力较高的新林。当病虫害严重时，应考虑适当缩短轮伐期。

c. 根据经营单位的龄级结构确定轮伐期。经营单位内林分面积按龄级分配情况是确定轮伐期的重要因素之一。如经营单位内中、幼林比重过大，就应规定较高的轮伐期。当成、过熟林过多时，应考虑适当缩短轮伐期。为了避免森林资源遭到不应有的损失，轮伐期不应高于自然成熟龄。当经营单位缺少大龄林木，且根据这些林分的生产条件不可能很快地过渡到大径材，而当地又急需木材时，就应规定较短的轮伐期。

④确定轮伐期的方法。轮伐期是生产周期的概念，除包括合理的采伐年龄外，还应包括森林的更新年限，可用下列公式计算：

$$u = a \pm v \tag{8-5}$$

式中：u——轮伐期；

a——采伐年龄；

v——更新期。

计算轮伐期是要考虑更新期。更新期对轮伐期的影响包括以下3个方面：当采用伐前更新时，$u=a-v$；当采用伐后更新时，$u=a+v$；当采伐后及时更新时，$u=a$。此为各树种或各经营类型确定轮伐期的公式。

当前我国大都以林场为轮伐单位，往往要为林场确定综合轮伐期或平均轮伐期。可在各树种或各经营类型确定轮伐期的基础上，以加权平均法计算。其计算公式如下：

$$N = \frac{N_1 + S_1 + N_2 S_2 + \cdots N_i S_i}{S} \tag{8-6}$$

式中：N——全场(或经营单位)综合轮伐期；

N_i——某一经营类型(或某树种)的轮伐期($i=1, 2, \cdots n$)；

S_i——某一经营类型(或某树种)的面积($i=1, 2, \cdots n$)；

S——林场(或经营类型)的总面积。

(2)择伐周期(回归年)

异龄林的收获适用于择伐。典型的异龄林分,即从幼龄到老龄各种年龄的林木和从小到大各种径级的林木都有的林分,主伐方式只能用择伐,即每次只采伐部分成熟林木。

在异龄林经营中,采伐部分达到成熟的林木,使其余保留林木继续生长,到林分恢复至伐前的状态时,所用的时间称为择伐周期,也称回归年。用比较简单的定义为:两次相邻择伐的间隔期。

异龄林的状态与择伐周期的关系如图8-2所示。图8-2(a)有3个林层,采伐时只收获上层的林木,第2、3层林木保留。20年后,林分状态恢复到图8-2(b)状态,又可进行择伐作业。这个过程周而复始地进行做到永续利用,也可以说在林分级水平上做到了可持续经营。

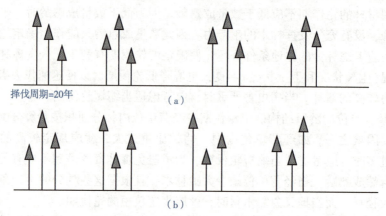

图8-2 异龄林与择伐周期的关系

再如,假设根据经济条件和立地条件,将择伐作业的择伐木胸径规定为32~44 cm,那么树木生长到32 cm时所需年数为40年,这称为择伐作业的最低年龄。而树木生长到44 cm时所需年数为60年,这称为择伐作业的最高年龄。根据规定的择伐径级,则择伐周期(回归年)为60-40=20年。因为在这个择伐林分中,进行第一次择伐后,仅剩下胸径32 cm以下的林木,待20年后,这些保留木中又会出现32~44 cm的林木。又可以再次进行粗放择伐作业了。因此,两次择伐作业之间相隔的年数,就等于最高年龄与最低年龄之差,也就是择伐作业的生产周期。

如果把林木的最低采伐胸径由32 cm降低到24 cm,那么择伐周期就会延长。假如林木的胸径生长到24 cm时需要30年,则择伐周期为60-30=30年。如果逐渐降低择伐径级,择伐周期就相应延长。当把择伐径级降低到林分中最小胸径时,就是皆伐作业了,此时择伐周期就等于主伐年龄。

在实行集约择伐的林分中,在5~10年的较短时间内,经营单位内的所有林分都要轮流择伐一次,经过这一时期之后,就按原来的顺序重复进行择伐,这个时期也称作择伐周期。

由此可见,择伐周期是择伐作业的生长周期。在此周期内,不是像轮伐期那样要恢复整个林分,而只是恢复已经被采伐掉的那部分林木。也就是说,经过择伐的林分仅有一部分被采伐和更新。

确定择作周期的方法有根据径级择伐、用生长率和采伐强度确定择伐周期两种。

项目8　森林收获调整

拓展训练

根据表 8-6，绘制平均生长量与连年生长量曲线，总结平均生长量与连年生长量关系，找到数量成熟龄。

表 8-6　云南松 I 地位级生长过程（疏密度=1.0）

林分年龄(a)	蓄积量(m^3/hm^2)	平均生长量(m^3)	连年生长量(m^3)	连年生长率(%)
10	68	—	—	—
20	176	8.8	10.8	8.85
30	276	9.2	10.0	4.42
40	357	8.9	8.1	2.56
50	419	8.4	6.2	1.60
60	471	7.9	5.2	1.17
70	518	7.4	4.7	0.95
80	556	6.9	3.8	0.71
90	588	6.5	3.2	0.56

任务 8.2　森林结构调整

 任务描述

大自然是人类赖以生存发展的基本条件。尊重自然、顺应自然、保护自然，是全面建设社会主义现代化国家的内在要求。现实森林经常是一种不理想的森林结构，如不经过森林调整，要实现采伐量稳定的永续利用是有困难的。在此情况下，为了实现永续利用，必须牢固树立和践行绿水青山就是金山银山的理念，站在人与自然和谐共生的高度谋划发展。要通过采伐（收获）与更新，将现实不合理的森林结构调整到合理的森林结构。现根据现实森林的特点和森林调整的内容，采用讨论分析，遴选最恰当的森林调整方案。

每人提交一份森林调整设计表。

 任务目标

（一）知识目标

1. 了解现实森林的特点。
2. 熟悉森林结构调整的内容。
3. 掌握森林结构调整的方法。

（二）能力目标

1. 根据现实森林的特点和森林调整的内容，采用讨论分析，能遴选最恰当的森林调整方案。
2. 根据森林调整的方法，能对森林结构进行调整。

(三)素质目标

1. 培养学生诚实守信、敬业奉献的职业素质。
2. 培养学生科学营林的创新精神。

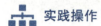 实践操作

8.2.1 现实林森林结构调整的过程与要点分析

第一步：林种结构调整

要根据不同森林类别和林种，结合森林资源所处的地理位置，及其社会经济可持续发展对森林生态环境的具体要求，按照区域土地利用规划、生态功能区建设规划和林业区划等区域宏观决策所确定的发展目标，提出森林经营管理单位理想林种结构指标及调整方案。

第二步：树种结构调整

林业局或林场，应保持合理的针叶林、阔叶林，以及针阔混交林比例关系和合理的空间地域分布，应提高阔叶林、混交林，尤其是乡土树种的比例。

第三步：年龄结构调整

在对现实同龄林调整措施的选择时，应提倡森林的培育与木材的利用并重，重视主伐与间伐的结合、多规格利用木材，通过对成熟龄和轮伐期的调整实现同龄林时间秩序的调整。对异龄林林分的调整，通常是在保证森林生态系统稳定、生态效益正常发挥的前提条件下在林内进行树种结构和林木年龄结构的调整。

第四步：直径结构调整

典型的同龄林林分直径结构呈正态分布，典型的异龄林林分直径结构分布呈倒"J"形分布。

第五步：空间结构调整

通过空间结构优化经营导向合理的空间结构，以便充分发挥森林的功能。

 理论基础

8.2.2 森林结构的调整

8.2.2.1 森林收获调整的概念

按永续利用的原则，要求经营单位的森林年伐量在轮伐期内保持长期稳定，并在加强森林经营，提高森林生产力基础上实现森林资源越采越多，越采越好。但是，现实森林经常是一种不理想的森林结构，如不经过森林调整，要实现采伐量稳定的永续利用是有困难的。在此情况下，为了实现永续利用，通过采伐(收获)与更新，将现实不合理的森林结构调整到合理的森林结构即森林收获调整。根据森林调整对象的不同，森林调整可以分为宏观森林结构调整和微观森林结构调整。森林调整包括林种结构、树种结构和年龄结构、直径结构和空间结构调整 5 种。

8.2.2.2 森林收获调整的种类

(1) 林种结构调整

森林具有生态、经济和社会效益，由于其所处的地理位置不同及对森林的主导功能要求不同，而将森林划分成不同的类别即林种。森林林种结构是指一个森林经营管理单位内林种组成、面积、蓄积及其比例关系。森林分类经营将森林分为商品林和生态公益林两种类别。而将《森林法》中划定的五大林种：用材林、经济林和能源林划入商品林；防护林、特种用途林划入生态公益林。商品林是以生产木材、竹材、薪材、干鲜果品和其他工业原料为主要经营目的的森林、林木、林地。生态公益林是以保护和改善人类生存环境、维持生态平衡、保存种质资源、科学实验、森林旅游国土保安等需要为主要经营目的的森林、林木、林地。

① 防护林。以防护为主要目的的森林、林木和灌木丛包括水源涵养林，水土保持林，防风固沙林，农田、牧场防护林，护岸林，护路林等；防护林能以根深叶茂、落叶丰富并能改良土壤、耐旱、耐瘠薄及抗火、抗灾能力强的树种为宜。

② 用材林。以生产木材为主要目的的森林和林木，包括以生产竹林为主要目的的竹林；用材林要求能速生、丰产、优质的树种。

③ 经济林。以生产果品，食用油料、饮料、调料，工业原料和药材等为主要目的的林木；经济林以选早实性，丰产性、经济效益高的树种为好。

④ 能源林。是以生产生物质能源为主要培育目的的林木。以利用林木所含油脂为主，将其转化为生物柴油或其他化工替代产品的能源林称为"油料能源林"；以利用林木木质为主，将其转化为固体、液体、气体燃料或直接发电的能源林称为"木质能源林"。

⑤ 特种用途林。以国防、环境保护、科学实验等为主要目的的森林和林木，包括国防林、实验林、母树林、环境保护林、风景林，名胜古迹和革命纪念林，自然保护区的森林。

推动经济社会发展绿色化、低碳化是实现高质量发展的关键环节。森林类别不同、林种不同，其森林经营与管理技术措施不同，在区域经济可持续发展和生态环境保护中所发挥的作用也不同。要根据森林资源所处的地理位置，及其社会经济可持续发展对森林生态环境的具体要求，按照区域土地利用规划、生态功能区建设规划和林业区划等区域宏观决策所确定的发展目标，提出森林经营管理单位理想林种结构指标及调整方案，提升森林生态系统多样性、稳定性、持续性。

(2) 树种结构调整

发挥森林的生态效益，不仅需要森林覆盖率达到一定数量和具有一定林种结构，同时还需要提高森林质量，要具有与立地条件想适应的树种结构。树种结构是指林分中树种的组成、数量及其彼此之间的关系。

就一个森林经营管理单位林业局或林场来说，一般包括乔木树种和灌木树种，实际工作中以乔木树种为主。林业局或林场，应保持合理的针叶林、阔叶林以及针阔混交林比例关系和合理的空间地域分布，应提高阔叶林、混交林尤其是乡土树种的比例。就林分而言，树种结构一般包括乔木树种和灌木树种，实际工作中以乔木树种为主。从发挥森林的水土保持等功能的角度，还应考虑林下的草本和地被物，即乔灌草结构的调整。树种的多样性是林分健康稳定的重要特征。理想的树种结构是对环境资源最大的利用和适应，可借树种的共生互补作用生产出最多的物质和多样的产品和服务。

在树种结构调整过程中，应遵循4个原则和5个结合。4个原则是指：可持续发展的原则；生物多样性原则；森林分类经营的原则；因地制宜、适地适树适品种的原则。5个结合是指：针叶树与阔叶树相结合；用材树种与防护树种相结合；速生树种与非速生树种相结合；普通树种与珍贵树种相结合；外来树种与乡土树种相结合。

(3) 年龄结构调整

年龄结构是指一个森林经营类型内不同年龄阶段的林分面积、蓄积构成以及株数分布。根据林分的年龄，可分为同龄林和异龄林。

①同龄林理想的年龄结构。就同龄林林分来说，年龄结构是指一个森林经营类型内不同年龄阶段的林分面积、蓄积构成以及比例关系。按照法正林的要求，同龄林理想的年龄结构是在一个森林经营类型中，从一年生林分到轮伐期的林分均有、且各龄级的面积相等，林分成熟时皆伐。同龄林一个林分不能构成一个永续利用的时间序列，只有多个不同的林分组织在一起，形成一个森林经营类型才能有可能实现；

②异龄林的最佳年龄结构。就异龄林林分来说，年龄结构是指一个林分中不同年龄阶段的林木直径及其株树分布。讨论异龄林的年龄结构，应考虑以下几个方面的因素：除了通常的用时间尺度衡量的树木年龄外，掌握各树种所达到的发育阶段(幼林、中年、成熟、衰老)也是很重要的。林木个体发育阶段的持续时间，则因各树种和立地条件而异；林木的外形(树冠、树皮、树枝)能反映其年龄、遗传所决定的个体发育阶段以及环境的影响等状况和特征的；森林生态系统经营所要求的年龄多样性与树种多样性的关系。

(4) 直径结构调整

直径结构调整主要是针对林分而言，同龄林和异龄林有着不同的林分直径结构特点。典型的同龄林林分直径结构呈正态分布，典型的异龄林林分直径结构分布呈倒"J"形分布。

在自然状态下，林分直径结构调整是靠自身的调节功能来实现的，即林木分化和自然稀疏。林木分化和自然稀疏是森林生长发育过程中，在一定营养与空间条件下，林木之间相互关系的表现，是森林适应环境条件、调节单位面积最多株数的自然现象。但通过自然系数调节的林分密度，仅是森林在该立地条件下，在该发育阶段所能"容纳"的最大密度，而不是最适密度。直接结构调整的主要措施是抚育采伐，抚育采伐就是以人工稀疏代替自然稀疏，通过抚育采伐达到调整林分结构、降低密度、改变林分生长环境的目的。

(5) 空间结构调整

森林结构除了林种、树种、径级、树高、年龄、面积结构等非空间结构内容，还包括森林空间结构。森林空间结构包括水平结构和垂直结构。水平结构为森林植物在林地上的分布状态和格局。不同植物都有自己特有的分布格局和镶嵌特性。分布格局有随机分布聚集分布和均匀分布。垂直结构是森林植物地面上同化器官(枝、叶等)在空中的排列成层现象。在发育完整的森林中，一般可分为乔木、灌木、草本等层次，乔木层是森林中最主要的层次。由于空间尺度不同，森林空间结构可分为景观水平和林分水平。无论哪一个尺度，都存在结构与功能的关系。森林的空间结构决定森林的功能。森林经营活动如采伐等影响森林的空间结构，从而影响森林功能的发挥。科学的森林经营应当建立在空间结构与功能的关系基础上,通过空间结构优化经营导向合理的空间结构,以便充分发挥森林的功能,森林空间结构研究是空间结构调整的基础。因此,森林空间结构分析与优化经营研究,对科学经营森林有重要意义。

拓展训练

根据给定的森林调查资料(同龄林为一个经营单位或一个经营类型的调查材料,异龄林为一个面积足够大的林分的调查资料),采用讨论分析的方法,遴选出最恰当的方案,体现出完整的调整过程。

任务8.3 森林采伐量

任务描述

某林场编制森林经营方案,根据森林资源状况和林业生产条件以及目前的技术水平,选用几个有关公式进行计算,得出不同的年伐量数值,对各公式不同的年伐量进行分析、比较,确定林场森林采伐量。

每人提交一份森林采伐量计算统计表,以组为单位汇总林场森林采伐量计算表。

任务目标

(一)知识目标
1. 了解确定森林采伐量的任务及意义。
2. 熟悉森林采伐量的种类及确定的时间、单位和指标。
3. 掌握面积调整法和蓄积调整法确定年伐量的计算方法及适用条件。

(二)能力目标
1. 能利用面积调整法和蓄积调整法确定年伐量。
2. 能用不同的年伐量计算公式和方法进行比较分析,实现森林结构的调整。

(三)素质目标
1. 培养学生热爱林业和草原事业的职业精神。
2. 培养学生吃苦耐劳、履职尽责的职业素质。

实践操作

8.3.1 森林采伐量确定的过程与要点分析

第一步:计算年伐量

以森林经营类型(作业级)或小班为单位,计算森林主伐量和间伐量,并以年伐面积(hm^2)和年伐蓄积量(m^3)两种指标表示。由于各森林经营单位森林资源条件不一样,影响森林采伐量的因素各异，因此，在计算年伐量时不可能只用一种公式或企图找出一种通用公式，一般是选用若干种计算公式分别计算，也就是有若干种不同的计算方案。每种计算方案计算的年伐量可能差别很大，这一年伐量称为计算年伐量。在此基础上，对这些不同的计算方案的年伐量数值进行分析、比较和论证，最后确定一个合理的年伐量方案。

第二步：确定标准年伐量

在不同公式计算结果的基础上，统筹考虑各森林经营类型龄级结构或径级结构的变化，分析不同公式计算的森林采伐量与森林资源现状是否协调，及其对森林结构的调整作用；另外，还要考虑到当前需要和长远利益，具体经济条件和木材市场需求，论证和确定各森林经营类型在本经理期的森林年伐量即标准年伐量。并以林场或林业局为单位，汇总全场或全局的标准年伐量。

第三步：计算材种出材量

利用适当的材种出材量表，分别树种和采伐量的种类计算上述标准年伐量对应的经材出材量。

第四步：确定采伐顺序和伐区配置

根据林场或林业局森林资源分布特点，按照有利于森林景观结构调整、森林更新、保持森林健康稳定的要求，以及有利于森工采运的要求，合理安排伐区，确定采伐顺序和伐区配置。

第五步：计算补充年伐量

补充主伐的对象是疏林、散生木和母树，因其不属于有林地范围，组织经营时不纳入各森林经营类型。因此，补充主伐量是按照各林场或林业局可以进行采伐利用的疏林散生木和母树，分别计算其采伐量。

 理论基础

8.3.2 森林年伐量的计算

(1) 森林采伐量的概念

森林采伐量一般是针对一定的森林经营单位、一定的行政管辖范围或一定的地理范围，是限定在一个时间范围内来说的。森林采伐量是指一个经营单位内在一年内以各种形式采伐的林木蓄积量（生产部门常说的采伐量是指采伐林木所能生产商品材的数量）。由于森林采伐性质和采伐方式的不同，森林采伐量的归类和计算方法也不相同。森林采伐量应包括各类森林采伐的总量。

(2) 森林采伐量的意义

合理的森林采伐量对森林经营管理单位经济收益、森林资源结构调整等具有重要意义。

①确定合理的森林采伐量可以保证森林经营管理单位有足够的经济收益。对于森林经营管理单位来说，合理的森林采伐量可以保证有足够的木材收获量，并通过市场交易实现价值回报，为完成林业再生产过程提供资金。

②确定合理的森林采伐量有利于森林资源结构调整与可持续发展。合理的森林采伐量有

利于森林结构调整，包括林种结构、树种结构、年龄结构等的调整。森林采伐量过小，森林调整的力度小，森林调整时间长，成、过熟林资源有可能不能及时利用；森林采伐量过大，影响森林蓄积的积累和森林更新任务的及时完成，从而影响森林资源的可持续发展。

③确定合理的森林采伐量是申报森林采伐限额和制定木材生产计划的重要依据。国家控制森林资源消耗的措施是森林采伐限额，森林经营单位依据森林年伐量向国家申报森林采伐限额；基层林业生产单位则根据国家下达的森林采伐限额制定木材生产计划。因此，森林采伐量是申报森林采伐限额和制定木材生产计划的依据。

(3) 森林采伐量的种类

按采伐性质不同划分，森林采伐可分为主伐、间伐和补充主伐。所以，一个经营单位的总年伐量就有森林主伐量、间伐量和补充主伐量 3 部分组成。其中主伐量和间伐量构成整个森林生产过程中的主要采伐量。根据部分生产部门具体采伐性质和方式，还可将总年伐量细化为主伐量、抚育采伐量、卫生采伐量、更新采伐量、低产林改造采伐量、补充主伐量 6 个种类。

①主伐量。森林主伐是对成熟林分的采伐利用。主伐方式分为皆伐、渐伐和择伐 3 大类。主伐是在森林培育过程中最主要的也是最终的木材收获，其收获的数量称为主伐量。

②抚育采伐量。抚育采伐是在同龄林未成熟林分中，定期伐去生长不良的林木，为保留木创造良好的生长环境条件，促进保留木林木生长发育的一种营林措施。所获得的采伐量称为抚育采伐量或称间伐量。

③卫生采伐量。卫生采伐是为改善森林卫生状况、促进林木生长而进行的采伐，所获得的采伐量称为卫生采伐量。

④更新采伐量。更新采伐是在各种防护林、需采伐的经济林、特种用途林中，为了改善林况，增强防护作用和充分发挥森林的多种效益而进行的采伐，所获得的采伐量称为更新采伐量。

⑤低产林改造采伐量。低产林改造采伐为改善林木组成，提高经济效益，对生长量很低的林分进行全部或局部的采伐，所获得的采伐量称为低产林改造采伐量。

⑥补充主伐量。补充主伐是对疏林、散生木和采伐迹地上已失去更新下种作用的母树的采伐利用，生产木材的数量称为补充主伐量。

8.3.2.1 同龄林主伐采伐量的计算

主伐是森林采伐中最重要的采伐方式，根据主伐方式不同，采伐量计算方法也不同。同龄林一般皆伐或渐伐方式，异龄林采用择伐作业方式。主伐年伐量的计算，细化为同龄林年伐量的计算和异龄林年伐量计算两大类。

同龄林年伐量的计算，是对现实林的森林调整和森林主伐量计算，从技术方法上可以分为面积控制法和材积控制法两类。

(1) 面积控制法

同龄林理想的森林结构是要求轮伐期内各龄级的面积相等，同龄林的龄级结构状态也是由各龄级的面积分配来反映。所以现实同龄林的森林调整的主要任务，就调整各龄级不合理的面积分配。采伐量按面积计算和控制，是同龄林实现森林调整的具体手段和方法。从林业生产实践看，按面积控制伐区也较按材积控制伐区简便，所以面积控制法是森林经理确定采伐量的常用方法。

面积控制法是先计算和确定年伐面积，然后根据年伐面积再计算和确定年伐蓄积量。

①按面积轮伐计算年伐量(区划轮伐法)。

$$E_s = \frac{F_{总}}{U} \tag{8-7}$$

式中：E_s——年伐面积；

$F_{总}$——经营单位总面积；

U——轮伐期。

$$E_v = E_s \times M \tag{8-8}$$

式中：E_v——年伐蓄积；

M——成、过熟林平均每公顷蓄积量。

根据面积轮伐公式计算的年伐量，是使经营单位内所有林分在一个轮伐期内全部采伐一遍。用这种方法计算年伐量的目的是实现永续利用，并通过采伐利用达到调整龄级结构的目的。

优点：计算方法简单，是调整林分年龄结构的有效方法。经过一个轮伐期后，使经营单位各龄级的森林面积保持相等，为实现永续利用创造条件。

缺点：只考虑总经营面积，不考虑各龄级的面积分配情况，也不考虑林况及林地质量的好坏。因此，必然会造成实际年伐蓄积量不平衡的现象。

适用范围：适用于成过熟林占优势的原始天然林。

②按成熟度计算的年伐量。

$$E_s = \frac{F_{成} + F_{过}}{K} \tag{8-9}$$

式中：E_s——年伐面积；

$F_{成}$——经营单位成熟林面积；

$F_{过}$——经营单位过熟林面积；

K——一个龄级的年数。

$$E_v = \frac{M_{成} + M_{过}}{K} \tag{8-10}$$

$$= E_s \times M$$

式中：$M_{成}$——成熟林蓄积量；

$M_{过}$——过熟林蓄积量。

此式出发点是一个龄级期限内，采伐完现有的成、过熟林，不考虑后备资源。

评价：经营单位内各龄级结构比较均匀时，采用该方法较为合理；当经营单位成、过熟林占优势时，将在10年或20年内采伐占比大的成过熟林资源，将造成下一龄级期间采伐量骤降。相反，如果经营单位内的近熟林与幼、中龄林比成熟林增加几倍时，则在下一个龄级期的采伐量将大大增加，这不符合永续利用的原则。

适用范围：龄级结构均匀的林分。

③按林龄公式计算年伐量。按林龄公式计算年伐量是按面积调整龄级结构的一个重要

公式。此公式在计算年伐量时，除了将成过熟林纳入计算范围外，还考虑了近熟林，甚至中龄林的一部分。其目的是在 2~3 个龄级期间，使采伐量保持相对稳定。根据计算期的长短分为第一林龄公式和第二林龄公式两种方法。

a. 第一林龄公式：

$$E_s = \frac{F_成 + F_过 + F_近}{2K} \qquad (8\text{-}11)$$

式中：E_s——年伐面积；

$F_成$——经营单位成熟林面积；

$F_过$——经营单位过熟林面积；

$F_近$——经营单位近熟林面积；

$2K$——2 个龄级的年数。

$$E_v = E_s \times M \qquad (8\text{-}12)$$

式中：E_v——年伐蓄积；

M——成、过熟林平均每公顷蓄积量。

此公式计算的数值表示年伐量在两个龄级期间保持均衡，它不是按整个轮伐期来调整龄级结构的方法。

优点：一是把近熟林纳入年伐量的计算，现有的近熟林经过一个龄级期后将全部进入成熟林，因而实际的采伐对象只能是成熟林；二是两个龄级期内年伐量相等。

缺点：当经营单位内成、过熟林和近熟林的面积相差悬殊时，利用第一林龄公式计算采伐量不可避免要出现以下情况：一是当成熟林少，而近熟林多时，在经理期内成熟林资源不够采伐，就会将一部分近熟林过早的采伐掉；二是当成、过熟林所占比重相当大时，在两个龄级期的末年，现有过熟林将超过自然成熟龄，从而造成森林资源腐朽的损失和降低木材经济价值。

适用范围：适用于幼龄林、中龄林占优势的经营类型。

b. 第二林龄公式：

$$E_s = \frac{F_成 + F_过 + F_近 + F_中}{3K} \qquad (8\text{-}13)$$

式中：E_s——年伐面积；

$F_成$——经营单位成熟林面积；

$F_过$——经营单位过熟林面积；

$F_近$——经营单位近熟林面积；

$F_中$——经营单位中龄林面积；

$3K$——3 个龄级的年数。

其中，式中的中龄林若包括两个以上龄级时，只取其靠近近熟林的一个龄级纳入计算范围。

$$E_v = E_s \times M \qquad (8\text{-}14)$$

式中：E_v——年伐蓄积量；

M——成、过熟林平均每公顷蓄积量。

第二林龄公式的目的是在更长的时间内使采伐量保持稳定。如果以 20 年为一个龄级期，则将保持在 60 年内采伐量实现相对稳定。这对作为大型木材加工企业的原料基地是十分必要的，同时又能达到调整龄级结构的目的。

适用范围：龄级结构均匀，成、过熟林占优势的林分。

④按各龄级面积分配计算。民主德国在 1970 年修订的森林经理规程中提出按各龄级面积分配计算年伐量的公式，受到其他国家的重视。其公式如下：

$$f_{01} = \frac{1}{n}\left[f_{11} + \frac{1}{2}(f_{11}+f_{21}) + \frac{1}{3}(f_{11}+f_{21}+f_{31}) + \cdots + \frac{1}{n}(f_{11}+f_{21}+f_{31}+\cdots+f_{n1})\right] \tag{8-15}$$

式中：n——以 10 年为单位的轮伐期（如轮伐期为 60 年，则 $n=6$）；

f_{01}——最近 10 年的总采伐量（面积）；

f_{11}——龄级表中最大龄级的有林地面积；

f_{21}——比最大龄级小一龄级的有林地面积；

f_{n1}——龄级表中最小龄级的有林地面积；$n=1, 2, 3, \cdots$。

采伐量计算公式：

$$E_s = \frac{f_{01}}{10} \tag{8-16}$$

$$E_v = E_s \times M \tag{8-17}$$

式中：E_s——年伐面积；

E_v——年伐蓄积量；

M——成、过熟林平均每公顷蓄积量。

按本式计算的年伐量实施采伐，其龄级结构经过整个轮伐期调整后可以过渡到均匀的状态上来。

⑤按林况计算年伐量。上述方法计算年伐量时主要根据林龄，即以较老龄级的林分作为采伐对象。按林况计算年伐量是一种特殊形式，列入按林况计算的采伐对象，并不考虑是否达到主伐年龄，它是按森林经营的要求，及时采伐生长不良的林分。列入按林况计算采伐量的小班包括：林分平均年龄已超过自然成熟龄的过熟林；小班内林木遭受严重病虫害，并防治无效，需要及时采伐利用；林木遭受乱砍滥伐，林相残破，生长量低。

计算公式：

$$E_s = \frac{\sum f}{a} \tag{8-18}$$

$$E_v = \frac{\sum M}{a} \tag{8-19}$$

式中：$\sum f$——按林况需进行采伐的小班面积之和；

$\sum M$——按林况需进行采伐的小班蓄积量之和；

a——采伐期限。

列入按林况计算的采伐对象，并不考虑是否达到主伐年龄，而是按森林经营的要求，及时采伐卫生状况不良的林分。

(2) 材积控制法

应用材积控制法是弥补面积控制法中年伐蓄积不稳定的缺欠。其主要特点是期望在轮伐期间有等量年伐材积,并用材积(蓄积量或生长量)控制采伐量。

采用材积控制法,影响年伐量计算的主导因子是现实林的蓄积量与生长量和期望理想结构的法正蓄积量。材积控制法的调整目的,是把现实林蓄积量调整为具有最高产量的法正蓄积状态。以下介绍几种有代表性的计算公式。

①按法正蓄积计算年伐量。根据法正林理论,法正蓄积量为$V_n = m_u \times u/2$,式中u为轮伐期,m_u为经营单位内达到主伐年龄时的林分蓄积量,即相当于该经营单位的年生长量,在法正林条件下,年伐量应等于年生长量。所以,法正年伐量$E_n = m_u = 2V_n/u$。

a. 曼德尔(Mantel)公式:1852年德国学者曼德尔(V. Mantel)用现实蓄积量(V_w)代替上式中的法正蓄积量(V_n),得

$$E_v = \frac{2V_w}{U} \tag{8-20}$$

$$E_s = \frac{E_v}{M} \tag{8-21}$$

式中:E_v——年伐蓄积量;

E_s——年伐面积;

V_w——现实林各龄级蓄积量之和;

U——轮伐期;

M——成、过熟林平均每公顷蓄积量。

本公式适用于龄级结构均匀的经营单位。由于该公式计算简单,常用为粗略计算年伐量之用。该公式的缺点是没有考虑龄级分配情况和林况。

当经营单位内龄级结构不均匀时,应用该公式要注意两点:一是当成过熟林占优势时,其总蓄积量大于龄级分配均匀时的总蓄积量,如再以2倍的V_w计算年伐量时,其结果必然偏大;二是当幼、中龄林占优势时,如按此式所得出的年伐量进行采伐,就会采伐未达成熟的林分。因此,此式不适于幼、中龄林占优势的经营单位。

b. 兰多利特(Landoridt)公式:当成过熟林占优势时,为了避免出现计算结果偏大,兰多利特提出一个修正公式。

年伐蓄积量:
$$E_v = \frac{v_w}{0.6U} \tag{8-22}$$

年伐面积:
$$E_s = \frac{E_v}{M} \tag{8-23}$$

式中:0.6——修正系数,依此避免按年伐蓄积$E_v = 2V_w/U$公式计算产生的偏大的现象。

②按平均生长量计算年伐量。此法最初是由德国学者马尔丁(K. L. Martin)于1836年提出,所以也称马尔丁法。其理论根据来源于法正林理论,在经营单位内龄级结构调整到均匀分配的状态时,使其收获量等于各林分的连年生长量,即用生长量来控制采伐量,以实现经营单位的永续利用。

但在实际工作中,对大面积的森林难以测定其连年生长量,马尔丁提出用各龄级平均

生长量之和代替各林分的连年生长量之和（即计算平均生长量代替连年生长量）以求其近似值。则年伐量等于各龄级平均生长量之和。

年伐蓄积量：
$$E_v = \frac{m_1}{a_1} + \frac{m_2}{a_2} + \frac{m_2}{a_2} + \cdots + \frac{m_n}{a_n}$$
$$= Z_1 + Z_2 + Z_3 + \cdots + Z_n$$
$$= \sum Z \tag{8-24}$$

年伐面积：
$$E_s = \frac{E_v}{M} \tag{8-25}$$

式中：$m_1、m_2、\cdots、m_n$——各龄级的蓄积量；

$a_1、a_2、\cdots、a_n$——各龄级的平均年龄；

$Z_1、Z_2、\cdots、Z_n$——各龄级的平均生长量。

如果第Ⅰ龄级没有蓄积量时，针叶树第Ⅰ龄级每公顷平均生长量可按Ⅱ龄级的60%计算；阔叶树可按80%计算。

按生长量控制采伐量原理所计算的年伐量实际应是包括经营单位内间伐和主伐两种消耗量。在考虑主伐时，采伐对象只是成、过熟林林分。相当于平均生长量总和的年伐蓄积只能从采伐成熟林以上的林分中取得，所以要根据成、过熟林平均每公顷蓄积量计算出平均生长量控制的年伐面积。

用此式计算年伐量有以下不足。

第一，上述根据龄级表所计算的数值并不是经营单位内各林分真正的平均生长量，因为这个平均生长量并不包括自然稀疏的枯损量和各种间伐量，它仅是计算现实林各龄级平均生长量而得的数值。因而它是一个比实际生长量偏小的数值。

第二，当经营单位龄级分配不均匀时，按平均生长量来控制采伐量就不能满足经营要求。

例如，当经营单位成、过熟林占优势时，按经营利用要求应当及时采伐利用这些成、过熟林资源，因为此时，无论是平均生长量或连年生长量都处于下降趋势。因此如按数值不大的平均生长量来确定年伐量，就会引起成、过熟林资源继续积压，从而造成自然枯损量和病腐率增加。显然在此情况下年伐量应高于平均生长量。

反之，如果幼、中龄林占优势时，由于幼、中龄林生长旺盛，而使平均生长量数值相当高，但因缺少成熟林，如按平均生长量确定年伐量，就会在短期内采伐完目前仅有的少量的成熟林，甚而会采伐未成熟的林分。很明显，在这种情况下年伐量应低于平均生长量。

综上所述，此式计算年伐量，只适于按龄级分配均匀的经营单位。

③按蓄积量结合生长量计算年伐量。用生长量来控制采伐量是一种合理的方法。但当经营单位内龄级分配不均匀时，用生长量计算采伐量不可避免地出现某些缺欠，为了纠正上述弊病，在计算采伐量时，应综合考虑生长量和蓄积量两方面的因素。

现将有关公式分述如下。

a. 较差法（海耶尔公式）。此法最早（1788）出现于奥地利，称为卡美拉尔塔克斯（Kameraltaxe)法，后经海耶尔（C. Heyer)修改，所以又称海耶尔公式。

年伐蓄积量：
$$E_v = Z_w + \frac{V_w - V_n}{a} \tag{8-26}$$

年伐面积：
$$E_s = \frac{E_v}{M} \tag{8-29}$$

式中：Z_w——现实林平均生长量；
V_w——现实林蓄积量；
V_n——法正蓄积量；
a——调整期。

较差法是以现实林蓄积量、生长量与法正蓄积的关系为基础计算年伐量。此公式的出发点是经过一定的调整期 a，将现实林蓄积调整为法正蓄积，即 $V_w = V_n$ 为达到调整的目的，年伐量以现实林生长量为基础确定。

当现实林蓄积与法正蓄积相等时，有 $V_w = V_n$，则 $E_v = Z_w$，即年伐蓄积＝现实林生长量；

当现实林中成、过熟林占优势时，有 $V_w > V_n$，$(V_w - V_n)/a$ 为正值，则 $E_v > Z_w$，即年伐蓄积＞现实林平均生长量。为此，需将数值为 $V_w - V_n$ 这一部分蓄积于调整期 a 年间平均分配采伐，使现实林导向法正蓄积；

当现实林中幼、中林占优势时，有 $V_w < V_n$，$(V_w - V_n)/a$ 为负值，则 $E_v < Z_w$，即年伐蓄积＜现实林平均生长量。调整措施就是使现实林积累蓄积量，逐步实现将现实林蓄积导向法正蓄积。

优点：海耶尔公式是说明了经营单位内采伐量、蓄积量和生长量之间的相互关系。

缺点：海耶尔公式在实际工作中确定经营单位的年平均生长量存在困难。另外，现实平均生长量的计算方法没有包括枯损量和间伐量，因而其计算值比实际值偏小，所以计算结果比较粗略。

适用范围：适用于皆伐作业的同龄林和择伐作业的异龄林。

b. 数式平分法（和田公式）。此法最初（1910）由日本学者和田国次郎提出，所以也称和田公式。1957 年以前在日本国有林中曾广泛应用。

年伐蓄积量：
$$E_v = \frac{V_w}{u} + \frac{Z_w}{2} \tag{8-28}$$

年伐面积：
$$E_s = \frac{E_v}{M} \tag{8-29}$$

式中：V_w——经营单位现实总蓄积量；
Z_w——各龄级平均生长量之和；
u——轮伐期。

它是在一个轮伐期内尽量延长利用蓄积的采伐年限，以实现森林永续利用。但此式没有考虑现实林的林况和龄级结构。

适用范围：此公式适用于龄级结构均匀，或成、过熟林占比较大的经营单位。

以上一些对同龄林计算年伐量的公式应结合森林资源的具体情况而选定。最终分析论证确定的年伐量可能不与任何公式计算的年伐量一致，但不应小于按林况计算的年伐量数值，以防止木材质量的下降，同时应注意使资源数量、质量上升，维护生态平衡。

8.3.2.2 异龄林年伐量的计算

异龄林作为一个自然生态系统,有着自身的生长发育和动态变化规律。在异龄林中,一般采取择伐作业。择伐作业包括粗放择伐、集约择伐,异龄林年伐量的计算方法依据择伐方式不同而有所差异。

(1) 粗放择伐作业年伐量的计算

粗放择伐作业,又称径级择伐,即只采伐伐区内合乎经营目的要求的一定径级范围内的林木。根据经营条件,粗放择伐采伐量计算方法分为以下两种。

① 按择伐周期和平均每公顷择伐量计算。

$$年伐株数 = \frac{择伐起始胸径以上株数之和}{择伐周期} \times 粗放择伐作业的林地面积 \qquad (8-30)$$

$$年伐蓄积 = \frac{平均每公顷择伐蓄积量}{择伐周期} \times 粗放择伐作业的林地面积 \qquad (8-31)$$

平均每公顷择伐蓄积是根据典型调查或抽样调查中的每木检尺资料,先求得经营单位每公顷林木株数的径级分配序列,然后根据已知的择伐起始径级及择伐径级的平均株数,查一元材积表,求出择伐径级的材积,合计得到每公顷择伐蓄积量。

$$年伐面积 = \frac{年伐蓄积}{平均每公顷择伐蓄积量} = \frac{粗放择伐作业的林地面积}{择伐周期} \qquad (8-32)$$

特点:此法的优点是计算方法比较简单。但它的缺点是没有考虑在择伐周期内各采伐径级林木生长量、自然枯损量以及小径木进入采伐径级的株数,因此缩小了采伐量,同时平均每公顷择伐蓄积是一个平均数,由于各小班的立地条件和林相不同,如按年伐面积进行采伐,则实际采伐蓄积量与年伐面积很难一致。所以这种计算方法是粗放的。

② 按小班法计算粗放择伐年伐量。确定流程为:根据外业调查资料及编好的调查簿,选择经营单位内需要择伐的成、过熟林与近熟林小班;以小班为单位,按林况、坡度、疏密度、林分年龄结构及林分的水土保持作用等,综合考虑,分别确定各小班的择伐强度和择伐蓄积量。将经营单位内所有的择伐小班的面积和择伐蓄积量合计,除择伐周期,得到年伐面积和年伐蓄积量,即:

$$年伐面积 = \frac{经营单位择伐小班面积合计}{择伐周期} \qquad (8-33)$$

$$年伐蓄积量 = \frac{经营单位择伐小班蓄积量合计}{择伐周期} \qquad (8-34)$$

(2) 集约择伐作业年伐量的计算

集约择伐是在经营强度较高的用材林或防护林中采用的一种择伐方式。它包括单株择伐、经营择伐或群状择伐,适用于复层异龄林,采伐后仍形成异龄林。这种择伐有利于天然更新,有利于保留木的生长和材质的提高,并能改善林况和树种组成。它不受林木的直径和年龄大小的限制。其计算方法包括以下几种。

①小班法。在各个小班内现地目测或实测可以择伐的林木蓄积量,而不是采用小班的总蓄积量。

$$年伐蓄积量 = \frac{可择伐蓄积量合计}{规划期} \tag{8-35}$$

$$年伐面积 = \frac{可择伐面积合计}{规划期} \tag{8-36}$$

②检查法。检查法是一种适用于异龄林的集约经营方法。它的创始人瑞士的毕奥莱指出,森林调整的最终目的就是用尽可能少的蓄积量和人力去取得最好的调整效果。检查法的基本思路是在异龄林中通过择伐作业,是林木各径级之间按照蓄积保持一定的比例关系,以获得目的树种最大生长量和优良材种。为达此目的,用经营单位的材积定期平均生长量来调整或控制采伐量。

具体方法是定期地对全林进行每木调查,测定各径级株数和全林蓄积量,根据前后两次调查结果和统计两次调查期间的采伐量,计算林分定期平均生长量。其公式如下:

$$Z = \frac{M_2 - M_1 + C}{a} \tag{8-37}$$

式中:Z——经营单位的定期平均生长量;

M_2——经营单位本次调查的蓄积量;

M_1——经营单位上次调查的蓄积量;

a——两次调查的间隔期;

C——间隔期内的采伐量。

该方法要求高度集约的经营和较高的技术力量,应通过固定样地和连续资源清查求得。

在择伐作业中,所确定的总采伐量以不破坏森林的防护作用为原则。采伐后的林分郁闭度不应低于现行森林经理规程或采伐规程的规定,否则应当降低采伐量。

③施耐德(Schneider)公式。本法是生长量法的一种,因采用施耐德公式计算生长率,也称之为施耐德法,方法如下。

a. 用每木调查或标准地法调查蓄积量(V_w)。

b. 在标准地内分别树种和径阶选取平均标准木,其胸径为(D)。

c. 用生长锥在标准木胸径处钻取木芯(或砍口),计算去皮直径 1cm 内的年轮数目(n)。

d. 计算材积生长率(P_v)。

$$P_v = \frac{K}{nD} \tag{8-38}$$

式中:K——表示树高生长能力强弱的系数,一般 K 值为 400~800。

e. 将上式计算而得的材积生长率 P_v,扣除枯损率,即得净生长率 P;现实林蓄积 V_w 乘以 P 得现实林连年生长量。年伐量等于现实林连年生长量,则年伐量为:

$$E_w = Z_w$$
$$= V_w \times P \tag{8-39}$$

本法是按标准木查定全林的生长率,因此,在林分结构复杂的异龄林中选择适当的标准木是有困难的。此外，P_v 精度决定于 K 值的确定。否则，材积生长率将有较大偏差，因此，此法只能用于粗放择伐量的一种简便方法。

8.3.2.3 补充主伐量的计算

补充主伐是指疏林、散生木和采伐迹地上已失去作用的母树的采伐利用。上述面积调整法和蓄积调整法纳入采伐量计算的只是属于有林地的面积和蓄积量，并且不包括疏林、散生木、母树等资源。为提高森林生产力，应该将这部分疏林进行合理采伐利用，并合理更新营造幼林，对这部分资源的采伐利用称为补充主伐。补充采伐是否可以结合其他经营措施来进行，则视森林经营水平和其他条件而定。

(1) 疏林

疏林地是指疏密度 0.1~0.2 的中龄林和成过熟林。疏林地因疏密度低，不能充分利用地力，为提高森林生产力，对已达成熟的疏林需要及时采伐利用，伐后重新造林

$$疏林年伐量（面积或材积）=\frac{需要采伐的疏林面积（或蓄积量）}{采伐年限} \tag{8-40}$$

采伐期限的长短，不必与经理期相等，可根据具体经营条件，在若干年内采完。对于风景林、卫生疗养林、防护林和尚能起到天然下种能力的疏林不宜列入采伐对象。

(2) 散生木

散生于幼、中龄林中的过熟木，呈单株或群状分布影响周围幼、中龄林的生长，故也称之为"霸王树"或"老狼木"。因大部分散生木属过熟木，如等到周围幼、中龄林成熟时一起采伐，则会引起病腐和影响幼、中龄林生长，所以有条件时，应该将这些散生木列入采伐计划。采伐散生木时，也会损伤周围未成熟林木，应权衡其得失，以确定采伐散生木的工作量。在经理期内列为补充主伐的散生木，应在外业调查时，调查每公顷株数、平均单株材积和蓄积量，并注明是否应予采伐，散生木的年伐量计算，是把指定采伐的各小班内散生木蓄积量之和除以一定的采伐期限，即得散生木年伐量。

$$散生木年伐量=\frac{指定采伐的各小班内散生木蓄积量之和}{采伐期限} \tag{8-41}$$

(3) 母树

采伐迹地上留作天然更新的母树，在下列情况下应该予以采伐：①已完成天然下种作用；②所留母树没有起到预定的更新作用，并发生风倒或其他原因而接近枯死；③伐区上被其他树种更替，使保留母树不能发挥作用。

对采伐迹地上的母树，是否应该采伐，应在外业调查时确定，并调查其每公顷株数和蓄积量，其年伐量计算方法与散生木相同。

$$母树采伐量=\frac{需要采伐的母树林蓄积量}{采伐期限} \tag{8-42}$$

8.3.2.4 间伐量的计算

抚育间伐是一种森林经营措施。它是对皆伐作业的经营单位，在主伐前进行的抚育性质的采伐。其主要目的是通过间伐改善保留木生长环境，提高林分生长量和材种质量，增

强林分健康与稳定性。间伐也是利用木材的一种重要手段，通过间伐可以增加林分中木材总收获量。主伐前通过合理间伐，其间伐量可以达到林分木材总收获量的50%~60%。

在林分生长发育过程中，由于林木分化和自然稀疏必然有一部分林木逐渐衰弱而成枯立木，间伐利用就是及时利用这一部分中小径材，只要合理控制间伐强度，就完全能增加单位面积上林木总收获量。计算抚育伐的采伐量，要先确定以下4个因子：

①需要进行抚育采伐的面积。用材林的抚育采伐分透光抚育和生长抚育两种，前一种适用于幼龄林；后一种适用中龄林和近熟林。在幼龄林中实行透光抚育，主要目的是培育森林，而不是取得木材，只有在中龄林和近熟林实行生长抚育时，才能取得中、小径材，所以只能把较高龄级和达到一定郁闭度的林分作为确定抚育采伐的对象。间伐量的计算应分别林种区、经营类型，按龄级、郁闭度统计需要进行各类抚育采伐的面积。

②间伐开始期。抚育采伐的起止年龄，因树种不同而异。从林学观点出发，间伐开始期宜早，一般是胸径连年生长量明显下降时就应进行首次间伐。例如，在我国东北林区，针叶树、硬阔叶树在林龄11~20年进行，软阔叶树在林龄6~10年进行；在我国南方林区，针叶树在6~10年进行。

③每次间伐强度。抚育伐的采伐强度是很重要的问题。采伐强度，可按郁闭度、株数或按蓄积控制，在计算抚育采伐量时，采伐强度一般是按蓄积为计算因子，它是用采伐林木的材积占伐前林分蓄积量的百分比表示。采伐强度的大小，直接影响到林分总产量。因此，为了能保证林分在单位面积上能获得最高木材收货量，每次间伐量不应大于采伐间隔期内的林分总生产量。例如，某经营单位每公顷平均生长量为5 m^3，间隔期为5年，最大间伐量不应超过25 m^3/hm^2，实际利用时，间伐量还应稍低于生长量，按生长量的70%或80%计算间伐量。

④采伐间隔期。抚育采伐间隔期（重复期）是指两次间伐相隔的年数。间隔期的长短，决定于间伐后林分郁闭度增长的快慢，在间伐后若干年如林木树冠开始互相干扰，影响树木生长时，即应进行再次间伐。影响间伐期长短的因素：树种的耐阴和喜光程度及间伐强度，不同年龄阶段的生长速度。疏伐间隔期一般为5~7年，生长伐间隔期为10~15年。

综上，从林学观点来看，抚育开始时期宜早，采伐强度宜小，间隔期宜短，确定间伐量还要考虑树种特点、立地条件、林况、上一次的间伐强度和经济因素等。按各种抚育采伐种类确定了上述4项因子之后，即可按以下公式计算抚育间伐量。

$$抚育间伐年伐面积 = \frac{需要进行抚育间伐的面积}{抚育间伐间隔期} \tag{8-43}$$

$$年伐蓄积 = 间伐面积 \times 平均每公顷蓄积量 \times 间伐强度 \tag{8-44}$$

上述计算分别按所设计的抚育种类进行，汇总后即得某经营单位的抚育年伐量。

8.3.2.5 其他措施采伐量的计算

(1) 低产林改造年伐量的计算

林分改造就是对在组成、林相、郁闭度与起源等方面不符合经营要求的，产量低、质量次的林分进行改造的综合营林措施，使其转变为能生产大量优质木材和其他多种产品，并能发挥多种有益效能的优良林分。通常下列情况的林分被列为改造对象。

①"小老头"人工林。
②生长衰退无培育前途的多代萌生林。
③非目的树种组成的林分。
④郁闭度在 0.2 以下的疏林地。
⑤遭受严重火灾、风灾、雪灾以及病虫等自然灾害的林分。
⑥生产力过低的林分。
⑦天然更新不良、低产的残破近熟林。
⑧大片灌丛。

进行林分改造时，要求适地适树，变低产林为高产林；改萌生为实生林；改疏林为密林；改低价值阔叶林为高价值阔叶林或针阔混交林，改灌丛为乔林。

其计算年伐量的方法为：

$$年伐面积量 = \frac{需要进行林分改造采伐的总面积}{采伐年限} \tag{8-45}$$

$$年伐蓄积量 = \frac{需要进行林分改造采伐的总蓄积}{采伐年限} \tag{8-46}$$

(2) 更新采伐年伐量的计算

更新采伐的对象，是各种防护林和需要采伐的一些经济林、特种用途林。更新采伐的任务是改善林况，增强防护作用和充分发挥森林的多种效益。

需要进行更新采伐的林分，根据林种和经营目的不同，可以按防护成熟龄、更新成熟龄、自然成熟龄等为采伐年龄。

更新采伐量可按下列方法计算。

①按调查记载，统计有"采伐"字样的林分面积和蓄积量，分别除以采伐年限，即得年伐面积和蓄积。

②成、过熟林分的面积、蓄积除以采伐年限。要从防护成熟的观点出发，凡是年龄很高，防护性能已明显减弱或开始丧失的林分，应及时采伐。

③按林分的平均生长量计算年伐量。更新采伐一般应用择伐方式。为了更替树种或在不破坏防护作用的前提下，也可采用其他采伐方式。但必须明确，计算更新采伐年伐量，不是为了满足对木材的需要，而是为了保证发挥更大的森林防护作用。

拓展训练

某林场接到上级主管部门的通知，需要编制森林经营方案，并根据森林资源状况，按照国家相关规定计算林场森林采伐量，每人提交一份森林采伐量汇总表。

合理年伐量

任务描述

某林场编制"十三五"规划森林经营方案，根据森林资源状况和林业生产条件以及目前的技术水平,选用若干有关公式进行计算,得出不同的年伐量数值,对各公式不同的年伐量进行分析、比较,确定林场合理森林采伐量。

每人提交一份合理年伐量计算表。

 任务目标

(一)知识目标
1. 了解合理年伐量确定的意义。
2. 掌握不同类型森林年伐量确定的方法。

(二)能力目标
1. 能正确地制定森林采伐实施方案。
2. 能正确计算不同类型森林的年伐量,并作出分析。

(三)素质目标
1. 培养学生实事求是、严谨务实的工作作风。
2. 培养学生开拓进取的创新意识。

 实践操作

8.4.1 合理年伐量确定的过程与要点分析

第一步:分析资源特点

查阅经营单位各类资料,了解经营单位森林资源具体特点、森林资源状况和林业生产条件以及目前的技术水平。

第二步:计算年伐量

选用几个有关公式进行计算,得出不同的年伐量数值,即计算年伐量。

第三步:比较论证

结合现实林的资源状况、当地的自然条件、社会经济条件、眼前需求与长远利益、市场需材情况对不同公式的不同年伐量进行分析、比较和论证。

第四步:确定合理年伐量

最后确定出在一个经理期内的合理年伐量,并以林场或林业局为单位,汇总全场或全局的合理年伐量。

 理论基础

8.4.2 合理年伐量的确定

8.4.2.1 确定合理年伐量的原则

有利于调整经营单位内的龄级结构;有利于安排伐区和确定采伐顺序;使森林经营与

— 211 —

森工采伐利益一致；要在较长时间内保持相对稳定的采伐量，尽可能不造成林木蓄积大量枯损和过早地采伐未成熟林并有利于改善林况；要充分利用其他林学技术措施的采伐量，提高生产率。

8.4.2.2 确定合理年伐量的步骤

森林合理年伐量的测算是年森林采伐限额编制的关键技术之一，也是传统森林经理方法的重要内容之一。最后确定的合理年伐量，是作为上级主管业务部门下达计算任务的依据，也是生产部门制定年度采伐计划的依据，确定步骤包括：

在森林采伐量的计算中，根据森林资源具体特点以及林业生产条件和目前的技术水平，选用若干有关公式进行计算，得出不同的年伐量数值。这种年伐量是根据公式确定的，称为计算年伐量。

对各公式不同的年伐量进行分析、比较和论证，最后确定出在一个经理期内的合理年伐量。它可能是若干计算结果中的某一数值或几个数值的平均值，它是最近一个经理期（一般为 10 年）内的平均年伐量，而不是整个轮伐期的平均年伐量。因为在一个经理期后，需要复查森林资源，根据其具体变化，重新计算和调整年伐量。

8.4.2.3 合理年伐量分析

根据林场、林业局的资源情况和经营要求，对年伐量的结构进行必要的分析。

①用材林采伐年消耗量要低于其生长量。坚持限额采伐制度，以生长量控制采伐量。

②年伐量与现有资源的比较。按已确定的合理年伐量计算现有利用蓄积的采伐年限，并计算年伐量占总蓄积量百分比，即每年的实际利用率。

③年伐量与林分总生长量的关系。计算每公顷年伐量并与每公顷平均生长量相比较，判断在经理期内森林资源中蓄积量的变化，分析是由于生长量的积累增加，还是由于生长量不足未能补偿采伐量而减少蓄积量。

④各种年伐量及其面积与年总采伐量及其面积的比例关系。分别按主伐、抚育间伐、更新采伐与卫生采伐计算其采伐量及面积与年总采伐量及其面积的比例关系，以衡量经营单位合理利用森林资源和森林经营水平的高低。

⑤计算采伐面积与林区面积的比例。

⑥采伐面积与更新面积、更新条例的关系。按国家采伐更新条例规定，采伐迹地必须于采伐当年或次年及时更新。计算采伐面积与更新面积的比例，反映更新的速度与效果以及执行采伐更新条例的情况。

⑦比较各经营单位按年伐量进行采伐后，其龄级结构是否发生明显的变化，是否达到调整龄级结构的目的。

拓展训练

根据给定的森林调查资料（同龄林为一个经营单位或一个经营类型的调查材料，异龄林为一个面积足够大的林分的调查资料），采用讨论分析的方法，根据合理年伐量确定的原则和方法，遴选出最恰当的方案，体现出完整的调整过程，其中包括计算过程。

自测题

一、名词解释

1. 森林成熟；2. 数量成熟；3. 工艺成熟；4. 自然成熟；5. 轮伐期；6. 择伐周期；7. 森林采伐量；8. 主伐量；9. 补充主伐量；10. 抚育间伐量；11. 卫生采伐量。

二、填空题

1. 两次相邻择伐的间隔期称为( )。
2. 森林采伐量的种类主要包括( )( )( )( )( )( )6种。
3. 同龄林年伐量的计算公式可分为( )( )两大类。
4. 森林调整的种类包括( )( )( )( )( )5种。
5. 如果林分生长状况和卫生状况不良，则应( )轮伐期。
6. 利用轮伐期可以划分龄组，比轮伐期高的那一个龄级林分是( )。
7. 材种的小头直径越大，工艺成熟龄越( )。
8. 一般情况下，喜光树种较耐阴树种数量成熟龄( )。
9. 竹林的生长方式主要( )和( )两种。
10. 经济林根据结实能力，将树木生长周期分为( )、( )、( )和( )。

三、判断题

1. 所谓森林成熟就是指整个森林达到了成熟。 ( )
2. 在用材林达到森林成熟龄时立即进行采伐利用，其林分的有利性能最高、最充分。 ( )
3. 任何林分都有数量成熟龄。 ( )
4. 任何林分都有工艺成熟龄。 ( )
5. 树木材积平均生长量曲线和连年生长量曲线的交点对应的年龄是数量成熟龄。 ( )
6. 轮伐期是指树木的生长周期。 ( )
7. 轮伐期不应高于自然成熟龄。 ( )
8. 数量成熟龄是确定轮伐期的最低年龄。 ( )
9. 轮伐期与利用率成正比。 ( )

四、选择题

1. 正确的工艺成熟龄公式是：( )。
   A. $u=a+(nd)/2$　　　B. $u=a-(nd)/2$　　　C. $u=a+d/2$
2. 采伐异龄林中 30~50 cm 的林木，林木每生长 1 个径级(2 cm)平均用 3 年，其回归年为( )。
   A. 10 年　　　B. 20 年　　　C. 30 年
3. 有一松类锯切用原木，材长为 4 m，小头直径为 10 cm，经调查松树平均生长到 4 m 需用 5 年，造材后测得小头直径 1 cm 内平均年轮数 4 个，则该材种工艺成熟龄为( )。
   A. 15　　　B. 20　　　C. 25

4. 竹林的生长方式主要有(　　)和(　　)两种。
   A. 散生　　　　　　　　B. 丛生　　　　　　　　C. 聚生
5. 当林木或林分的防护效能出现最大值后，开始明显下降时称为(　　)。
   A. 防护成熟　　　　　　B. 经济成熟　　　　　　C. 自然成熟
6. 当成、过熟林比重大时，为减少枯损及时利用资源，可适当(　　)轮伐期。
   A. 延长　　　　　　　　B. 缩短　　　　　　　　C. 不变

五、简答题

1. 影响数量成熟到来早晚的因素有哪些？
2. 确定工艺成熟的方法有哪些？
3. 轮伐期与主伐年龄有何区别和联系？
4. 怎样确定生产单位的合理年伐量？

六、计算题

某林场落叶松经营类型主伐年龄为 50 年，10 年为一个龄级，采伐后更新，更新期为 3 年。各龄级的面积和蓄积分配情况见表 8-7。

表 8-7　某林场落叶松各龄级面积和蓄积量分配表

龄级	面积(hm^2)	蓄积(m^3)	平均年龄(a)	龄组
Ⅰ	88	640		
Ⅱ	69	2073		
Ⅲ	101	5122		
Ⅳ	65	4791		
Ⅴ	119	10 215		
Ⅵ	76	7765		
Ⅶ	70	8520		
合计	588	39 126		

请回答以下问题。

1. 计算平均年龄(填表中相应栏内)。
2. 计算轮伐期。
3. 划分龄组(填表中相应栏内)。
4. 按第一林龄公式计算年伐量。

项目9 森林经营方案编制

森林经营是林业发展的永恒主题,贯穿于森林整个生命周期,事关国家"双碳"战略目标,森林生长长周期性和森林类型多样性决定了森林经营活动的复杂性,必须进行系统规划和决策,森林经营方案是森林经营工作的核心和必然选择。长期林业实践证明,科学编制森林经营方案,有效实施森林经营方案,是加强森林经营,提升森林生态系统多样性、稳定性、持续性,提升森林生态系统碳汇能力,提高森林质量的关键所在。本项目分为森林经营方案的认识,编案准备与分析评价,森林经营方案的编制要点,编案成果实施、评估与修订4项任务。

知识目标

1. 理解森林经营方案的概念、作用与意义。
2. 认识森林经营方案编制的依据、程序与类别。
3. 掌握森林经营方案的各项内容和编制要点。
4. 熟练运用编制方法完成森林经营方案的编制。

能力目标

1. 在现状分析的基础上,能合理确定森林经营方案的深度和广度。
2. 通过基础资料和理论知识,能合理设计森林经营类型、区划和组织。
3. 综合运用专业知识,能完成各项森林经营规划设计。
4. 够运用编制方法,能完成森林经营方案的编制和修订。

素质目标

1. 培养学生崇尚宪法、崇德向上、诚实守信、爱国担当的公民意识。
2. 培养学生严谨、求实的科学态度以及科学素养与创新精神。
3. 培养学生具有较强的自我管理能力、科学的思维与辩证客观的积极因素。
4. 有利于学生在主动进行的自学、探索与解疑过程中,尽快掌握科学的思维方法。

任务9.1 森林经营方案的认识

 任务描述

根据森林经营方案编制纲要和标准,学习森林经营方案的概念和作用。本次任务是明确编制森林经营方案的依据、经理期、主体和过程，熟知各类森林经营方案的内容和深度。每人提交一份森林经营方案的编制纲要和过程。

 任务目标

（一）能力目标
1. 能根据当前有关规定开展森林经营方案编制准备。
2. 能灵活运用编案程序规划任务。
3. 能够编制森林经营方案简要提纲。

（二）知识目标
1. 理解森林经营方案的概念。
2. 熟悉森林经营方案的编制依据、周期、主体和过程。
3. 掌握各类森林经营方案的内容和深度。

（三）素质目标
1. 引导学生将生态文明思想贯彻于森林经营方案中。
2. 培养学生可持续、多功能、近自然的森林生态经营思想。
3. 体现人与自然和谐发展的整体系统观念。

 实践操作

9.1.1 森林经营方案认识的过程与要点分析

第一步：认识编制森林经营方案的重要性

森林经营方案是指导林业经营单位科学地经营森林、实现森林多功能目标的永续利用，制定中长期生产规划、进行年度作业设计，提升生态系统多样性、稳定性、持续性，实行森林分类经营、优化森林资源配置及安排生产建设计划和投资的指导性设计文件，是上级主管部门检查、监督和考核经营单位各项工作的主要依据之一，是确保森林资源资产保值、增值，推进生态优先、节约集约、绿色低碳发展，提高森林集约经营水平和经济效益以及实现森林多功能经营目标的有效手段。科学编制森林经营方案，对于保护和合理利用森林资源，统筹林业产业结构调整、污染治理、生态保护、应对气候变化，提升森林生态系统碳汇能力起积极作用，也是实施重要生态系统保护和修复、自然保护地体系建设、生物多样性保护、国土绿化、完善生态保护补偿制度、防治外来物种侵害、深化集体林权制度改革等重大工程的必然要求。

通过编制和实施森林经营方案，规范森林经营者的森林资源培育和经营行为，提高其森林经营水平；优化森林资源结构，提高森林生产力与林地利用率；维护森林生态系统稳定，保护生物多样性，提高森林生态系统的整体功能；提高森林经营者的经济效益，改善林区社会经济状况，促进人与自然和谐发展。

《森林法》第六章第五十三条规定："国有林业企业事业单位应当编制森林经营方案，明确森林培育和管护的经营措施，报县级以上人民政府林业主管部门批准后实施。重点林区的森林经营方案由国务院林业主管部门批准后实施。国家支持、引导其他林业经营者编制森林经营方案。编制森林经营方案的具体办法由国务院林业主管部门制定。"第七章第七十二条规定："违反本法规定，国有林业企业事业单位未履行保护培育森林资源义务、未编制森林经营方案或者未按照批准的森林经营方案开展森林经营活动的，由县级以上人民政府林业主管部门责令限期改正，对直接负责的主管人员和其他直接责任人员依法给予处分。"因此，加快编制和严格实施森林经营方案是一项法定工作，是林业主管部门履行法定职责的基本要求，又是科学经营森林、提升森林经营水平的紧迫任务，对严格执行森林采伐限额、精准提升森林质量乃至加快推进生态文明和美丽中国建设均具有特别重要的意义。

第二步：准确把握科学编制森林经营方案的基本要求

（1）明确编案的指导思想，把握基本原则

森林经营方案的编制和修订工作要牢固树立尊重自然、顺应自然、保护自然的理念，坚持和践行绿水青山就是金山银山的理念，站在人与自然和谐共生的高度，尊重林学规律，努力提高科学性、有效性和可操作性。要以全方位全地域全过程加强生态环境保护、积极稳妥推进碳达峰碳中和、生态文明制度体系、建设美丽中国、坚持山水林田湖草沙一体化保护和系统治理为宗旨，以森林可持续经营理论和森林经营规划为依据，以培育健康、稳定、优质、高效的森林生态系统和提供更多更好的优质林产品为目的，通过严格保护、积极发展、科学经营、持续利用森林资源，不断提升森林资源和质量，稳步提升森林生态系统多样性、稳定性、持续性，充分发挥森林资源的多种效益，实现林业可持续发展。编案要遵循以下基本原则：

①坚持节约优先、保护优先、自然修复为主，严守生态红线。
②坚持所有者、经营者和管理者的责、权、利统一。
③坚持与分区施策、分类管理、全面停止天然林商业性采伐政策衔接。
④坚持资源、环境和经济社会发展协调。

（2）明确编案的主体，把握政策界限

国家所有的森林以国有林业局、国有林场（采育场）等为单位编案；新疆生产建设兵团以团为单位编案。

集体所有的森林以乡镇或行政村为单位编制；集体林场、林业合作组织、企事业单位及个人所有或者经营的森林、林木达到一定规模的，鼓励独立编案，并按属地管理原则实行采伐限额单编单列；林农个人或小规模森林经营主体可编制简明森林经营方案。

编制方法和技术执行《森林经营方案编制与实施规范》《简明森林经营方案编制技术规程》《东北内蒙古重点国有林区森林经营方案编制指南》。具体规模标准由省级林业主管部门确定。

国有林经营单位必须编案，未编制的必须尽快编制。凡是在2020年底前未编案的国有林业局、国有林场（采育场），其"十四五"采伐限额一律为零，所产生的后果由森林经营主体自己承担；其他国有林经营单位未编案的，参照上述规定执行，其森林经营方案编制可根据经营需要适当简化。鼓励集体林组织、非公有制经营主体在林业主管部门的指导下编制森林经营方案，单编单列采伐限额，保障其依法科学经营利用森林。森林经营主体科学编案的，经林业主管部门认定，其采伐限额原则上按森林经营方案确定的合理年伐量核定。

（3）明确编案的数据基础，把握时间节点

为科学编制森林经营方案和"十四五"采伐限额，各地应尽快组织开展"二类"调查和补充调查。"十四五"采伐限额编制,合理年伐量测算必须以 2009 年以后进行的"二类"调查数据为基础,基础数据不符合要求的编限单位,不能进行合理年伐量测算。其中,2009—2013 年期间进行的"二类"调查数据,必须进行补充调查,将森林资源数据更新到 2019 年底;2014 年以后完成的"二类"调查数据,可结合档案更新后用于"十四五"采伐限额编制。

为使"十四五"采伐限额的核定与森林经营方案有机衔接,凡本期新编和修订森林经营方案的森林经营主体,应在当地"十四五"编限成果上报之前完成森林经营方案编制、修订以及审核认定或者备案,并依据森林经营方案确定的采伐量核定该单位"十四五"采伐限额。因编限单位基础数据不符合编限要求未被核准采伐限额所产生的问题,由当地政府及其林业主管部门负责。

(4)明确编案的目标任务,把握成果质量

省级林业主管部门结合本地实际,制定本期和"十四五"期间编案的目标任务,并逐级分解落实到基层。要通过成立领导小组、建立责任制等多种措施,确保国有林业局、国有林场(采育场)在 2020 年底前全面完成编案任务。要积极引导各类森林经营主体从森林资源保护发展、森林可持续经营和生态文明建设的实际出发,科学确定森林经营措施和合理安排林业生产任务,切实提高森林经营方案编制质量。

第三步:拟定森林经营方案内容提纲

森林经营方案内容一般包括森林资源与经营评价、森林经营方针与经营目标、森林功能区划、森林分类与经营类型、森林培育、森林采伐、非木质资源经营、森林健康与保护、森林经营基础设施建设与维护、投资估算与效益分析、森林经营的生态与社会影响评估、方案实施的保障措施等主要内容。

简明森林经营方案内容一般包括森林资源与经营评价、森林经营目标与布局、森林培育、森林采伐、森林保护、森林经营基础设施维护、效益分析等主要内容。

规划性质森林经营方案内容一般包括森林资源与经营评价、森林经营方针、目标与布局、森林功能区划与森林分类、森林培育、森林采伐、森林健康与保护、投资估算与效益分析、保障措施等主要内容。

 理论基础

9.1.2 森林经营方案的认识

9.1.2.1 森林经营方案的概念和作用

20 世纪 50 年代,我国森林经营方案为森林施业案;60 年代称为森林经营利用设计方案;70 年代称为森林经营方案;1984 年写入《森林法》。2006 年在《森林经营方案编制与实施纲要(试行)》(以下简称《纲要》)中森林经营方案被定义为:森林经营主体根据国民经济和社会发展要求及国家林业方针政策编制的森林资源培育、保护和利用的中长期规划,以及对生产顺序和经营利用措施的规划设计。因此,森林经营方案是森林经营主体和林业主管部门经营管理森林的重要依据。编制和实施森林经营方案是一项法定性工作,森林经营主体要依据经营方案制定年度计划，组织经营活动，安排林业生产；林业主管部门要依据经营方案实施管理，监督检查森林经营活动。

森林经营方案是开展森林经营活动的基础、手段和保障。一般来说，森林经营方案具有以下几方面的作用。

①是森林经营主体开展森林科学经营的重要依据。森林经营单位可根据森林的实际情况因地制宜地进行经营和管理，这为合理组织经营提供了方便。

②是核定森林采伐限额的依据，实现森林可持续经营的保障。

③编制森林经营方案是依法治林的重要方面。《森林法》赋予森林经营方案法定地位，同时规定了各级人民政府及其职能机构的职责。编制和实施森林经营方案成为政府和森林经营单位的法定义务。

④是森林经营主体编制各种林业计划和作业设计，制定年度计划、安排年度生产任务和资金投入的重要依据。

⑤是森林经营主体自我检查经营目标、任务完成情况和考核评价经营成效的重要依据。

⑥是林业主管部门对森林经营主体的经营行为及其结果实施监督、管理的重要依据。

9.1.2.2　编制森林经营方案的依据和经理期

(1) 编制森林经营方案的依据

编制森林经营方案的基础和主要依据有如下几个方面。

①上级林业主管部门批复的森林经营方案编制申请报告或审批下达的设计计划、任务书。森林经营方案编制要在上级林业主管部门审核部门指导下进行，一般需得到林业主管部门的认可和参与，最后由林业主管部门审核批准方能实施；而且国有林业企业事业单位的森林经营方案涉及的资源配置、制度安排都需在林业主管部门统筹解决。

②所在区域的相关发展规划报告，包括省级县级森林经营规划、林业区划、林业中长期发展规划，以及其他国家和区域性社会经济发展规划、有关工程建设项目的规划设计、有关大中型项目的可行性研究报告等。

③国家和地方的法规、政策、行业规范和标准，以及林业基础数表、森林经营数表、造价和核算指标等。现行的法规标准主要包括《森林法》《森林法实施细则》《全国森林经营规划》《森林经营方案编制与实施规范》《简明森林经营方案编制技术规程》《森林抚育规程》《森林防火条例》《低效林改造技术规程》《森林采伐作业规程》《生态公益林建设技术规范》《生态公益林多功能经营指南》《国有林场森林经营方案编制和实施工作的指导意见》《县级森林经营规划编制规范》等。

④适用的森林经理调查(二类调查)结果、森林资源档案材料和专业调查成果，包括：编制方案前1~2年完成的二类调查成果、森林资源规划设计调查、分类区划调查成果；验收批准的当年森林资源档案材料；按《林业专业调查主要技术规定》进行的主要调查成果。

⑤过去经营活动分析资料。

⑥林业科学研究的新成就和生产方面的先进经验。

(2) 编制森林经营方案的经理期

森林经营方案的经理期原则上应与国民经济社会发展、林业发展规划和森林采伐限额编限规划期同步,一般为 10 年;以工业原料林为主要经营对象的可以为 5 年。原则上,每 5 年要对森林经营方案修编一次。在森林经营方案实施过程中,因出现重大政策调整等特殊情况,可有针对性的进行调整或修编。

简明森林经营方案的经理期一般为 5 年,5 年内没有森林采伐、抚育改造和造林更新等经营活动的经营主体,经理期宜延长到 10 年。

9.1.2.3 编案主体和程序

(1) 编制森林经营方案的主体

从事森林经营、管理,范围明确,产权明晰的单位或组织为森林经营方案编制单位。依据其性质和规模分为以下几种编案单位:

① 一类编案单位。国有林业局、国有林场、国有森林经营公司、国有林采育场、自然保护区、森林公园等国有林经营单位。

② 二类编案单位。达到一定规模的集体林组织、非公有制经营主体。经营规模达到 500 hm² 以上的集体和非公有制森林经营单位,包括森林经营联合体、森林经营大户、大中林业企业等。

③ 三类编案单位。小型森林经营单位(规模小于 500 hm²),其他集体林组织或非公有制经营主体,以县为编案单位。

编案单位是指拥有森林资源资产的所有权或经营权、处置权,经营界限明确,产权明晰,有一定经营规模和相对稳定的经营期限,能自主决策和实施森林经营,为满足森林经营需求而直接参与经济活动的经营单位、经济实体,包括国有林业局(场、圃)、自然保护区、森林公园、集体林场、非公有制森林经营单位等。

(2) 编制组织形式与主体资质要求

一类编案单位应依据有关规定组织编制森林经营方案;二类编案单位可在当地林业和草原主管部门指导下组织编制简明森林经营方案;三类编案单位由县级林业主管部门组织编制规划性质森林经营方案。

在方案编制的过程中要充分尊重森林经营者的自主权,林业部门负责政策把关和协调,规划设计单位负责技术服务。具体工作应由具有林业调查规划设计资质的单位承担。一类和三类编案单位应由具有乙级以上林业调查规划设计资质的单位承担;二类编案单位应由具有丙级以上林业调查规划设计资质的单位承担。

(3) 森林经营方案编制的主要程序

森林经营方案编制一般要经过以下 6 个阶段逐步推进完成。

① 编案准备。包括组织准备,基础资料收集及编案相关调查,确定技术经济指标,编写工作方案和技术方案。

② 系统评价。对上一经理期森林经营方案执行情况进行总结,对本经理期的经营环境、森林资源现状、经营需求趋势和经营管理要求等方面进行系统分析,明确经营目标、编案深度与广度及重点内容,以及森林经营方案需要解决的主要问题。

③ 经营决策。在系统分析的基础上,分别不同侧重点提出若干备选方案,提出若干个优选备用方案,重点包括造林、培育、采伐利用、生态保护等规划方案,对每个备选方案

进行长周期的投入产出分析，生态与社会影响评估，选出最符合当地实际、操作性强的最佳方案。

④公众参与。广泛征求管理部门、经营单位和其他利益相关者的意见，并对征求意见进行综合分析，以适当调整后的最佳方案作为规划设计的依据。

⑤规划设计。在最佳方案控制下，进行各项森林经营规划设计，编写方案文本。

⑥评审修改。按照森林经营方案管理的相关要求进行成果送审，并根据评审意见进行修改、定稿。

森林经营方案实行分级、分类审批和备案制度。一类编案单位的经营方案由隶属林业主管部门审批并备案；二类编案单位的经营方案由所在地县级以上林业主管部门审批并备案；三类编案单位的经营方案由省级林业主管部门审批并备案。重点国有林区森林经营单位的森林经营方案，由国家林业和草原局或委托的机构审批并备案。

9.1.2.4 森林经营方案编制的广度与深度

森林经营方案编制广度是指森林经营方案编制所涉及的内容及涉及类别；而森林经营方案编制的深度是指森林经营方案编制至何种详细程度。森林经营方案根据不同性质森林经营主体的差异和对应于森林经营方案标准内容和深度的不同，分为森林经营方案、简明森林经营方案和规划性质森林经营方案。非指具体者，统称森林经营方案。

(1) 森林经营方案编制的广度

森林经营方案，适用于一类、二类编案单位，由编案单位依据有关规定组织编制。一般包括：基本情况、森林资源分析与经营评价、森林经营方针和目标、森林经营区划与经营组织、森林培育规划设计、森林采伐规划设计、非木质资源经营与森林游憩规划、森林健康与保护规划、基础设施与经营能力建设规划、投资估算与效益分析、方案实施的保障措施等主要内容。

简明森林经营方案，适用于三类编案单位，由编案单位在当地林业和草原主管部门指导下组织编制。一般包括：基本情况，森林资源分析与经营评价，森林经营方针、目标与布局，森林经营规划设计，森林保护，森林经营基础设施维护，投资估算与效益分析等主要内容。

规划性质森林经营方案，适用于未单独编案的单位，由县级林业和草原主管部门以县(市、区)为总体统一编制。一般包括：基本情况，森林资源分析与经营评价，森林经营方针、目标与布局，森林功能区划与分类经营，森林经营规划，森林采伐规划，非木资源与森林游憩规划，森林健康与生物多样性保护规划，基础设施与经营能力建设规划，投资估算和效益分析，方案实施的保障措施等主要内容(表9-1)。

(2) 森林经营方案编制的深度

森林经营方案编制深度依据编案单位类型、经营性质与经营目标确定。

——森林经营方案应将经理期内前3~5年的森林经营任务和指标按经营类型分解到年度，并挑选适宜的作业小班；后期经营规划指标分解到年度。在方案实施时按2~3年为一个时段滚动落实到作业小班。

表 9-1 不同类型森林经营方案内容要求对照表

项目内容	森林经营方案	简明森林经营方案	规划性质森林经营方案
基本情况	√	√	√
上经理期执行情况评估	*	*	*
森林资源分析与经营评价	√	√	√
森林经营方针与目标	√	√	√
森林经营区划与经营组织	√	√	√
森林培育规划设计	√	√	√
森林采伐规划设计	√	√	√
非木质资源经营与森林游憩规划	√	*	△
森林健康与保护规划	√	√	△
基础设施与经营能力建设规划	√	基础设施建设	基础设施建设
投资估算与效益分析	√	√	△
保障措施	√	*	△

注："√"为必须编制内容，"△"为可以选编内容，"*"为可以免编内容。

①以森林经营类型为基本的规划设计单元。
②森林经营类型和森林作业法类型明确到小班。
③造林、抚育间伐、低效林改造、采伐更新等规划任务分解到年度，经理期前 3 年应将各项任务落实到小班；
④森林健康维护、多资源经营、森林经营基础设施等内容一般只进行宏观规划，任务分解到前、后期。
——简明森林经营方案应将森林采伐和更新等任务分解到年度，规划到作业小班，其他经营规划任务落实到年度。
①以森林经营类型为基本的规划设计单位，森林经营活动较频繁地区或经营范围不超过 30 个经营小班的编案单位宜以小班为基本的规划设计单位。
②森林经营类型和森林作业法明确到小班，其他经营规划任务落实到年度。
③造林、抚育间伐、低效林改造、采伐更新、林下种植等森林经营规划任务落实到小班和年度，并分别措施类型进行作业时间排序。
④森林保护、生态保护等其他内容只进行宏观规划。
——规划性质经营方案应将森林经营规划任务和指标按经营类型落实到年度，并明确主要经营措施。明确规划范围，将森林经营分区、森林类型划分、森林经营类型、森林作业法、森林经营规划任务和指标按经营类型落实到年度和小班，以满足制定年度计划和作业设计的要求，并明确主要经营措施。

拓展训练

自主查找某个省级或县级森林经营规划，每人提交一份某种森林经营规划的简要编制大纲和内容。

项目9　森林经营方案编制

任务 9.2　编案准备与分析评价

任务描述

根据森林经营方案编制的过程，学习森林经营方案的准备内容和分析评价。本次工作的任务是明确编制森林经营方案的目的、资料收集内容、分析评价内容，在此基础上确定编制森林经营方案的方针和目标。

每人提交一份编制森林经营方案的收集资料清单和分析评价内容。

任务目标

（一）知识目标

1. 了解编制森林经营方案需要准备的资料和补充调查内容。
2. 熟悉森林经营方案的分析评价内容。
3. 熟悉编制森林经营方案的方针和目标。

（二）能力目标

1. 能根据收集的资料进行补充调查。
2. 能在分析评价的基础上确定森林经营的方针和目标。

（三）素质目标

1. 引导学生建立整体与局部统筹的科学思维。
2. 培养学生森林可持续经营的理念。
3. 增强学生建设美丽中国的使命感。

实践操作

9.2.1　编案准备和技术要点的过程与要点分析

第一步：明确编制森林经营方案的目的

森林经营方案是森林经营主体经营森林和森林管理部门管理森林的重要依据。森林经营主体要依据其制定年度计划，组织森林经营活动，安排林业生产。森林管理部门要依据森林经营方案编制的森林经营目标，实施管理、监督、检查和评定森林经营主体的各项森林经营活动和森林经营效果、森林经营目标实现程度、实施过程中遇到的问题、如何改进等。

实际上，森林经营方案的编制就是要明确，为什么要编、编哪些内容、编案能够实现哪些计划等几方面的问题，要从上级主管部门的管理角度出发、从森林经营主体单位组织经营活动角度出发、从森林经营执行者的具体操作角度出发，最终实现森林经营方案所提出的目标和任务，通过科学的森林经营实现森林多功能效益的发挥。

第二步：资料收集

编制森林经营方案必须建立在翔实、准确的森林资源信息基础上，包括及时更新的森林资源档案、近期森林资源二类调查成果、专业技术档案等。开始编制森林经营方案之前，要收集以下基础资料：

①国家与地方有关林业建设的法律法规和规范标准等。
②近期本地区社会、经济和自然条件资料。
③收集经营单位的森林资源现状及经营状况，以及上期森林经营方案有关图、表、文字材料。
④森林经营先进技术文献资料。
⑤最新森林资源规划设计调查成果资料、林地年度变更数据等。
⑥近期林业区划、规划及有关专项调查规划资料。
⑦与采伐限额编制有关的资料。
⑧近期林业生产、建设统计资料。
⑨林权制度改革及林权登记发证成果资料。
⑩近期林业生产各项技术经济指标和基本建设工程技术经济指标。
⑪各种林业数表和有关计算公式、模型。
⑫其他相关资料。

第三步：编制方案提纲

在收集现有资料的基础上，方案编制设计单位应充分与编案主体单位协商，确定开展编案前的人员组织、人员分工安排、编案时间进度安排、编案质量管理等内容，以便及时掌握情况，发现问题，同时明确外业补充调查重点和操作细则，初步拟定编案大纲。

第四步：数据更新调查

编案前 2 年内完成的森林资源二类调查，应对森林资源档案进行核实，更新到编案年度。编案前 3~5 年完成的森林资源二类调查，需根据森林资源档案，组织补充调查更新资源数据。未进行过森林资源调查或调查时效超过 5 年的编案单位，应重新进行森林资源调查。

根据资料收集情况和资源数据现状，视需要开展以下补充调查：社会经济状况调查、森林资源补充调查、非木质资源调查、生态状况调查、森林经营管理调查。

第五步：森林资源经营分析与评价

①经营成效评价。经营方案编制应全面进行森林生态系统分析与森林可持续经营评价，以及前期经营状况评价，评价重点包括：森林资源数量、质量、分布、结构及其动态变化趋势；森林生态系统完整性、森林健康与生物多样性；森林提供木质与非木质林产品的能力；森林保持水土、涵养水源、游憩服务、劳动就业等生态与社会服务功能；森林经营的优势、潜力和问题；编案单位的经营管理能力、机制，经营基础设施等条件。

②经营需求分析。编案前，应重点分析以下内容：国家、区域和社区对森林经营的经济、社会和生态需求，找出外部环境影响森林经营管理的有力、潜力和不利因素，森林经营活动、规模对外部环境的影响及其影响程度；森林经营政策、林业管理制度的约

束与要求；相关利益者包括当地居民生活与就业对森林经营需求或依赖程度；生态安全与森林健康对森林多目标经营要求与限制等；生态、经济、社会三大效益统筹兼顾和协调发展。

第六步：合理确定森林经营方针、原则和目标

编案单位应根据国家、地方有关法律法规和政策，结合森林资源及其保护利用现状、经营特点、技术与基础条件等，确定方案规划期的森林经营方针。经营方针必须统筹好当前与长远、局部与整体、经营主体与社区利益，协调好森林多功能与森林经营多目标的关系，确保森林资源的生态、经济和社会等多种效益的充分发挥。

根据林场资源现状及森林经营主体单位以后发展定位，合理确定经营原则。

经营方案应确定本经理期内通过努力渴望达到的经营目标，包括资源发展目标、经济发展目标、生态效益、经济效益、社会效益等。经营目标应在森林经营方针指导下，根据上一期森林经营方案实施情况、森林经营需求分析和现有森林资源、生产潜力、经营能力分析情况等综合确定，要求如下。

①将森林经营目标作为当地国民经济或经营单位发展目标的一部分。

②经理期的经营目标应是森林可持续经营和林业发展战略目标的阶段性指标，与国家、区域森林可持续经营标准和指标体系相衔接。

③经营目标应有森林功能目标、产品目标、效益目标、结构目标等，要求依据充分、直观明确、切实可行、便于评估。

④经营目标应结合相关产业发展或《森林经营规划》提出的区域森林可持续经营和林业发展战略目标。

 理论基础

9.2.2 编案的目的、准备工作及方针目标

9.2.2.1 森林经营方案编制的目的和原则

(1) 编案的目的

通过编制和实施森林经营方案，规范森林经营者的森林资源培育和经营行为，提高其森林经营水平；优化森林资源结构，提高森林生产力与林地利用率；维护森林生态系统稳定，保护生物多样性，提高森林生态系统的整体功能；提高森林经营者的经济效益，改善林区社会经济状况，促进人与自然和谐发展。

开展森林资源补充调查，更新森林资源基础数据，分析评价森林资源现状和特点，评估任务经营管理现状与存在的问题。确定森林经营方针、经营目标和主要经营指标；落实森林经营区划与经营组织；规划森林培育、保护和利用等任务；做好与森林经营活动有关的基础设施能力建设和维护规划，因地制宜进行多种经营规划；森林经营成本、投资估算和效益分析；提出切实可行的森林经营方案实施保障措施。

(2) 编案原则

森林经营方案编制与实施要坚持集约经营、保护优先，以自然修复为主，严守生态红线；坚持所有者、经营者和管理者责、权、利相统一；坚持分区施策、分类管理，与全面停止天然林商业性采伐政策相衔接；坚持资源、环境和经济社会发展协调；坚持因地制宜、突出重点、统筹规划；坚持以培育健康、稳定、高效的森林生态系统为目标，适度发展非木质特色产业；坚持前瞻性、科学性、先进性，强化与当地林业和经济社会发展等相关规划的衔接。

9.2.2.2 森林经营方案编制的准备工作

(1) 资料收集与数据要求

常见的资料收集包含以下几类。

①政策法规。《森林法》《省级或县级森林经营规划》《关于加快推进森林经营方案编制工作的通知》《森林经营方案编制与实施纲要》《中国森林可持续经营指南》《全国森林资源经营管理分区施策导则》《国家级公益林管理办法》《关于全面启动国有林场森林经营方案编制与实施工作的通知》《"十三五"期间年森林采伐限额编制方案》等相关国家及地方政策法规。

②标准规范。《森林经营方案编制与实施规范》《简明森林经营方案编制技术规程》《中国森林认证》《森林经营方案编制操作细则》《封山(沙)育林技术规程》《育苗技术规程》《森林抚育规程》《低效林改造技术规程》《森林采伐作业规程》等编案可能涉及的相关操作标准规范。

③规划设计。《省、市、县、场林业发展规划》《省、市、县林地保护利用规划》《各类专项规划》。

④林业数表。编案前应广泛收集或编制适用于编案单位、经营规划设计需要的林业基础数表和森林经营数表，一般包括：立地类型表、立地指数表或其他立地质量评价表；材积表(原条、原木、立木)、生长率表、材种出材率表(林分、原木)；林分生长过程表(林分收获表)；造林类型设计表、森林经营类型设计表、森林经营措施类型设计表等。

⑤其他。《省级森林资源二类调查操作细则》；"十二五""十三五"林场森林资源数据；补充调查后森林资源"一张图"数据；县志、林场志等其他有关资料。

各编案单位的资源数据，要以最新一轮"二类调查"成果为基础，并与林地变更、天然商品林停伐、国家级和省级公益林区划界定、国有林场改革、年度出数等成果充分衔接，进行数据更新后方可用于编案。

(2) 补充调查

调查方法：编案人员深入林场、分场及主要工区，通过召开座谈会、问卷调查、访问调查和小班实地调查相结合的方法进行。调查内容包括以下方面。

①社会经济状况调查。重点调查林场机构设置、人员结构、主要经济收入来源与支出状况，测算林场收支平衡情况。

②森林资源补充调查。重点包括：上次调查后进行造林、抚育、采伐更新作业的小班森林资源现状；上次调查后发生森林火灾、森林病虫害、其他灾害及人为破坏小班的森林

资源受灾情况；需要调整森林类别、林种的小班资源状况；本经理期需要采伐更新、改造的小班资源状况。

③非木质资源调查。重点包括：经济林调查、种质资源调查、林下资源调查、景观资源调查、"三剩资源"（采伐剩余物、加工剩余物与废弃木材）调查。

④生态状况调查。包括生物多样性调查、水与湿地资源现状及保护情况、水土流失与地质灾害发生情况。

⑤森林经营管理调查。包括森林经营条件、森林经营与保护情况、森林经营需求、森林经营能力、主要利益相关者调查等。

9.2.2.3 森林资源经营管理分析与评价

要编好森林经营方案，首先应分析森林生态系统及其森林经营环境。森林生态系统分析就是根据翔实、可信的森林资源数据和专业调查数据，对森林生态系统的组成、结构和动态进行分析和评价，力求把森林生态系统的现状和动态。在分析和评价过程中，应参照国家和地区或经营单位等不同层次的森林可持续经营标准和指标，考查森林生物多样性，森林健康与活力，森林生态系统的生产力及其发挥社会效益等方面的优势、潜力和问题。

(1) 森林资源与森林经营分析

①森林资源分析。主要包括以下4个方面。

a. 林地资源。林地类型及利用现状、林地保护等级及保护状况，以及不同质量林地状况、分布、结构和地力维持状况等特征。

b. 森林资源数量。不同森林类型的面积、蓄积量、分布等特征。

c. 森林资源质量。森林单位面积的蓄积量、生长率，以及平均郁闭度、胸径、株数及分布状况等。

d. 森林资源结构。森林资源的类别、林种、树种、年龄、权属等结构特征。

②森林健康与活力分析。主要包括单位面积生产力、森林景观、林业有害生物、森林火灾和其他重要自然灾害、森林退化面积与程度、森林更新、树种结构和空间分布等变化。

③森林生态系统的完整性、生物多样性分析。主要包括物种丰富度、均匀度和珍稀濒危野生动植物物种及种群状况，乡土树种和引进树种利用状况，以及入侵性森林树种、外来有害生物状况、林业生物技术产生的影响等。

④森林经营分析。主要包括以下3个方面。

a. 森林经营条件分析。根据气候、地貌、土壤、水文、植被、自然灾害等自然条件，人口、土地利用、产业发展、林道等基础设施、相关政策等社会经济条件，森林经营技术研究、相关科研成果转化和推广等技术条件，参照《林地质量等级评价方法》，分析森林经营的有利条件和制约因素。

b. 经营能力分析。对编案单位经营活动的组织管理和能力分析，包括编案单位对资源的决策、组织、指挥、协调和控制的能力。经营能力分析可以从人力资源（企业管理人员、职工和其他劳工素质）、组织管理体系（组织机构、运营机制、管理体制）和企业文化等几个方面进行。

c. 森林经营需求分析。以经济社会发展预期为基础、按照各级森林经营规划的任务，结合历年森林资源经营情况，分析经营期内经济社会发展和区域生态建设对森林生态保护调节、生态文化服务、生态系统支持和林产品供给四大功能的需求。

（2）森林经营评价

①森林可持续评价。森林可持续评价是在森林生态系统分析和经营能力和经营环境分析的基础上参照国家、区域或经营单位森林可持续经营标准和指标体系和《中国森林认证》的原则和标准，从生物多样性保护、森林生态系统生产能力的维持、森林生态系统健康与活力、保持水土、森林队全球碳循环贡献、满足社会对森林多效益的需求、政策与法制7个方面对经营单位森林可持续状况进行评价，明了森林生态系统的现状和动态，经营单位的经营能力、经营效果、社会经济环境和政策法规等环境对森林经营的影响，认清森林经营现状与可持续经营之间的差距，把握编案单位的优势、劣势、机遇和挑战，为经营决策做铺垫。

一般采用SWOT分析法，即态势分析法，就是将与研究对象密切相关的各种主要内部优势、劣势和外部的机会和威胁等，通过调查列举出来，并依照矩阵形式排列，然后用系统分析的思想，把各种因素相互匹配起来加以分析，从中得出一系列相应的结论，而结论通常带有一定的决策性。基本思路是：发挥优势因素，克服弱点因素，利用机会因素，化解威胁因素；考虑过去，立足当前，着眼未来。

②社会影响评价。通过专家咨询、社会调查与访问、资料查阅等方法，对森林经营活动为社会提供的林产品、生态环境支持、兴林富民、创业创新等方面发挥的优势、潜力和问题进行评价。是对编案单位的经营管理能力、管理制度、政策措施、经营技术、人才队伍和森林经营基础设施作出客观评价。

在上述分析基础上，现有森林资源数量、质量、结构、生物多样性状况、森林健康状况分析，对森林经营条件、经营需求分析，对森林经营效果评价，总结森林资源的特点、森林经营的特色、分析存在的经营问题及原因，提出森林经营规划应解决的重大问题、措施与建议。

9.2.2.4 森林经营方针与目标

（1）森林经营方针

森林经营方针是指根据经营思想，为达到经营目标所确定的总体或某种重要经营活动应遵循的基本原则（行为原则、规范）。森林经营方针可分为战略方针和策略方针，前者是指经营单位一定历史时期内的全局性方针；后者是指为实现战略任务和战略方针所采取的具体手段。战略方针和策略方针所反映的全局和局部，长远利益和当前利益之间的辩证关系。

应全面贯彻以营林为基础，以保护、发展森林资源，建设现代化林业为重点，实行集约经营、科学管护，充分发挥好森林经营单位的自身优势和林地生产潜力，协调好森林多功能与森林经营多目标的关系，确保森林资源的生态、经济和社会等多种效益的充分发挥。

森林经营方针是定性的,它规定经营单位发展的原则、路径、方法和手段;森林经营目标是指经营单位的经营活动在一定时期内达到的成果,它是经营单位的经营活动的出发点和归宿,是定量的,可以根据每个经理期的具体情况进行调整。经营方针应有针对性、方向性,简明扼要。

(2)森林经营目标

森林经营方案应当明确提出经营期内要实现的经营目标。经营目标应在森林经营方针指导下,根据上一期森林经营方案实施情况、森林经营需求分析和现有森林资源状况、林地生产潜力、森林经营能力和当地经济社会情况等综合确定。

森林经营目标应当作为当地国民经济发展目标的重要组成部分,并与国家、区域多功能森林经营标准和指标体系相衔接,应包括以下内容:

①森林资源发展目标。数量、质量、森林覆盖率、增长速度、生长与消耗平衡、(林种、树种)结构。

②林产品供给目标。产量、产值、产品结构、攻击的平稳性。

③经济目标。产值、利润、效率(投入产出比、收益率、资本利润率)。

④生态效益目标。覆盖率、"三防"(火、病、虫)体系建设目标、四旁绿化。

⑤社会效益目标。就业、职工福利(收入、住房、医疗保险)、利税率、文化和对周边社区发展的支持与贡献等。

方案规划期为10年的,可以将经营目标分为前期(前3年)、后期(后7年)。方案规划期为5年的,经营目标不分期。

常用的经营目标主要指标见表9-2。

表9-2 森林经营目标主要指标表

指标名称	单位	现状	前期(前3年)	后期(后7年)	指标属性
林地保有量	hm^2				约束性指标
森林保有量	hm^2				约束性指标
森林覆盖率	%				约束性指标
森林蓄积量	$\times 10^4 \, m^3$				约束性指标
国家重点保护野生动植物物种保护率	%				约束性指标
森林资源建档率	%				约束性指标
公益林面积	hm^2				约束性指标
森林火灾受害率	‰				约束性指标
有害生物成灾率	‰				约束性指标
森林经营面积增量	hm^2				预期性指标
乔木林单位蓄积量	m^3/hm^2				预期性指标
大径材和珍贵用材林在林分中的比例	%				预期性指标
天然林占林分比	%				预期性指标

(续)

指标名称	单位	现状	前期(前3年)	后期(后7年)	指标属性
混交林占林分比	%				预期性指标
中幼林比例	%				预期性指标
年木材生产量	m³				预期性指标
年松脂产量	t				预期性指标
职工年均收入	元				预期性指标

注：根据林场实际情况可增加一些预期性指标。森林保有量是指有林地和特别规定的灌木林地面积；林地综合利用率是指有林地、灌木林地和未成林占林地面积百分比；森林资源建档率是指对造林、抚育、采伐、火灾、林地征占用等经营活动建立纸质和电子档案完整率。

拓展训练

根据任务的内容，对某林场进行森林资源和经营管理的分析评价，确定该林场在森林经理期内的森林经营方针和目标，每人提交一份该林场上期的森林经营情况分析评价报告。

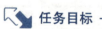

任务 9.3　森林经营方案编制要点

 任务描述

以一套完整的森林经营方案简要内容为例，学习编制森林经营方案的主体内容。本次任务是掌握森林经营方案编制主体内容的基础上，能够结合森林经营理念的转变编制一套科学合理现代化的多功能森林经营方案。

每人提交一份简要的森林经营方案完整内容。

任务目标

（一）知识目标
1. 熟悉森林经营方案主体内容中的各个项目。
2. 掌握基本的森林经营方案编制主体内容。
3. 掌握编制森林经营方案的关键核心技术内容。

（二）能力目标
1. 能够编制一套合理完整的森林经营方案。
2. 会使用森林生态系统经营技术编制森林经营方案核心内容。

（三）素质目标
1. 引导学生用森林生态系统经营的全局理念设计多功能可持续森林经营方案。
2. 培养学生运用先进的森林经营理念建设生态文明。
3. 具备严谨、科学、先进的工作理念。

> 实践操作

9.3.1 森林经营方案编制要点的过程与要点分析

第一步：确定各类森林经营方案文本的主体内容

森林经营方案设计单位在接到编制任务后，应明确森林经营方案实施主体单位的性质，而后对应编制森林经营方案。即在确定森林经营主体的基础上，选择森林经营方案、简明森林经营方案、规划性质森林经营方案其中某一种，而后在资料分析的基础上，确定各类森林经营方案的广度和深度。

森林经营方案文本内容可按照以下第二步至第十二步的内容来完成编写。

第二步：摸清基本情况

历史沿革、行政隶属关系与位置、地形地貌、气候、植被、土壤、现有机构和人员、基本建设设施情况，以及林区社会、经济等。

第三步：森林资源分析与经营评价

现有森林资源数量、质量、结构、生物多样性状况、森林健康状况分析，对森林经营条件、经营需求分析，对森林经营效果进行评价，分析存在的经营问题及原因，提出解决的措施及建议。上次经理期执行情况评价（初次编制单位无此项内容）。

第四步：森林经营方针与目标

明确经理期内通过森林经营管理应达到的主要目标，包括资源发展目标、经济发展目标及其他相关目标。

第五步：森林经营区划与经营组织

森林经营分区与森林类型划分，森林经营类型、经营措施类型、森林作业法设计。并统计区划结果。

第六步：森林培育规划设计

根据小班森林资源情况和经理期小班采伐情况，合理规划人工造林（更新）、森林抚育、封山育林、低效林改造等森林经营计划，各年度造林、抚育规模尽可能均衡。对经营期内进行主伐、更新采伐和低效林改造的作业小班，进行迹地更新造林设计，安排到年度。

第七步：森林采伐规划设计

进行合理采伐量确定、采伐规划和采伐管理。采伐规划包括用材林主伐、公益林更新采伐、低产林改造、低效林改道、抚育间伐、竹林采伐、灾害材采伐等。

第八步：非木质资源经营与森林游憩规划

主要规划内容包括经济林经营、生物质能源林培育、林下资源培育利用等方面，规划方向、规模应与地方经济、社会发展相关规划相吻合。

森林游憩规划充分利用林区多种自然景观和人文景观资源，开展以森林生态系统的游憩活动。规划应因地制宜地确定环境容量和开发规模，科学设计景区、景点和游憩项目。

第九步：森林健康与保护规划

根据森林资源情况和保护现状，科学、合理规划森林管护、森林防火、林业有害生物防控、生物多样性保护、林地生产力维护、森林集水区管理等措施内容，确保森林生态效益、社会效益的有效发挥。

第十步：基础设施与经营能力建设规划

包括林区道路建设、棚户区改造与管护房建设、办公设施设备购置和水、电、通信、林区监控建设等。

第十一步：投资估算与效益分析

森林经营经费估算，基本建设投资概算，流动资金核算，营林事业费，所需机械设备、燃料汇总，资金筹措方式及数额等。进行经济效益、生态效益、社会效益分析。森林经营的生态与社会影响评估及综合评价。

第十二步：保障措施

针对不同性质的经营单位提出：机制保障、组织保障、政策措施、资金措施和技术措施等不同类型的保障措施。保障措施要有针对性、前瞻性和可操作性。

 理论基础

9.3.2 编制森林经营方案的关键要点

9.3.2.1 森林功能区划

森林功能区划是指根据森林资源主导功能、生态区位、利用方向等，采用系统分析或分类方法，将经营区内森林划分为若干个独立的功能区域，实行分区经营管理，从整体上发挥森林资源的多功能特性的管理方法或过程。它是森林经营方案编制中的一个重要环节，它是对森林经营单位内分布的所有森林按给定的原则和标准划定其功能，区划的目的是实现多功能分级经营，即不同的森林功能对应不同的经营强度。森林功能区划对于森林经营和合理规划布局具有重要的参考价值，为合理经营和利用森林提供依据。

(1) 区划的原则和依据

一类编案单位根据经营需求分析结果，以区域为单元进行森林功能区划，其他类型的编案根据具体情况确定。区划应考虑国家及地方主体功能区规划、生态保护红线、林业发展区划和《全国森林资源经营管理分区施策导则》等对当地森林经营的功能要求。

森林功能区划应遵循以下原则。

①多功能可持续性原则。森林功能区划的目的是实现森林资源的可持续经营，发挥森林的多种功能，促进森林经营单位的可持续发展。

②保护生物多样性原则。森林经营会对生物多样性产生影响。法律和不断变化的社会价值观都要求森林管理者有责任保护生物多样性、维持生物多样性的生境和过程。需要划定具有重要保护价值的生物多样性(如地方特有种、濒危种、残遗种)显著富集的区域及珍稀、受威胁或濒危生态系统区域、野生动物重要栖息地等，并通过设置采伐约束等对生物多样性进行保护。

③维持生态系统完整性稳定性原则。在森林生态系统资源富集、高价值保护、脆弱敏

感及社会价值凸显等区域应认真调查和界定,部分区域可设置一定宽度的缓冲带来进行隔离划分。

④统筹规划、合理布局的原则。功能区划应与区域规划和林业发展规划、行业相关专项规划等相协调,统筹区域自然资源和经济社会发展对林业的要求,科学规划,合理布局。

(2) 区划类型

一类编案单位的功能区一般有森林集水区、生态景观与游憩区、生物多样性重点保护区、自然或人文遗产保护区、种质资源保护区、重点有害生物防控区等。具有下列一种或多种属性的高保护价值森林集中区域应优先区划。

①具有区域或国家意义的生物多样性价值(如地方特有种、濒危种、孑遗种)显著富集的森林区域。

②拥有区域或国家意义的大片景观水平的森林区域,其内部存活的全部或大部分物种保持分布和丰度的自然格局。

③包含珍稀、受威胁或濒危生态系统或者位于其内部的森林区域。

④在某些重要情形下提供生态服务功能(如集水区保护、土壤侵蚀控制)的森林区域。

⑤从根本上满足当地社区的基本需求(如生存、健康)的森林区域。

⑥对当地社区的传统文化特性具有重要意义的森林区域(通过与当地社区合作确定森林所具有的文化、生态、经济或宗教意义)。

二类、三类编案单位根据经营实际并结合森林经营类型的划分,按照森林主导功能和经营限制程度,进行功能区划分,并合理确定各区经营的方向、目标和经营策略。如以下几种保护区的划分。

①严格生态保护区。在本经理期内,严格生态保护区主要功能为生态系统支撑及环境保护等。经营方向是保护现有森林资源,林地抚育措施主要以封禁保护为主,开展病虫害防护和森林防火等工作。

②近自然保育区。近自然保育区经营方向为利用自然恢复的力量,辅助与人工促进经营措施,实现高近自然度的森林经营。总体上坚持尽量较少安排抚育措施、较少干扰林分的原则。

③精准提质抚育经营区。精准提质抚育经营区的经营强度高于近自然保育区,经营方向是保护现有森林资源,改变纯林树种结构,阔叶林目标树经营。

④一般生态公益林保护经营区。可进行经营性采伐的生态公益林区域,分布于生态区位重要、生态环境脆弱地区,发挥生态保护调节、生态文化服务或生态系统支持等主导功能,兼顾林产品生产。包括国防林和水土保持林。

⑤限制性商品林经营区。保护和培育珍贵树种、大径级用材林和特色经济林资源,兼顾生态保护调节、生态文化服务或生态系统支持功能。包括一般用材林和部分经济林。可进行收获性采伐,但采伐方式和强度受约束。

⑥一般性商品林经营区。包括短轮伐期工业原料林、林化工业原料林和部分优势特色经济林等,是分布于自然条件优越、立地质量好、地势平缓、交通便利的区域,以培育短周期纸浆材、人造板材和优势特色经济林果等,保障木(竹)材、木本粮油、木本药材、干鲜果品等林产品供给为主要经营目的。这类森林应开展集约经营活动,充分发挥林地生产

潜力，提高林地产出率，同时考虑生态环境约束。

⑦景观游憩和森林文化区。景观游憩和森林文化区的经营方向主要是加强森林防护，改善树种结构，丰富区域内的物种多样性，增强森林生态系统的承载力，保护野生动植物资源，改善人居生态环境在保护自然资源的前提下，适度开展自然观光、生态休闲、森林康养等森林旅游活动。

9.3.2.2 森林经营类型组织

(1) 森林类型划分

森林类型是森林群落的分类单位，是按照群落的内部特性、外部特征及其动态规律所划分的同质森林地段。划分森林类型的目的是为森林调查、造林、经营和规划设计提供科学依据，对不同的类型采取不同的营林措施。

为促进因林施策，科学经营，对不同森林类型采取有针对性的经营措施，按照森林起源、树种组成、近自然程度和经营特征，将森林划分为天然林和人工林两类。天然林可划分为原始林、天然过伐林、天然次生林和退化次生林；人工林可划分为近天然人工林、人工混交林、人工阔叶纯林和人工针叶纯林（表9-3）。

表9-3 森林类型划分

起源	森林类型	说明
天然林	原始林	落实全面保护天然林的要求，针对不同类型、不同发育阶段、不同演替进程的天然林采取更有针对性、更加科学合理的天然林保育措施，将天然乔木林划分为原始林、天然过伐林、天然次生林、退化次生林4类
	天然过伐林	
	天然次生林	
	退化次生林	
人工林	近天然人工林	针对天保、自然保护区等工程实施以来的林分现状（一些人工林划入保护范围），单独划分一类介于天然林与人工林之间的人工林"近天然人工林"
	人工混交林	针对人工林生态系统稳定性差、健康程度低、生态功能脆弱的现状，为精准提升人工林经营水平，培育健康稳定优质高效的人工林，按照近自然程度和树种组成，对人工林进行细分
	人工阔叶纯林	
	人工针叶纯林	

(2) 森林经营类型组织

森林经营类型是将经营目标、经营周期、经营管理水平、立地质量和技术特征相同或相似的小班，划归同一类型，采取相对一致的培育过程的小班集合体。它是在同一林种区范围内，由一些在地域上一般不相连接，但自然特征相似，经营方向和经营目标相同，需要采取统一系统的经营技术措施组合而组织起来的经营空间单位。每个经营类型均需要一套完整的经营措施体系（作业法）。森林经营类型的组织主要考虑以下因素。

①立地条件。立地条件是确定森林经营技术体系的主要因素。如立地条件好的地段，常用于培育珍贵树种大径材林；而立地条件较差的地段，则多用来培育一般用材林或防护

林。立地条件通常用立地类型或立地等级表示。其中，立地类型可用于无林地或有林地，而立地等级多用于有林地。立地等级可用地位级或地位指数表示。

②经营目的和强度。经营目的通常用林种表示。其中，特用林、用材林到二级林种。经营目的通常由立地条件确定，但同时还要考虑到经济发展水平。经营强度是指在经营过程中对林地开展的整地造林、割灌整枝、抚育补植、采伐收获等一系列森林更新、抚育和收获等人为经营措施的实施程度表达，主要用于控制达到经理末期经营目标而采取的人为措施投入和控制的强度。

③森林特征和树种特性。不同的树种（组）或林分类型，需要采取不同的技术体系。对于无林地、宜林地、疏林地等可造林地，要按照适地适树的原则，选择造林树种（组）或林分类型。树种或树种的组合在特定立地上能够保持持续的生长和自我更新是"适地适树"原则的基本要求。树种特性的认识、选择和组合设计是森林经营设计的重要技术环节，森林经营类型的设计重点要考虑经理期内主要树种及其生态学和经营学特性。

④森林功能定位。根据功能区划结果和主导与兼顾功能兼顾的设计原则（主导功能即为森林需承担或发挥的主要作用，也是森林培育和经营的主要目标），经营措施类型与森林类型和森林功能的内在联系和对应关系是设计和组织森林经营类型的关键技术部分。

(3) 森林经营分类方法和命名

按照《全国森林经营规划》（2016—2050年）的森林经营分类，根据森林所处的生态区位、自然条件、主导功能和分类经营的要求，将森林经营类型分为严格保育的公益林、多功能经营的兼用林（包括以生态服务为主导功能的兼用林和以林产品生产为主导功能的兼用林）和集约经营的商品林（表9-4）。

表9-4 森林经营类型划分"两类林"划分关系

森林经营类型分类		经营对象	对应保护地等级	经营策略
严格保育的公益林		一级国家公益林	Ⅰ级	予以特殊保护，突出自然修复和抚育经营，严控生产性经营活动
多功能经营的兼用林	以生态服务为主导功能的兼用林	二级国家公益林和地方公益林	Ⅱ级、Ⅲ级	严控林地流失，强化抚育经营，突出增强生态功能，兼顾林产品生产功能
	以林产品生产为主导功能的兼用林	一般商品林地（一般用材林和部分经济林）	Ⅳ级	加强抚育经营，培育优质大径级高价值木材等林产品，兼顾生态服务功能
集约经营的商品林		重点商品林地（速生丰产用材林、短轮伐期用材林、生物质能源林和部分特色经济林）	Ⅲ级	开展集约经营，充分发挥林地潜力，提高产出率，同时考虑生态环境约束

根据森林功能区划和经营目的，综合考虑森林类型、保护等级和立地条件等因素，在省级森林经营规划的森林经营分类基础上分类适当细分经营亚区。根据主导功能、现有森林类型特点和经营目的，参照森林经营类型的划分进行命名。例如，"生态服务主导的松阔混交林""集约经营的桉树速生丰产用材林""景观游憩主导的多树种混交林""生物多样性保育主导的近自然森林""严格自然保护的森林类型"等。

9.3.2.3 森林作业法设计

森林作业法是指根据特定森林类型的立地环境、主导功能、经营目标和林分特征所采取的造林、抚育、改造、采伐、更新造林等一系列技术措施的综合。森林作业法是针对林分现状（林分初始条件），围绕森林经营目标而设计和采取的技术体系，是落实经营策略、规范经营行为、实现经营目标的基本技术遵循。森林经营是一个长期持续的过程，森林作业法应该贯穿于从森林建立、培育到收获利用的森林经营全周期，一经确定应该长期持续执行，不得随意更改。

根据我国森林资源状况，将森林作业法分为乔木林作业法、竹林作业法（针对竹林和竹乔混交林使用的作业法）和其他特殊作业法（针对灌木林、退化林分和特殊地段的稀疏或散生木林地使用的作业法）。乔木林是森林经营的主体和重点。针对不同森林类型和森林经营类型分类，按照经营对象和作业强度由高到低顺序，以主导的森林采伐利用方式命名，将乔木林作业法划分为一般皆伐作业法、镶嵌式皆伐作业法、带状渐伐作业法、伞状渐伐作业法、群团状择伐作业法、单株木择伐作业法和保护经营作业法7种，见表9-5。

表9-5 乔木林作业法分类

序号	森林作业法	适用范围
1	一般皆伐作业法	适用于集约经营的商品林，农业耕作的工业人工林，短轮伐期矮林（如桉树多代萌发）、部分速生丰产林
2	镶嵌式皆伐作业法	适用于地势平坦、立地条件相对较好的区域，林产品生产为主导功能的兼用林；也适用于低山丘陵地区速生树种人工商品林
3	带状渐伐作业法	适用于多功能经营的兼用林，也适用于集约经营的人工纯林
4	伞状渐伐作业法	适用于多功能经营的兼用林，特别是天然更新能力好的速生阔叶树种多功能兼用林
5	群团状择伐作业法	适用于多功能经营的兼用林，也适用于集约经营的人工混交林，是培育恒续林的传统作业法
6	单株木择伐作业法	适用于多功能经营的兼用林，也适用于集约经营的人工林，属于培育恒续林的作业法
7	保护经营作业法	主要适用于严格保育的公益林经营

为确保经营策略落到实处、经营行为科学规范，提高森林经营的科学性和可操作性，表9-6列出了上述7种森林作业法所适用的森林类型、森林经营类型及其对应关系。

表 9-6 森林作业法与森林类型、森林经营类型分类关系表

森林类型划分		森林经营类型分类	一般皆伐作业法	镶嵌式皆伐作业法	带状渐伐作业法	伞状渐伐作业法	群团状择伐作业法	单株木择伐作业法	保护经营作业法
天然林	原始林	严格保育的公益林							√
	天然过伐林	多功能经营的兼用林					√	√	
	天然次生林	严格保育的公益林							√
		多功能经营的兼用林				√	√	√	
	退化次生林	严格保育的公益林							√
		多功能经营的兼用林						√	
人工林	近天然人工林	严格保育的公益林							√
		多功能经营的兼用林						√	
	人工混交林	严格保育的公益林							√
		多功能经营的兼用林		√		√			
		集约经营的商品林	√	√					
	人工阔叶纯林	严格保育的公益林							√
		多功能经营的兼用林			√		√		
		集约经营的商品林	√	√					
	人工针叶纯林	多功能经营的兼用林			√		√		
		集约经营的商品林	√		√		√		

(1) 乔林作业法技术体系

基于森林生态科学机理和经济技术可行性，层次上从森林的服务功能、森林类型（树种组成和结构）、措施与林分（小班）条件匹配为主导，形成了一个适应国家、区域和具体地段等不同层面需求针对乔林的三级森林作业法技术体系。

第一级是规范经营方式的作业法类型。即上述按照经营对象和作业强度划分的 7 个森林经营方式，从而满足对森林的不同近自然度和服务功能的需求。

第二级是在第一级规范经营方式的作业法框架内，以培育特定森林经营类型为目标的作业法，称为森林类型作业法。它是在区域或省级经营规划设计中针对具体森林植被（树种）类型和区位功能需求对森林作业法的进一步细化设计，是最重要和最核心的作业法设计任务和技术，是乔林作业法体系中最根本最核心内容，也是实现森林多功能、近自然经营的技术核心。

二级作业法设计需要体现出以下 4 方面技术要素：

①定义作业法名称。用"主要树种的森林类型+作业法"格式命名，特别的情况下可以在名称中加入森林主导功能的描述。如"云南松人工林单株木择伐作业法""思茅松人工林一般皆伐作业法""杉木人工林一般皆伐作业法"等。

②确定森林对象或适用条件。简要描述适用的地理地貌区域、森林植被类型和森林功

能类型的情况。

③制定目标林相或发展类型。所有森林经营都以追求森林的稳定性、高价值、多样化和美景化的森林特征为基本目标，目标林相是描述实现了这些特征时的目标森林状态，这个目标状态的核心因子应至少包括树种组成、层次结构、林分密度和目标直径（或培育周期）、每公顷蓄积量水平5个方面的量化值。

④制定全周期培育过程表。全周期培育过程表是从森林发生发展到实现目标林相（或发展类型）全过程的阶段性林分特征和概念性经营处理的对应描述，可以用"年度"为单位的时间过程、或优势高代表的林分阶段与经营处理对应的全周期过程表来描述，也可以用逻辑过程图从起点到终点的概念性全过程来描述。根据森林正向演替阶段（全周期）分为建群、竞争生长、质量选择、近自然结构段、恒续林状态5个阶段，通过对森林生长各阶段经营措施的技术总结，编制全周期经营措施表。

第三级是将森林作业法落实到具体小班成林分的技术框架设计，是森林经营实践工作中最为具体和重要的工作，称为小班（或林分级）作业法。是以具体的小班（或林分）为对象，根据经营目标、立地条件、群落生境、当前状态等经营要素而选择制定的经营作业法，是规定该小班（林分）从森林建立、抚育经营、采伐利用、林分更新等森林培育全周期的生长发育状态和关键作业过程所采用的系列技术措施的综合设计。

小班作业法设计内容包括以下方面。

①林分现状。核心因子为树种组成和层次、林分密度、蓄积量、发育阶段与健康状态、立地条件或土壤肥力5个方面的描述。

②目标林相。实现培育目标时的树种组成、层次结构、林分密度、蓄积量水平。

③培育过程。给出从森林发生发展到实现目标林相全过程的经营规划描述，可以是逻辑过程图的概念性描述或分阶段的全周期表格描述。

④经营措施设计。尽可能用标准化的措施描述。这个层次的工作就是根据具体小班条件和适用的森林作业法做匹配决策、并细化为具体的小班经营计划，以导引具体林分经营工作长期执行。

(2) 森林经营措施类型

为了确保在经营期内实施的各种经营措施的有效性和合理性，针对各经营类型组内森林资源结构、功能和林分质量的差异性，根据林分的现有状况、立地条件、经营水平、经营条件对森林经营的措施类型进行组织，根据各类型适用对象情况，对每个小班落实森林经营措施类型。森林经营措施类型主要包括人工造林类型组、幼林抚育类型组、森林抚育类型组、改造培育类型组、更新采伐类型组、主伐利用类型组、其他采伐类型组、封禁培育类型组和提质增效类型组9种。

9.3.2.4 森林经营规划设计

(1) 森林培育规划设计

森林培育是把以树木为主体的森林群落作为生产经营对象，它的活动必须在生物群落与其生态环境相协调统一的基础上来进行。根据小班森林资源情况和经理期小班采伐情况，合理规划人工造林（更新）、森林抚育、封山育林、低效林改造等森林经营计划，各年度造林、抚育规模尽可能均衡。对规划期内进行主伐，更新采伐和低效林改造的作业小班，应进行迹地更新造林规划。专项森林培育工程的名称与内容要与森林经营类型表协调一致，原则上要求稳定性、延续性，从造林更新开始的全过程。

上述森林培育规划设计中涉及的造林、抚育、封育、改造、采伐、更新等具体的森林经营技术措施和技术要求，按照《造林技术规程》(GB/T 15776—2016)、《封山(沙)育林技术规程》(GB/T 15163—2018)、《森林抚育规程》(GB/T 15781—2015)、《低效林改造技术规程》(LY/T 1690—2017)、《退化防护林修复技术规程》(LY/T 3179—2020)、《森林采伐作业规程》(LY/T 1646—2005)、《生态公益林建设 技术规程》(GB/T 18337.3—2001)、《国家级公益林管理办法》《全国木材战略储备生产基地现有林改培技术规程(试行)》，以及各省各地区具体《森林资源调查实施细则》和《森林抚育实施细则》等标准和文件执行。

(2) 森林采伐规划设计

森林采伐贯穿于森林经营的全过程，是森林培育和结构调整的重要手段。森林采伐量应依据功能区划和森林分类成果，分为主伐、抚育间伐、更新采伐、低产(低效)林改造采伐4种类型，结合森林经营规划，采用系统分析、最优决策等方法进行测算，确定森林合理年采伐量和木材年产量。森林采伐量一般指在经理期内(或一年内)以各式形式采伐的林木(胸高直径大于5 cm)蓄积量。

合理确定年采伐量是促进林业生产力发展、实现森林持续利用的前提，是合理调整森林结构和提高森林资源的重要手段，也是制定年采伐限额的主要依据。森林采伐限额是各种采伐消耗林木总蓄积量的最大限量，它是由林业主管部门根据用材林消耗量低于生长量和森林合理经营的原则，经过科学测算制定，并经国务院批准实施的。国务院批准的年采伐限额，每5年调整1次。森林采伐限额的范围除《森林法》规定的禁伐森林和林木外，包括所有林种的林分和林木的主伐、补充主伐、抚育伐、卫生伐、林分改造等各种采伐所消耗的资源总额。

森林采伐规划设计过程中应注意以下几点：

①森林采伐应考虑采伐类型、木材市场和区域经济发展的需求，通过采伐作业措施的科学应用，提升森林资源的保护价值，建设和培育稳定、健康与高效的森林生态系统，保持森林长期、稳定提供物质产品和生态、文化服务的能力。

②森林采伐量测算应根据功能区划和森林分类成果，以及《森林采伐作业规程》(LY/T 1646—2005)等标准要求，分别主伐(皆伐、渐伐、择伐)、抚育间伐、低产林改造、更新采伐等采伐类型，采用系统分析、最优决策等方法进行测算论证，确定森林合理年采伐量和木材年产量。

③建立以生态采伐为核心的经营管理体系，有条件的区域推荐梯度经营体制，适当增加小流域、沟系、山体的景观异质性，保证野生动植物生存繁衍所需的生态单元和生物通道，作业区配置应具有可操作性，合理确定更新方式。

④基于时间和空间分析，应将采伐量和更新造林任务量按小班落实到山头地块，确保森林采伐量具有科学性和可操作性。

⑤作业区与一些易发生水土流失的区域保持一定距离，设定一定宽度的缓冲带(区)，将采伐对生态破坏或环境的影响减少到最小程度。

(3) 种苗规划

根据森林经营任务和现有种子园、母树林、苗圃和采穗圃供应状况，测算种子、苗木的需求与种苗余缺，安排采种与育苗生产任务。应创造条件建立以乡土树种为主的良种繁育基地，根据引种试验成果繁育和推广林木良种，大力研究和推广生物制剂、稀土、菌根等先进育苗技术，积极利用生物工程等新技术培育新品种。

9.3.2.5 非木质资源经营与森林游憩规划

(1) 非木质资源经营规划

以现有成熟技术为依托，以市场为导向，分析非木质产品原料自给率及来源、产品竞争能力、市场占有率，规划利用方式、程度、产品种类和规模。在保护和利用野生资源的同时，发展人工定向培育。提高产品产量与质量，创导培育技术密集型的非木质资源利用产业，延长产业链、增加林产品附加值。主要规划内容包括经济林经营、生物质能源林培养、林下资源培育利用等方面，规划方向、规模应与地方经济、社会发展相关规划相吻合。

(2) 风景林保育

在森林景观资源调查的基础上，进行景观资源区划，将有保护价值的森林景观区域区划出来，分别区域实施保育策略。

①森林景观独特、景观资源相对集中的区域或景观带，应区划为景观重点保育区、景观廊道，实施禁止采伐限制采伐等保护措施，并设计适宜的景观修复、改善措施。

②森林景观相对丰富、但比较分散的区域，可以结合森林培育规划设计保育措施，包括限伐观赏树木、变色树木，补植有利于提升森林景观的植物。

③按景观区(带)统计汇总森林景观保育任务，并落实到年度。

(3) 森林游憩规划

可按照景观功能区或森林旅游地类型进行规划，充分利用林区地文、水文、气象、生物等自然景观和历史古迹、古今建筑、社会风情等人文景观资源，开展森林游憩规划，规划方向、布局、规模、内容应与地方经济、社会发展相关规划相协调。

(4) 森林生态康养规划

森林生态康养是以森林生态环境为基础，以促进大众健康为目的，利用森林生态资源、景观资源、食药资源和文化资源与医学、养生学有机融合，开展保健养生、康复疗养、健康养老的服务活动。

9.3.2.6 森林健康与保护规划

(1) 森林管护规划

森林保护规划主要内容包括以下方面。

①经营规模较大、森林资源相对集中的区域，采取集中管护模式，按照经营单位—乡镇(营林区、管护区)—村等层次分层建立管护体系。

②森林资源较分散的区域，采取承包管护模式，按沟系、林班将森林管护责任承包到户或人。

③合作造林、联社造林等森林资源应与联合方明确森林管护责任，采取委托管护聘用

专业人员管护等适宜模式。

④组建森林管护队伍，明确管护人员的管护范围、职责。

⑤经营范围内的国家级、省级重点公益林、天然林应根据专项森林管护规划，在经营方案中进一步明确管护范围、面积、形式、人员与责任。

(2) 森林防火规划

针对森林火灾突发性强、蔓延速度快的特点，重点进行森林火险区划，制定森林防火布控与森林防火应急预案，规划建设森林防火通道、森林扑火装备、专业防火队伍，防火基础设施等。有条件的林区可以规划林火利用方案，利用控制火烧技术减少林下可燃物，以达到控制火灾蔓延的目的。

(3) 林业有害生物防控规划

体现预防为主、防治结合方针，将林业有害生物防控纳入森林经营体系，与营造林措施紧密结合，通过营造林措施辅以必要的生物防治、抗性育种等措施，降低和控制林内有害生物的危害，提高森林的免疫力。主要内容包括林木有害生物预测预报系统和监测预警体系建设、防治检疫站与检疫体系建设、林业有害生物防控预案，以及外来有害生物和疫源疫病防控方案等。

(4) 生物多样性保护规划

生物多样性保护规划应充分考虑生物资源类型、保护对象特点、制约因素及影响程度、法律法规与政策等，生物多样性富集区域应单独规划为自然保护区、自然保护小区等，其他区域的生物多样性保护主要结合森林经营措施进行规划。

①以生态系统保护途径为主线，注重对景观、生态系统、物种和遗传基因等不同层次多样性的系统保护。

②将高保护价值森林区域作为规划重点，明确高保护价值森林区域的范围、类型与保护特点，提出保护措施。

③以林班或小流域为单位，以指示型物种确定适宜的树种、森林类型和龄组结构，保持物种组成、空间结构和年龄结构的异质性。

④注重保护珍稀濒危物种和群落建群树种的林木、幼树、幼苗，在成熟的森林群落之间保留森林廊道。

(5) 林地生产力维护规划

林地生产力维护应与营造林措施设计紧密结合，将有利于培肥地力的技术措施贯穿于森林经营的全过程。应充分考虑有利于地力维护的培肥技术、采伐要求、化学制剂应用等保护对策。提倡培育阔叶林和混交林；速生丰产林应考虑轮作、休歇、间作等培育措施；水土流失严重地区应在造林、采伐作业时，采取土壤水肥保持措施。

(6) 森林集水区管理规划

通过森林集水区管理规划，将采伐、造林、林业辅助设施建设等森林经营活动导致的非点源污染降到最小。规划内容主要包括以下几个方面。

①集水区规划。根据河流、溪流/沼泽等级将经营区按流域分为不同层次或类型的集水区，每类集水区应按照相关经营规程要求规划，确定容许一次性采伐更新、整地造林、林业辅助设施建设等指标。

②缓冲区(带)规划。邻接多年性河流、间歇性河流或其他水体(湖泊、池塘、水库、沼泽等)的缓冲性条形地带,按照《森林采伐作业规程》(LY/T 1646—2005)的要求规划为缓冲带,采取以保护水质为主的特殊管理措施。

③敏感区域规划。坡度大、土层薄的林地,以及山脊森林、湿生森林、沼生森林、滨河滨湖森林等规划为敏感区域,该区域严格按照公益林的要求进行经营管理。

9.3.2.7 基础设施与教育能力建设规划

(1)基础设施

①种苗生产设施。依据经理期造林更新和绿化苗木需求量,进行种子园、母树林、林木良种基地、苗圃、采穗圃建设等种苗生产设施规划。

②林区道路建设。林区道路规划应根据森林经营的实际需要和建设能力,充分考虑已有线路的基础上,尽量与社会交通运输规划相结合。林道密度以满足森林经营的基本要求为原则,新建林道应尽量结合防火道、巡护路网等布设,避开高保护价值森林区域、缓冲带和敏感地区。根据规划的新建和改建林道的位置、里程计算工程量和工程投资,作出年度安排。

③营林设施。根据生产发展的实际需要,对森林保护、林地水利、产品加工、科研,生活及其他营林配套基础设施等因需规划、量力而行,并充分考虑国家、地方相关基础建设与生产建设对经、营性基础设施规划的影响,以利用和维护已有基础设施为主,并考虑设施的多途利用。分别建设项目计算工程量和投资额。

④辅助工程建设。主要包括供水、供电、通信等辅助工程建设规划,应根据实际需求,充分结合国家、地方相关基础设施建设规划进行,以利用和维护已有基础设施为主,并考虑设施的多途利用,计算各辅助工程的工程量、投资额和年度安排。

(2)经营能力建设

应依据森林经营单位的经营目标、经营任务及规模、生产及管理工作量、劳动定额及岗位设置、季节性临时用工等,进行经营能力建设规划,形成专业化的森林培育、采伐更新管理队伍,形成较固定的经营技术人员体系,形成合理的用人用工机制和竞争激励机制,不断提高森林经营单位的经营管理能力。

(3)森林经营档案建设

森林经营档案应包括森林资源档案,经营技术档案、生产管理档案及相关资料、文件等。应以分类、准确、及时、便捷为原则,充分利用现代信息技术手段,重点规划档案管理人员、设施设备和相关管理制度建设等。

(4)林业信息化建设

林业信息化建设包括实现资源的信息化和标准化,整合数据资源。将森林资源落实到山头地块,全面摸清森林资源家底,实时监测森林资源动态消长变化,实现森林资源的精细化管理。利用卫星影像、无人机技术、视频监控、移动手机实现森林火灾、病虫害、盗伐森林、破坏林地等事件全方位立体化监控,实现林业资源的智能化监管。智慧林业信息化建设推进信息技术与林业深度融合,助力林业生产和组织管理,对林业生产的各种要素实行数字化设计、智能化控制、科学化管理;对森林、湿地、沙地、生物多样性的现状、动态变化进行有效监管；对生态工程的实施效果进行全面、准确的分析评价；对林业产业结构进行优化升级、引导绿色消费、促进绿色增长；对林农群众提供全面及时的政策法规、科学技术、市场动态等信息服务。重点规划智慧林业与信息化建设、设施设备和相关制度建设。

9.3.2.8 投资估算与效益分析

(1) 投资估算与资金来源

一、二类编案单位在进行森林经营和基本建设投资估算的同时，还应对生产中需要的流动资金和营林事业费加以核算，三类编案单位进行生产建设投资估算，重点是森林经营和基本建设两大项的投资估算，采用"细算粗提"的方法分项进行。投资概算应分解到年度，一般规划前期按每个年度进行分解，规划后期按分期进行概算。

投资估算主要项目包括以下几个方面。

①森林经营。包括人工造林(更新)、森林抚育、封山有林、低效林改造、森林保护、非木质资源开发、森林游憩等方面规划实施的项目。

②基本建设。包括林道建设、林区设施建设、辅助工程(机修、供电、通讯、给排水)等方面规划实施的项目。

③预备费。一般只估算基本预备费，以森林经营和基本建设投资为基数按一定的比例估算。

④营林事业费。是指现有管理人员、服务人员的人员经费，从事生产而没有现金收入的生产工人的经费，维持进行生产开支的经费等。

⑤流动资金。是指用于购置原料、主要材料、辅助材料、燃料及支付工资和其他生产周转所需要的资金。

森林经营所属资金的筹措方式因经营单位的性质不同而差异较大，编案中主要应明确常规性资金项目的来源及额度，主要包括以下方面。

①各级政府财政对经营单位的事业性支出，包括人员工资、福利及财政专项经费等。

②已明确的国家、地方对生态建设项目的投资或补贴。

③中央财政或地方财政对国家级公益林、地方重点公益林的生态效益补偿管护补偿资金。

④其他已有明确来源和额度的资金。

资金缺口一般以自筹为主，主要来源于经营利润。

(2) 效益分析

①经济效益分析。主要包括以下内容。

a. 经营收入。分别木材产品、非木产品、种苗、服务业等产品门类、规格、数量，按市场调查确定的经理期产品价格测算每年的经营产品销售收入。

b. 税费。根据现行各类产品或服务的税种、税率，育林基金、林价提取等各类费种、费率等，测算每年森林经营相应税费。

c. 经营成本。分别营林生产、木材生产、非木产品生产、旅游服务、森林保护、生态与生物多样性保护、基础设施维护等，按照成本构成测算各项成本支出费用。

d. 经营利润。分别年度测算编案单位的森林经营总利润，以及木材生产、非木材生产、旅游服务等分项经营利润。

②生态效益分析。主要包括以下内容。

a. 改善森林资源。分析说明森林经营对森林资源状况的改善，包括数量、质量、结构和覆盖率等。

b. 水土资源安全。主要是从保持水土、涵养水源、保持和改善经营区域的水土资源安全角度进行分析，包括对水土流失控制面积、土壤侵蚀状况、植被盖度改善状况、饮用水源地保护状况等方面进行分析评价。

c. 生物多样性保护。主要从区域生态系统、物种多样性、遗传基因多样性保护等方面进行分析评价，包括重点保护森林规模、高保护价值森林的保护状况、指示性重点物种栖息地改善状况等。

d. 森林应对气候变化。主要测算、分析、评价森林经营改善、增加森林碳汇功能的情况，以及森林经营增强森林应对气候变化能力情况等。

③社会效益分析。主要包括以下内容。

a. 用工量分析。重点测算、分析、评价每年因造林更新、森林抚育、森林采伐、非木质资源经营、森林游憩、森林保护、营林设施建设等各项森林经营活动的用工状况，包括：用工需要量，可以提供的固定工作岗位与临时工岗位数，用工性支出等。

b. 森林旅游分析。重点测算森林资源可提供的森林游憩的主要活动，以及旅游规模、每年接待能力、森林生态文化教育能力等。

c. 人居环境改善分析。从森林经营对改善人居环境、投资与生产建设环境、森林保健、林产品市场发育等多方面，分析评价森林经理期前后的服务功能变化情况。

拓展训练

根据任务内容，以某林场为例，以小组为单位编制一套完整的该林场的简明森林经营方案，每人提交一份该林场的森林经营类型划分和森林作业法设计。

任务9.4 编案成果实施、评估与修订

任务描述

保证森林经营方案成果的完整性，并学会在方案实施评估的基础上进行修订。本次任务是掌握提交一套完整的森林经营方案成果内容，能够按照要求进行修改和修订。

按照评审修改意见对森林经营方案进行修改。

任务目标

（一）知识目标

1. 掌握森林经营方案编制的主要成果内容。

2. 掌握森林经营方案编制成果的审批流程。

(二)能力目标

1. 能够编制森林经营方案的主要成果。

2. 能按照专家意见修改森林经营方案。

(三)素质目标

1. 培养学生知难而上、开拓创新的科学素养。

2. 引导学生树立"生态优先,绿色发展"的理念。

3. 提升学生的职业技能,有良好的就业观。

实践操作

9.4.1 编案成果实施、评估修订的过程与要点分析

第一步:确定森林经营方案的成果组成

森林经营方案编制的主要成果一般由森林经营方案、表格材料、图面材料和附件4部分组成,每个编案单位一般应提交以下资料。

①完整的森林经营方案文本。

②能在时间、空间上体现经营方案的图件。

③附件:一类编案单位编写数据收集、处理与分析报告;森林经营多方案比选分析报告;森林经营生态与社会影响评估报告。

第二步:提交编案主体单位审核

森林经营方案编制设计单位在完成森林经营方案初稿后,应将完整的编案成果内容提交编案主体单位和其他利益相关者,广泛征求经营单位、管理部门和其他利益相关者的意见,以适当调整后的最佳方案作为规划设计的依据。

第三步:成果论证

森林经营方案编制成果由编案主体签署意见后送审。

①省属、跨市(州)或公益林占有林地面积50%以上的国有林经营管理单位上报的森林经营方案,由省林业和草原局组织审查、批准,并报国家林业和草原局备案。

②其他一类、二类编案单位上报的经营方案,及以县为单位编制的规划性质森林经营方案,由市(州)林业和草原主管部门组织审查、批准,并报省林业和草原局备案。

③简明森林经营方案,由县(市、区)林业和草原主管部门组织审查、批准,并报州、市林业和草原主管部门备案。

④省林业和草原局成立森林经营专家库,支持和指导各级森林经营方案审查工作。参与省级审查、备案审查的人员,均应为专家库人员;参与市(州)、县(市、区)审查的人员,专家库人员不少于两名。

论证要求:森林经营方案论证可采用会议或函审的方式,由指定的专业委员会或专家小组执行;参与论证人员应有技术专家、管理者代表、业主代表、相关部门和相关利益者代表等。

第四步：修改完善森林经营方案

按照上级主管部门审批意见和专家评议提出的修改意见，对森林经营方案进行修改和完善，最终定稿，提交编案实施主体单位，报上级林业和草原主管部门备案。

理论基础

9.4.2　经营方案的成果组成、实施、评估与调整

9.4.2.1　经营方案的成果组成

(1) 文本

森林经营方案文本是森林经营方案编制的说明书，一般应包括：经营单位基本情况，包括自然、社会与经济条件，森林资源状况，森林经营状况，经济状况等；森林资源与森林经营状况分析评价；本经理期的经营方针与经营目标；森林经营区划与经营布局；森林采伐利用规划设计；森林培育规划设计；非木资源培育与利用规划；森林游憩与生态旅游规划；森林保护规划；基础设施建设规划；森林经营与能力建设；森林经营综合评价；投资估算与效益分析；保证措施等内容。

(2) 附表

根据林场森林资源现状和发展实际，合理确定以下几种附表。

①森林资源现状表。包括森林资源现状统计表，各类森林、林木面积蓄积统计表，有林地、疏林地、灌木林地林种统计表，乔木林(不含乔木经济林)面积蓄积按龄组统计表，经济林统计表，灌木林统计表，立地类型统计表，林地质量等级面积统计表，森林林木生长量表等；

②林场经营规划表。包括人工(更新)造林规划小班一览表，森林抚育规划设计小班一览表，封山育林规划小班一览表，低效林改造(退化森林修复)规划设计小班一览表，森林采伐规划小班一览表，基础设施设备建设规划表等，经营规划表应结合林场经营类型适当增减；

③建设内容及投资估算表。

④小班因子一览表。

(3) 附图

根据最新森林资源小班调查数据，利用"3S"技术制作以下专题图，根据林场资源现状与规划情况，对森林经营活动具有指导作用的图件材料，一般包括：编案单位位置与交通示意图；森林资源分布现状图；森林分类区划图；经营区划与经营类型分布图；森林经营规划图；森林采伐规划图；非木质资源利用规划图；森林保护规划图；基础设施现状与规划图。

(4) 附件

附件主要包括：有关文件和会议纪要；各专业调查、勘察、论证报告；方案比选资料；编制方案采用的劳动定额及技术经济指标；技术经济论证资料；专家评审意见等。

9.4.2.2 经营方案的实施与评估

森林经营方案编制是森林经营方案执行反馈过程和森林经营方案执行评估过程的基础和依据，其循环周期：南方为5年，北方为10年。这一过程经历森林经营方案编制资格审查、森林经营方案编写和森林经营方案审查。

(1) 森林经营方案的执行反馈

森林经营方案编制过程是对森林经理单位的经营管理进行全局性的谋划过程，森林经营方案实施就是组织、协调、控制以达成经营目标的过程。一个森林经理单位编制了森林经营方案之后，其经营活动就应该依照森林经营方案所规定的发展方向、目标、门类、规模以及重大的比例关系的综合平衡向前发展，需要建立森林经理单位内部的约束机制和外部监督机制，以保障森林经营方案实施，达成既定目标。

执行反馈机制的建立有以下几种作用。

①减弱或消除预测与决策偏差的负效应。森林经理单位内部条件和外部环境都处于动态变化过程中，受森林经营方案编制者和决策者水平和能力限制，难免出现偏差。建立切实可行的森林经营方案执行反馈机制，是减弱乃至消除预测与决策偏差的负效应的必由之路。

②适应新的经营环境，把握发展机会。在实施过程中，森林经营方案执行反馈过程有4种情况，第一种情况是被证明森林经营方案仍是正确可行，这时仍以森林经营方案为准则，根据经营结果检出偏差，作适当修正；第二种情况是由于经营单位内外环境条件的变化，显得原森林经营方案保守或冒进；第三种情况是尽管经营单位内外环境条件变化并没有超出预期，但由于当时经验和水平所限，以致部分森林经营决策已经不尽适宜；第四种情况是原决策并无失误，但是内部条件(如发生重大灾害)或外部环境发生恶性干扰。对于第二、第三和第四种情况，就必须作出应变，需要调整或修改原森林经营方案相关的部分内容，避免损失，把握发展机会。

③原则性与灵活性相结合。严格沿着森林经营方案设定的轨道经营森林是原则性，根据内部条件和外部环境已经超出预期的变化，或者认识水平提高，对原轨道作出调整修正，这是灵活性。

(2) 森林经营方案执行反馈机制的运作

森林经营方案执行反馈机制由4个部分组成，依次为年度目标分解、目标责任落实、目标绩效评定、森林经营方案实施效果分析。

①年度目标分解。森林经营方案确定了经理期的经营目标，为达成这一目标，需要将经理期的经营目标分解成年度目标，并据此编制年度计划。年度目标一般是以量化指标表达，以便操作。例如，年度森林培育目标(造林更新面积，蓄积增长量等)、年度采伐量和利润等。

②目标责任落实。将年度目标按场长目标、部门目标、职(岗)位目标，将任务与保证措施落实逐层到位，形成各个部门目标框图。

③目标绩效评定。年终由接受目标任务的部门和个人填写"绩效卡"，总结检查任务完成情况，用组织与个人相结合的方式进行年度绩效评定。绩效评定结果作为奖惩的依据。

④森林经营方案实施效果分析。大多数情况下,由于森林经营方案实施对生态和社会影响在短期(1年内)内并无明显的效果,所以,森林经营方案的实施效果大体上可以从初与期末森林资源变化状况和期间经济成果反映出来。每年末通过森林资源分析和经济动分析(简称"双分析")方式将经营成果与年度目标比较,检出偏差,分析产生偏差的因,预测变化方向和趋势。然后,综合目标绩效评定结果、森林资源分析和经济活动分结果,形成森林经营方案执行年度总结,实现对森林经营方案反馈,并导出下一年度的标。

(3)森林经营方案的执行评估

森林经营方案评估过程是森林经理单位的上级主管部门和社会对森林经营方案执行情况进行认可、鉴定、引导、监督和协调,形成了森林经营方案实施的外部环境。这一过程可以在经理期内定期或不定期进行。

森林经营方案评估分为"经营单位自测自评"和"主管单位组织评估"两个阶段。具体包括:

①由上级主管部门组织评估小组,通知被评估单位做好自评工作。

②被评估单位向评估小组提交自评表和自评小结等文件,并向评估小组介绍自评情况。

③评估小组根据自评情况初步讨论分析,与群众座谈,到现场考察调查,以求对森林经营方案执行绩效和问题深入了解,探讨产生问题的原因、发展的现实因素和化解问题的途径与对策。

④从对森林经营方案的了解程度、森林经营遵循程度、森林经营方案执行反馈机制是否完备、森林经营方案的实施效果4个方面建立评估指标体系。

⑤对森林经理单位执行森林经营方案情况进行评估,计算森林经营方案评估指标值,起草评估报告。

⑥向被评估单位宣布评估结果,向上级主管部门呈送评估报告。

9.4.2.3 经营方案的调整与修订

森林经营方案编制是建立在对过往经营活动借鉴,对现实内部经营条件和外部经营环境的辨识判断和对未来可能性预测基础上,而森林经理单位的内部条件和外部环境始终处于动态过程中,而且任何可能性预测都可能存在偏差。正因如此,需要定期或根据实际情况修订或重新编制森林经营方案。正常情况下,森林经营方案5年或10年修订一次,这一期间称为经理期,也称为复查期或修订期;这种有关森林经营方案检查与修订的具体工作就称为森林经理复查修订,又称森林经理检订。当然,每年的森林经营方案执行反馈过程,如果发现森林经营方案存在必须修订的内容,也应该及时修订。根据调整修订的内容和周期可以分小修订和大修订。

(1)经营方案小修订

当森林经理单位经过年度的森林经营方案执行反馈和评估后,发现原方案的内外部环境条件发生了重大变化,使得原森林经营方案显得保守或冒进,或者森林经营决策已经不尽适宜时,就必须做出应变,需要调整或修改原森林经营方案相关的部分内容,避免损失,把握发展机会。因此,森林经营方案小修订是以"需要"为前提的不定期的、中间的、部分的修订,周期为1年或不足一个经理期的任何年数。

森林经营单位可在经理期内依据监测、评估结果对森林经营方案进行适当调整。小修订是对森林经营方案部分的不影响全局的修订。如对采伐迹地、新造林地和火烧迹地等进行调查，作补充施工设计；受暴风、火灾、病虫害等灾害影响需要重新进行伐区配置，调整年度采伐量；或为了适应这些变化需要临时开设运材道等。森林经营单位需要对经营目标、森林分类区划、采伐利用规划等内容进行重大调整时，应报原森林经营方案批准单位重新批复。

(2) 经营方案大修订

经过一个经理期，经理单位的内外部环境条件都会发生显著的变化。大修订一般与森林经理周期一致，即 5 年或 10 年修订一次，也就是当森林经理期结束后，重新编制森林经营方案。特殊情况下，森林经理单位的内外部环境条件，或科技进步发生了重大变化，有必要重新进行森林经营全局性谋划时，经请示可以择时修订。大修订就是对森林经营方案作重大修改或重新编制。因此，其内容与森林经营方案编制内容基本一致。

拓展训练

对某林场森林经营方案文本的进行论证和评估，每人提交一份某林场森林经营方案的评审修订报告。

自测题

一、名词解释

1. 森林经营方案；2. 编案单位；3. 森林功能区划；4. 森林类型；5. 森林经营类型；6. 森林作业法。

二、填空题

1. 森林经营方案内容一般包括( )、( )、( )、( )、( )、( )、( )、( )、( )、( )、( )等主要内容。

2. 简明森林经营方案内容一般包括( )、( )、( )、( )、( )、( )等主要内容。

3. 规划性质森林经营方案内容一般包括( )、( )、( )、( )、( )、( )等主要内容。

4. 森林经营方案的经理期一般为( )年；以工业原料林为主要经营对象的可以为( )年。简明森林经营方案的经理期一般为( )年。

5. 编制森林经营方案的主体，依据其性质和规模分为( )、( )、( )3 种编案单位。

6. 森林经营方案编制的主要程序一般要经过( )、( )、( )、( )、( )、( )6 个阶段。

7. 根据森林所处的生态区位、自然条件、主导功能和分类经营的要求，将森林经营类型分为( )、( )和( )3 类。

8. 森林作业法分为( )、( )和( )3 种。

9. 森林经营方案成果由( )、( )、( )和( )4 部分组成。

10. 森林经营方案执行反馈机制由( )、( )、( )和( )4 个部分组成。

三、判断题

1. 森林经营方案是上级主管部门检查、监督和考核经营单位各项工作的主要依据之一。（   ）
2. 加快编制和严格实施森林经营方案是一项法定工作。（   ）
3. 林农个人或小规模森林经营主体不可以编制简明森林经营方案。（   ）
4. 造林、抚育间伐、低效林改造、采伐更新等规划任务分解到年度，经理期前3年应将各项任务落实到小班。（   ）
5. 森林健康维护、多资源经营、森林经营基础设施等内容需落实到小班。（   ）
6. 一般商品林地适合发展集约经营的商品林经营类型。（   ）
7. 一般皆伐作业法适用于集约经营的商品林。（   ）
8. 严格保育的公益林应采取保护经营作业法。（   ）

四、选择题

1. 下列不属于森林经营方案别名的是（   ）。
   A. 森林施业案　　　　　　B. 森林经营利用设计方案
   C. 规划设计方案　　　　　D. 作业设计方案
2. 森林经营方案根据不同性质的森林经营主体和广度深度，分为（   ）。
   A. 森林经营方案　　　　　B. 简明森林经营方案
   C. 规划性质森林经营方案　D. 以上均是
3. 下列哪个不属于天然林的森林类型（   ）。
   A. 原始林　　　　　　　　B. 天然过伐林
   C. 近天然人工林　　　　　D. 退化次生林
4. 严格保育的公益林主要是指（   ）。
   A. 国家Ⅰ级公益林　　　　B. 国家Ⅱ级公益林
   C. 国家Ⅲ级公益林　　　　D. 地方公益林
5. 乔木林作业法一般有（   ）种。
   A. 6　　　B. 7　　　C. 8　　　D. 9
6. 下列不属于森林培育规划设计的是（   ）。
   A. 森林抚育　B. 封山育林　C. 森林采伐　D. 低效林改造
7. 森林管护规划属于（   ）的一种。
   A. 森林采伐规划　　　　　B. 森林健康与保护规划
   C. 非木质资源经营规划　　D. 森林防火规划
8. 森林经营方案效益分析主要包括（   ）。
   A. 经济效益分析　　　　　B. 生态效益分析
   C. 社会效益分析　　　　　D. 以上均是

五、简答题

1. 森林经营方案的作用有哪几方面？
2. 编制森林经营方案的依据主要有哪些？

项目9 森林经营方案编制

3. 森林经营方案一般包括哪些内容？
4. 森林经营方案编制前一般要收集哪些资料？
5. 乔林作业法划分为哪几种？
6. 森林经营措施类型主要包括哪几种？
7. 森林经营类型的组织主要考虑哪些因素？
8. 简述乔林作业法技术体系。
9. 小班作业法设计内容包括哪些？
10. 森林经营方案的评估包含哪些内容？

项目10 森林资源资产评估

森林资源资产评估是对森林的数量和质量进行价值或性能的判定，是市场经济条件下森林资源资产化管理的重要方法和途径，在森林资源资产流转、股份合作经营、抵押、担保、诉讼等经营情形中应用广泛。本章根据评估项目的工作步骤分为评估立项及委托、资产核查、评定森林资源资产、撰写评估报告和评估档案管理5个任务进行学习。

2019年修订的《森林法》规定，国有林木的经营权和使用权经批准可以转让、出租、作价出资，集体林地的承包方可以依法采取出租(转包)、入股、转让等方式流转林地经营权、林木所有权和使用权。随着我国林业产权制度改革的不断深化，市场出现大量森林资源资产产权交易、抵押贷款、森林保险等经济行为，这些都需要对森林资源资产进行价值评估。国家林业局2015年1月27日发布了中华人民共和国林业行业标准《森林资源资产评估技术规范》(LY/T 2407—2015)，本章节的主要内容就是解读森林资源资产评估技术规范以及讲述承接评估项目的要点。

知识目标

1. 熟悉森林资产评估项目的程序。
2. 熟悉森林资源资产评估的核查方法与要求。
3. 掌握几种常用的林地、林木的评估方法及应用。
4. 掌握森林资源资产评估报告的结构并学会撰写。
5. 熟悉森林资源资产评估档案的整理归档。

能力目标

1. 了解森林资源资产评估项目程序，会收集相关评估项目资料。
2. 熟知森林资源资产评估核查的方法和要求，能开展评估核查工作，会撰写核查报告。
3. 能利用常用的森林资源资产评估方法进行评估计算。
4. 能撰写森林资源资产评估报告。
5. 能完成整理森林资源资产评估工作资料并科学归档。

素质目标

1. 培养学生树立幸福是奋斗得来的理念。
2. 培养学生树立众人拾柴火焰高的理念。

项目10　森林资源资产评估

任务 10.1　森林资源资产评估立项与评估委托

任务描述

根据评估项目的各种评估目的，明确评估对象的基本情况，进行收集材料，项目技术方案拟定、风险评估及签订合同或者业务约定书等。

每人提交一份模拟评估项目的方案及风险预测。

任务目标

（一）能力目标

1. 能完整的叙述评估项目的开展程序并拟定评估方案。
2. 能够按照要求收齐评估所需材料。
3. 能够模拟项目的影响因素及风险预测。

（二）知识目标

1. 熟悉评估项目的程序。
2. 能拟定评估项目约定书。
3. 会分析评估项目的风险。

（三）素质目标

1. 树立法治观念。
2. 树立诚实守信的观念。

实践操作

10.1.1　森林资源资产评估立项与委托

第一步：明确评估业务基本事项

包括评估范围、对象、权属、目的，评估价值类型，委托方已有前期基础资料、项目可行性和风险评估等，与委托方甚至委托方的上级主管部门等相关当事人讨论、查看已有的基础材料进行初步判断，共同讨论森林资源评估业务的可行性，为下一步签订业务约定书打下基础。

第二步：签订业务约定书

准备相关业务约定书模板或者合同，针对进行评估业务具体情况修改完善。评估业务约定书应当包括下列基本内容。

①评估机构和评估委托方的名称、住所；

②评估目的；

③评估对象和评估范围；

④评估基准日；
⑤评估报告使用者；
⑥评估报告提交期限和方式；
⑦评估服务费总额、支付时间和方式；
⑧评估机构和评估委托方的其他权利和义务；
⑨违约责任和争议解决；
⑩签约时间。

 理论基础

10.1.2 森林资源资产评估立项与委托

10.1.2.1 森林资源资产评估基本程序

评估人员执行森林资源资产评估业务应履行下列基本评估程序。
①明确评估业务基本事项；
②签订业务约定书；
③编制评估计划；
④现场核查，编制核查报告；
⑤收集评估资料；
⑥评定估算；
⑦编制和提交评估报告；
⑧工作底稿归档。

10.1.2.2 森林资源资产评估风险

(1) 我国资产评估人员的法律责任体系

在我国社会主义市场经济体制下的社会经济生活中，资产评估的作用越来越大。森林资源资产评估是公正性的中介服务行业，评估的成果不仅对森林资源资产评估业务有关当事人的利益具有直接影响，在一定情形下对其他第三者的利益也会产生重大影响。如果资产评估人员故意提供虚假报告或犯有重大过失，将会对委托人、依赖评估报告的第三人及有关部门造成重大损失，严重的甚至导致经济秩序的混乱，因此严格资产评估人员的法律责任，强化资产评估人员的责任意识具有十分重要的意义。

根据我国现行规定和司法实践，我国资产评估人员的法律责任主要包括三大类，即行政责任、民事责任和刑事责任。

行政责任是指根据法律、法规，资产评估人员违反了有关行政性管理规定所应承担的法律责任，一般体现为政府行政主管部门或其授权部门依法对违法人员予以行政处罚。根据《行政处罚法》，行政处罚的种类包括警告、罚款、没收违法所得、没收非法财物、责令停产停业、暂扣或者吊销许可证、暂扣或者吊销执照、行政拘留等。我国资产评估工作由政府部门进行管理，行政手段是主要的管理方法，目前关于资产评估工作的规定主要体现在大量的行政法规和部门规章中。这些行政法规和规章对资产评估人员违规行为所应承担的行政责任做出了详细规定，因此在我国评估业中行政责任是三种法律责任形式中最直接的、最大量的、也是广大评估工作者最熟悉的一种形式。由于资产评估人员必须在评估机构从业，由评估机构签署业务委托合同，并由评估机构和资产评估人员在评估报告书上共同签章，因此行政处罚又具体分为对资产评估机构和资产评估人员的处罚，即对评估机构可以给予警告、没收违法所得、罚款、暂停营业、吊销许可证和执照等处罚，对资产评估人员可以给予警告、暂停执业、罚款和吊销证书等处罚。

民事责任就是按照民法的规定，民事主体在违反其民事义务时所承担的法律责任。具体说就是资产评估人员的行为给他人造成经济损失的，应予以赔偿。民事责任又根据对象的不同分为对委托人的责任和对第三者的责任。资产评估人员的民事责任并无专门规定，而是适用民法的一般规定。《民法通则》第一百零六条规定"公民、法人违反合同或者不履行其他义务的，应当承担民事责任。公民、法人由于过错侵害国家的、集体的财产，侵害他人财产、人身的，应当承担民事责任"。根据我国民事法律规定，公民和法人承担民事责任，应具备四个条件，第一，要有损害事实发生；第二，行为人的行为违反法律法规；第三，违法行为与损害事实之间必须存在因果关系；第四，行为人主观上有过错。资产评估人员如违反与委托人签订的委托合同或在执业中损害委托人或第三人的利益并造成经济损失的，需负赔偿责任。民事责任是资产评估人员在从业中容易产生的法律责任。在相当长的一段时期内，我国企业和自然人的法律意识淡薄，许多纠纷和损失并没有通过法律方式来解决，民事责任在评估界未引起应有的重视。但随着法律意识的不断加强以及市场机制的逐步完善，资产评估人员应投入足够时间学习民事法律，加强自我保护，避免陷入纠纷和诉讼中。

刑事责任是指资产评估人员违反刑法规定，触犯刑律所应承担的法律责任。触犯刑律的严重违法行为属于犯罪行为，具有严重的社会危害性，因而对其处罚也最为严厉。我国1997年3月14日修订的《刑法》规定，我国资产评估人员实施犯罪行为须承担明确、严厉的刑事责任，明确了"提供虚假证明文件罪"和"证明文件失实罪"两种罪名刑罚处罚相当严厉，最高可判处十年以下有期徒刑；不仅故意提供虚假证明须承担刑事责任，过失犯罪情节严重的也要接受刑罚制裁；不仅直接责任人员对犯罪行为承担刑事责任，评估机构直接负责的主管人员和其他责任人员根据情节严重程度也可以依照相关规定追究刑事责任。

行政责任、民事责任和刑事责任是法律责任的三种形式，互不相同。正是这种不同，决定了三种责任在承担责任的方法、强制的程度、处理的原则、处罚的轻重等诸方面都呈现出差异。这种差异意味着这三种责任是各自独立的法律责任，不排斥其他法律责任，也不能为其他法律责任所代替。当资产评估人员的某种行为既违反了民事法律规范，又违反了行政法律规范乃至刑事法律规范时，便发生民事责任、行政责任和刑事责任同时并存，即所谓"责任聚合"，而不是只承担一种责任，应分别按照规定追究责任。

（2）森林资源资产评估的风险防范

风险的概念最初出现于1901年美国的A. H. Willet博士的论文《风险与保险的经济理

论》中,"风险是最不愿意发生事件发生的不确定性的客观体现",是人们对未来行为预期不确定性及客观条件不确定性可能引起的后果与预期目标发生的多种负偏离的综合。森林资源评估风险主要是指对含有误差的评估结论承担责任而造成的。森林资源资产评估的估价准确程度如何,一是取决于所搜集到的资料是否齐全、翔实;二是评估人员的道德素养和业务水平的高低。估价可以做到尽可能准确,但不可能做到绝对准确。根据森林资源资产评估机构和从业人员对评估结果所负的法律责任(民事责任、行政责任和刑事责任),评估机构和从业人员在开展评估业务的过程中风险是不可避免的,有时甚至可能碰上诉讼。所以,森林资源资产评估机构和从业人员应当采取相应对策,力求降低业务风险,避免评估纠纷和诉讼。

风险防范措施主要有内部控制措施和外部补救措施两大类。

森林资源资产评估机构应建立自身内部风险控制机制,严格遵循职业道德和有关法规,建立健全资产评估机构的质量控制制度。评估机构应当制定以职业道德原则、专业胜任能力、业务承接、工作委派为中心的规章制度,并将其落实到具体执业工作中去。其中,委托单位和个人的选择、业务委托书的签订、评估报告的披露方式等重要事项都应在规章制度中明确规定。

①内部控制措施。包括以下内容。

a. 严格遵循职业道德和有关法规。不能苛求资产评估机构和从业人员对评估结果存在的任何误差都要承担法律责任。评估机构和从业人员是否要承担法律责任,关键是看其工作行为是否有过失,而判断评估人员行为是否有过失就是要衡量评估人员是否严格地执行《资产评估操作规范》和《森林资源资产评估技术规范》,遵循必要的职业道德。因此在日常工作中,评估人员应紧紧围绕《资产评估操作规范》和《森林资源资产评估技术规范》的要求搜集资料,选择评估方法,形成评估结论,出具评估报告书,这样才能在法律诉讼中立于不败之地。

b. 建立健全资产评估机构的质量控制制度。我国目前森林资源资产评估业务大多由林业系统内部的评估机构承接。在一个小型的机构内,执业人员很少,项目负责人可能也是机构负责人(法人代表),或是总审核人,甚至还是报告的起草者和计算者。这样就对质量控制往往较难做到完整。如果质量控制制度不完整或者得不到很好的执行,那么评估的质量将难以保证,重大的差错将可能发生。因此,评估机构应当参照规范的有关要求,着重建立起以职业道德原则、专业胜任能力、工作委派、指导和监督、业务承接等为中心的规章制度,并把它落到实处,切实要求每个从业人员认真执行,对评估质量进行严格控制,避免评估结果出现重大差错。

c. 认真与委托方签订业务约定书。目前,资产评估机构一般都能够与委托方签订业务约定书,但往往流于形式者居多。业务约定书是具有法律效力的文书,是确定委托方与评估机构法律责任的重要依据,我们应当注意按照规范的要求,逐条逐句地与委托方进行认真协商、确定,这样才能使得资产机构最大限度地从法律诉讼中摆脱出来。

d. 慎重地选择委托单位和个人。资产评估行业竞争日益激烈,也使得一些资产评估机构在承接评估业务时经常良莠不分,饥不择食,这也为业务风险提供了温床。其实,承接业务是资产评估工作中最为关键的一环,任何的疏忽大意都有可能招来灭顶之灾。因此

项目10 森林资源资产评估

在与委托方签订业务约定书之前,评估机构一定要对委托单位进行充分了解,主要了解其品格是否正派,了解其财务状况是否良好。一个品格不端、财务状况欠佳的委托方往往就会铤而走险,行为不轨,有可能提供虚假资料,骗取评估结果,陷评估机构于尴尬的处境,甚至引发法律纠纷。对此,资产评估机构和人员应予以审慎对待,尽可能回避这类客户。

e. 资产评估报告书应进行充分披露,并增设约束性条款实行自我保护。资产评估报告书是评估机构和从业人员提供给使用者阅读的劳动成果,清晰易懂是对其主要的要求。对报告书产生误解是使用者提起诉讼的一个常见的动因。故应对一些无法确定的事项提出声明并予以保留,以确保自身权益不受侵害。资产评估报告书不能满足公众所有的、无限的期望,而只能在一定的前提和条件下,满足客户某种具体的合理需要。评估报告书有效的前提和条件可称为评估报告的约束条款。约束条款也是评估机构的自我保护措施之一。

②外部补救的措施。包括以下内容。

a. 资产评估机构和执业人员应购买职业责任保险。随着森林资源资产市场的放开和人们法律意识的提高。评估机构和执业人员面临诉讼是不可避免的,诉讼失败的经济损失经常是一般小型评估机构无法承受的。我国现行评估机构会计制度虽已提留了执业风险金。但在一般森林资源资产评估机构中执业风险金的提取十分有限,万一碰上大的诉讼失败,评估机构可能破产,在负无限责任的合伙制机构中,合伙人也将破产。因此,应利用执业风险金购买责任保险。国外的评估机构大多数都购买一定金额范围内的责任保险,他们仅承担该金额范围内的资产评估业务,超过该范围的则不受理。因此,购买责任保险金是化解评估风险的一个重要手段,它可以使化解评估机构和人员在发生执业事故时的损失,避免机构和个人面临破产威胁。

b. 森林资源资产评估机构聘请熟悉评估责任的律师。虽然评估的执业人员也知道一些法律条款,特别是与评估责任有关的条款。但是法律的知识结构、层次及经验与专业律师相距甚远。森林资源资产评估机构应聘请熟悉评估责任的律师作为顾问。平时,在签订业务约定书时,通过与熟悉评估责任的律师进行磋商,可消除隐患,减少不必要的经济损失。在发生法律诉讼时,一个熟悉评估责任及评估业务的律师将对评估机构具有重要的影响作用。

通过以上补救措施力求将评估责任风险造成的经济损失降到最低。

任务10.2 森林资源资产核查

 任务描述

项目委托方和业务承接方在评估约定书意见达成一致以后,就需要对评估对象进行核查工作,其目的就是掌握森林资源资产的数量和质量,为下一步开展评估工作做好数据准备。

每组(个人)提交一份森林资源资产核查报告,包括相关图文表等。

模块三　森林资源管理综合能力运用

任务目标

（一）能力目标
1. 根据不同的森林资源资产属性，能制定不同的核查内容。
2. 按照核查技术方法，能采集符合精度要求的资产清单数据。
3. 能撰写森林资源资产核查报告。

（二）知识目标
1. 熟悉森林资源资产核查的内容。
2. 掌握森林资源资产核查的方法。
3. 熟悉森林资源资产核查的精度要求。

（三）素质目标
具备实事求是、科学严谨的职业素质。

实践操作

10.2.1　森林资源资产核查的过程与要点分析

第一步：了解森林资源资产核查对象的基本情况

根据评估目的，对拟评估森林资源资产基本情况进行研究。了解委托方所提供的森林资源资产清单的编制依据、资料的完整性、时效性。组织有经验的专业技术人员到现场进行前期调查。收集与评估对象有关的山林权证、承包合同或协议；收集当地经上级林业主管部门批准使用的各种立木材积表、材种出材量表、立地质量等级表和地利等级等基础数表；收集有关的技术标准、技术规定、规范等。

第二步：确定森林资源资产核查的技术方法

森林资源资产核查工作方案内容一般包括：核查工作的范围与任务、内容与要求、时间安排、工作步骤、人员组织及经费预算等。准备仪器设备和有关图件。仪器设备主要包括：罗盘仪、林分速测仪、GPS、角规、测高器、直径圈尺、皮尺、钢尺等。有关图件：地形图、林相图、森林资源分布专题图、航片、卫片等，并根据具体情况和条件进行收集。组建核查队伍并进行技术培训，进行职业道德教育和案例生产教育。

第三步：开展现场核查工作

现地核查外业，填写核查记录表。

第四步：内业数据整理

数据统计、编制各种森林资源资产图件、资料清单表、统计表。

第五步：撰写核查报告

森林资源资产核查报告的主要内容包括：核查对象、范围、内容、起止时间、核查队伍基本情况、核查技术方法、核查质量、核查结果、结论意见等。

> 实践操作

10.2.2 森林资源资产核查的理论基础与内容

森林资源资产的实物量是价值量评估的基础,《森林资源资产评估技术规范》(LY/T 2047—2015)规定,评估机构在森林资产价值量评定估算前,必须对委托单位提交的有效森林资源资产清单上所列示资产的数量和质量进行认真的核查。

森林资源资产清单,是森林资源资产占有单位发生森林资源资产产权变动或其他情形需要进行资产评估时,按规定向受委托的资产评估机构提出的需要评估的全部森林资源资产的数量、质量和分布情况的详细材料。除古树名木、珍贵的单株木以外,森林资源资产清单一般以小班或造林、抚育、采伐等作业小区(小班)为单位编制。

10.2.2.1 森林资源资产核查的目的和要求

森林资源资产核查的目的是了解委托方所提供的森林资源资产清单的合法性、资料的时效性、可靠性和准确程度,摸清委托单位森林资源资产的权属结构及范围,并以此确定该森林资源清单是否可以在本次评估中予以使用。它不仅是森林资源资产数量、质量的核实过程,也是评估人员对待评估资源资产的实况进行全面细致了解,取得评估第一手感性资料的过程。

由于森林资源资产存在着分布辽阔、种类多样、类型复杂和功能多样的特点,使得森林资源资产的核查工作比一般资产的核查更加复杂和困难,投入的人力、物力也更多。但要求账面、图面、实地三者一致。

根据 2015 年颁布实施的《森林资源资产评估技术规范》(LY/T 2047—2015)林业行业标准,小班调查法的合格小班判定标准:

①不允许误差项。权属、地类、林种、树种、起源等核查项目不应有误。

②允许误差项。详细内容见表 10-1。

表 10-1 小班调查允许误差表

核查项目	允许误差(%)	核查项目	允许误差(%)
小班面积	5	每公顷蓄积量	15
树种组成	5	每公顷株数	5
平均树高	5	每公顷断面积	5
平均胸径	5	造林成活率	5
平均年龄	10	造林保存率	5
郁闭度	5	材种出材率	5

10.2.2.2 森林资源资产清单的主要内容

为了准确反应森林资源资产的实际情况,为资产评估提供全面、准确的数据,委托方提供的以小班为单位编制的森林资源资产明细表,应当包含小班权属、面积、位置、立地条件和作业条件等数据。如果是有林地,要增加所有的林分因子,如果是即将采伐的成过熟林,再增加材种出材率情况(表10-2)。被评估对象如果是森林旅游对象,则要包含景观方面的指标,评估对象如果是古树名木或珍贵树木,则还要增加人文历史、特殊经济用途和价值方面的内容。

表10-2 森林资源资产明细表

林班号	小班号	小班面积	小班有林地面积	权属	林种	立地条件					可及度	运距	优势树种	平均胸径	平均树	造林年度	公顷株数	公顷蓄积	小班蓄积	生长类型	材种出材率
						坡向	坡位	坡度	土壤种类	土层厚度	立地质量										

(1) 森林资源资产核查技术方法

与一般资产相比,森林资源资产既有一般资产的共性,又有许多自有的特殊性。森林资源资产的主体是具有生命的生物体,无时无刻不在发生着变化。在经济活动发生时,这些资产正处于它们的不同生长发育或利用阶段,使得森林资源资产的核查技术工作极为复杂。

《森林资源资产评估技术规范》(LY/T 2047—2015)规定,森林资源资产的核查方法可以有抽样控制法、小班抽查法和全面核查法之区别,评估机构可按照评估目的、评估种类、具体评估对象的特点和委托方的要求选择使用。

①抽样控制法。主要适用于对尚未进入主伐利用的大面积森林资源资产进行总体评估时的核查。本方法是建立在概率论基础之上的抽样调查方法。一般做法是,以评估对象为抽样总体,以随机、系统、分层等抽样调查方式,布设一定数量的样地作为样本,对样本实地测定后估测核查对象的森林资源资产总量,要求总体的蓄积量抽样精度达到90%以上(可靠性95%)。对林地的核算,首先依据具有法定效力的资料,核对其境界线是否正确,然后在林业基本图或林相图上量算土地面积,精度要求达到95%以上。

②小班抽查法。是在待评估森林资源资产中,抽取一定数量的小班,进行现地核查的方法。由于委托方在提供森林资源资产清单时,将同时提供基本图或林相图,所以专业人员很容易持图在现地找到抽中的小班。

③全面核查法。是对资产清单上的全部小班逐个进行核查。对即将采伐的小班还要设置一定数量的样地进行实测,必要时进行全林每木检尺。核查方法和核查小班项目同小班抽查法。此法适合苗圃地和经济林核查,也适合面积不大的小块宗地或有争议的地段。

④林地面积核查。应根据具体情况选择下列方法进行:

a. GPS现地测量法。在现地使用全球定位系统(GPS)采集小班界线的全部特征点(转折点)的地理坐标数据后,通过计算获得小班面积的一种技术方法。采用这种核查方法需要注意两个技术要点:一是小班界线的特征点必须选择正确;二是导线必须闭合。

b. 地形图目视勾绘法。在现地采用对坡勾绘的方法,利用"等高线"和明显地物标作控制,核对资产清单中所附的基本图或林相图的小班界线是否正确。如有错误,应在原基本图或林相图上做出标记。同时在原基本图或林相图上进行改正,划出正确的小班界线。然后在室内用求积仪或方格纸求算小班的面积。

c.罗盘仪测量法。测量时，通常是在控制测量的基础上，用罗盘仪进行导线测量，或用其他碎部测量方法，把小班轮廓反映在图面上。这种方法要注意选择小班的特征点应正确，导线测量的闭合误差要符合罗盘仪测量的技术规定。

⑤森林景观资源资产核查。森林景观资源资产核查的内容和方法，需要根据具体情况确定。考虑森林景观资源的特殊性，一般采用全面核查的方法。可根据核查内容，采用线路调查、典型调查、查阅当地文献、座谈访问等多种方法相结合。评估时，如果在森林景观资源范围内需要进行林木蓄积量核查，其方法可根据具体情况在上述方法中选用。

10.2.2.3 森林资源资产核查成果

森林资源资产评估人员对委托方提出的森林资源资产清单按规定进行核查之后，需撰写核查报告。森林资源资产核查报告一般由核查报告、附表、附图及附件4个部分组成，它是资产评估的重要文件之一。

(1) 森林资源资产核查报告

其主要内容包括以下方面。

①概况。简述核查对象概况、核查依据、目的、要求、组织、工作起止时间、基准日；委托方提供的资产清单简况；当地自然、经济、经营状况；核查单位的资质、核查人员的组成状况及技术职称等。

②核查技术方法。叙述核查采用的技术方法，使用的技术标准和核查数量、核查对象抽取方法和调查方法等。

③核查结果。阐述、分析与评估委托方提供的森林资源资产清单的核查的结果、合格率、核查精度与误差。

④结论。叙述通过核查和分析确定委托方提供的森林资源资产清单可信程度，提出该清单要作哪些修正和该资产清单是否可以接受作为评估的基础资料。

(2) 附表

附表主要包括：①核查记录表；②各种森林资源资产实物量统计表。

(3) 附图

核查附图是在委托单位提供的林相图上进行核查修改形成的。它标明了被评估对象的空间位置、类型、面积等内容。

(4) 附件

主要包括核查中的原始记录、计算过程、所有法律文件复印件、使用的测树数表等。

任务 10.3　评定森林资源资产

任务描述

森林资源资产评估最终的目的是计算出森林资源资产价值的大小或者是对森林资源资产的质量发表专业性的意见，因此用何种方法或标准进行评定森林资源资产对最后评定的结果影响非常大，因此掌握评估方法的原理，学会科学的运用评估方法显得尤为重要，本节将从评估方法的理论基础，结合实际生产的具体评定计算，讲解评估方法的应用与实践。

任务目标

（一）能力目标
1. 能根据不同的评估方法的要求，收集对应的资产状况数据、经济指标数据。
2. 能科学的运用评估方法对不同时期的商品林林木进行经济价值评定工作。
3. 能科学的运用评估方法对商品林林地进行价值评定工作。
4. 能科学的运用评估方法对经济林进行价值评定工作。
5. 能科学的确定评估方法中的调整系数和利率。

（二）知识目标
1. 理解评估方法的推导原理。
2. 掌握商品林林木资产评估常用的方法。
3. 掌握商品林林地资产评估常用的方法。
4. 掌握经济林评估的常用方法。
5. 了解森林资源景观资产的评定方法。
6. 了解森林资源生态价值的评定方法。

（三）素质目标
具备科学的人生观和世界观，科学地看待这个世界。

实践操作

10.3.1 评定森林资源资产的过程与要点分析

第一步：研究评估范围资产特点并拟定评估方法

(1) 研究评估目的、范围资产特点

林木资源资产特点、林地资源资产特点（林地分类、基础设施）、评估目的对评估方法选定的影响。

(2) 拟定评估方法

森林资源资产评估的基本方法分为 3 大类：即市场法、收益法和成本法，仔细研究评估范围森林资源资产的特点，拟定评估方法，如有必要，初步选定 2 种不同的评估方法，为外业调查做好充分的准备，以免外业调查收集数据不能满足评估计算的需要。

第二步：收集整理评估所需基本数据

根据评估方法的要求，收集森林资源资产数据、价格指标数据和评估计算相关参数数据。

第三步：评定森林资源资产

根据不同的林种，选择计算公式和方法分别对用材林同龄林、用材林异龄林、竹林、经济林、防护林和特种用途林的林木进行评估；运用市场成交价比较法、林地期望价法和年金资本化法等对林地进行评估。

第四步：研究审定评估结果

得出评估结果后还需要对评估结果进行分析，分析的主要内容包括森林资源资产评估的方法是否科学、采用的参数是否合理、评估结果是否科学（幼中近熟林价值分布）、采用市场法评估时是否符合生产实际等，对于不符合生产实际的结果还要返回评估公式，分析是哪些因子导致评估结果不合理，进一步完善相关参数。

📖 理论基础

10.3.2 评定森林资源资产

10.3.2.1 评估公式的推导理论基础

理解森林资源资产评估的公式需从两方面进行思考，一是作为我们的森林资源资产作为一样商品，必须是在市场经济条件下，这个资产具有价值和使用价值，在不同的历史时期，作为商品的部分是不一样的，如经济落后的地区森林资源资产的价值主要体现在木材使用方面，而社会发展到一定程度，森林资源资产的价值主要体现在森林的生态价值和因森林的存在而产生的附属资源价值，如水资源、野生动物资源等；二是森林资源资产价值是一个不断变化的，变化的过程中涉及资金的时间价值，资金的时间价值是评估公式推导的基础，特别是复利的终值和现值的计算公式，深刻理解其原理对于掌握评估公式有非常大的帮助，资金的时间价值在"项目8 森林收获调整"中有详细介绍。

10.3.2.2 林分质量综合调整系数 K 值和投资收益率 P 值的确定

(1) 林分质量综合调整系数 K 值的确定

在森林资源资产评估中，由于林分不是规格产品，它们的市场价值随着林分生长状态、立地条件及所处地理位置（地利等级）的不同而发生变化。各种评估方法测算出的评估值都是某一状态下的整体林分的价值。要将这些价值落实到每个具体的拟评估的林分，就应通过一个林分质量调整系数 K 将拟评估林分与参照林分的价格联系起来。K 值的大小对评估的结果有较大的影响。

K 值的确定应考虑林分的生长状况、立地质量、地利等级和其他四大类因素，分别求出各类因素的调整系数 K_i，最后综合确定总的林分质量调整系数 K，其表达式如下：

$$K = f(K_1, K_2, K_3, K_4, K_5) \tag{10-1}$$

林分生长状况调整系数 K_1 和 K_2 通常以拟评估林分中的主要生长状态指标（如株数、树高、胸径和蓄积等）与参照林分的生长状态指标相比较后确定。

参照林分在不同的评估方法中其含义不同，在各种成本法的计算中参照林分应是当地同一年龄的平均水平的林分，在收获现值法中参照林分应是各种收获表上的标准林分，在现行市价法中应是作为参照案例的交易林分。

①用材林。幼龄林和未成林造林地，K_1 和 K_2 以株数保存率（r）与树高（h）两项指标确定调整。

依据《造林技术规程》(GB/T 15776—2016)的相关规定

$$当 r \geqslant R 时 \quad K_1 = 1 \tag{10-2}$$

$$当 r < R 时 \quad K_1 = \frac{r}{R} \tag{10-3}$$

式中：r——拟评估林分株数保存率；
　　　R——造林标准合格率。

$$K_2 = \frac{h}{H} \tag{10-4}$$

式中：h——拟评估林分平均树高；
　　　H——参照林分平均树高。

中龄林以上林分，K_1 和 K_2 以单位面积蓄积和林分平均胸径两项指标确定调整。

$$K_1 = \frac{m}{M} \tag{10-5}$$

式中：m——拟评估林分单位面积蓄积；
　　　M——参照林分单位面积蓄积。

$$K_2 = \frac{d}{D} \tag{10-6}$$

式中：d——拟评估林分平均胸径；
　　　D——参照林分平均胸径。

K_2 应通过大量的实测资料测定不同树高与胸径的立木价格的影响，以及林分径级分布的影响，综合求出其参数值。

②竹林。竹林资产评估调整系数的确定，应参照的成交案例与拟评估资产在年龄结构、均匀度、整齐度、立竹度、经营级、生长级等的差异。

③经济林。经济林林分生长状况调整系数通常以拟评估林分中的主要生长状态指标(如株数、树高、冠幅和产量等)与参照林分的生长状态指标相比较后确定。

经济林产前期调整系数由 $K_1(r)$、$K_{2-1}(h)$ 和 $K_{2-2}(c)$ 3 项指标确定调整。

$$当 r \geqslant R 时 \quad K_1 = 1 \tag{10-7}$$

$$当 r < R 时 \quad K_1 = \frac{r}{R} \tag{10-8}$$

式中：r——拟评估林分株数；
　　　R——造林标准株数或参照林分株数。

$$K_{2-1} = \frac{h}{H} \tag{10-9}$$

式中：h——拟评估林分平均树高；
　　　H——参照林分平均树高。

$$K_{2-2} = \frac{c}{C} \tag{10-10}$$

式中：c——拟评估林分平均冠幅；
　　　C——参照林分平均冠幅。

经济林初产期以后，除考虑经济林林分冠幅修正以外，还应考虑经济林产品产量的修正。

$$K_1 = \frac{m}{M} \tag{10-11}$$

式中：m——拟评估林分单位面积产量；
M——参照林分单位面积产量。

经济林盛产时期，由于其经营的特点，采用重置成本法时，还要确定成新率 K_2。

$$K_2 = 1 - \frac{n}{u} \tag{10-12}$$

式中：n——拟评估林分盛产期已收获的年数；
u——参照林分盛产期可收获的总年数。

④立地质量调整系数 K_3 的确定。林分立地质量通常按地位指数级、地位级或立地类型确定。

$$K_3 = \frac{s}{S} \tag{10-13}$$

式中：s——拟评估林地立地等级的标准林分主伐时的蓄积量；
S——参照林地立地等级的标准林分主伐时的蓄积量。

⑤地利等级调整系数 K_4 的确定。地利等级是林地的采、集、运生产条件的反映，宜采用采、集、运的生产成本来确定。

$$K_4 = \frac{t}{T} \tag{10-14}$$

式中：t——拟评估林地立地等级的标准林分主伐时的立木价；
T——参照林地立地等级的标准林分主伐时的立木价。

⑥其他因素调整系数 K_5 的确定。K_5 应包括的内容主要有病虫害、自然灾害、枯死木、超强度采脂、过度发展林下经济、林地集中度、林业行业政策要求等因素对评估值的影响。

⑦林地评估质量调整系数。林地评估质量调整系数包括立地质量调整系数 K_1、地利等级调整系数 K_2 和其他综合因子调整系数 K_3，综合因子调整系数 K_3 主要考虑林地的分散程度、林地的有效利用率等。

(2) 投资收益率 P 值的确定原则

由于森林资源的特殊性，森林资源资产经营的收益水平会有很大差异，因此评估人员应根据森林资源资产的特点、经营类型等相关条件，参考行业投资收益率合理确定不同类型评估项目的投资收益率。

在森林资源资产评估成本法与收益法中，成本费用和收入如果是以评估基准日的价格水平计算的，投资收益率也应是不含通货膨胀率的收益率。

10.3.2.3 林木评估

1) 用材林同龄林林木评估

(1) 成过熟林林木资产评估

用材林成过熟林林木资产已达到木材利用的年龄阶段，宜采用木材市场价倒算法进行评估，木材市场价倒算法是市场法中的一种，它是将被评估森林资源资产皆伐后所得木材的市场销售总收入，扣除木材经营所耗费的成本（含税、费等）及应得的利润后，剩余的部分作为林木资产评估值的一种方法。其计算公式为：

$$E = W - C - F \tag{10-15}$$

式中：E——评估值；

　　　W——木材销售总收入；

　　　C——木材生产经营成本；

　　　F——木材生产经营利润。

当森林培育与木材生产为同一方是，评估人员应结合评估目的等因素，恰当确定是否扣减木材生产经营利润 F。

(2) 中近熟林林木资产评估

中近熟林林木资产宜采用收获现值法进行评估，收获现值法是收益法中的一种，是利用收获表预测被评估林木资产在主伐时净收益的折现值，扣除评估基准日后到主伐期间所支出的营林生产成本折现值的差额，作为被评估林木资产评估值的一种方法。其计算公式为：

$$E = K \times \frac{A_u + A_a(1+P)^{u-a} + A_b(1+P)^{u-b} + \cdots}{(1+P)^{u-n+1}} - \sum_{i=n}^{u-1} \frac{C_i}{(1+P)^{i-n+1}} \tag{10-16}$$

式中：E——评估值；

　　　K——林分质量综合调整系数；

　　　A_u——参照林分 u 年主伐时的净收益；

　　　u——经营周期；

　　　n——林分年龄；

A_a、A_b——分别参照林分第 a、b 年的间伐和其他纯收益（$n>a$，b 时，A_a、$A_b=0$）；

　　　P——投资收益率；

　　　C_i——评估后到主伐期间的年营林生产成本。

主伐时间 u 应该取该林分所属森林经营类型的主伐年龄的龄级上限、下限之间的年龄，并应恰当确定标准林分 u 年主伐时的净收益，技术经济指标按评估基准日时点取值。

(3) 幼龄林林木资产评估

幼龄林林木评估宜采用重置成本法，重置成本法是成本法中常用的一种方法，是按现时的工价及生产水平重新营造一块与被评估森林资源资产相类似的森林资源资产所需的成本费用，作为被评估森林资源资产的评估值。其计算公式为：

$$E = K \times \sum_{i=1}^{n} C_i \times (1+P)^{n-i+1} \tag{10-17}$$

式中：E——评估值；

　　　K——林分质量综合调整系数；

　　　C_i——第 i 年的以现时工价及生产水平为标准的生产成本；

　　　P——投资收益率；

　　　n——林分年龄。

在使用重置成本法评估时要注意用材林的经营过程中,资产的使用仅形成资本的积累,使用过程中没有收益,要到主伐时一次性收回,因此不存在用材林资产的折旧,即不应有成新率。短周期的林木资产评估中,幼龄林采用重置成本法时,应当恰当考虑投资的增值收益。

(4)活跃市场林木评估

在林木资产交易市场公开、活跃、发育完善的条件下,宜采用市场成交价比较法。市场成交价比较法是市场法中的一种方法,它是将相同或类似的森林资源资产的现行市场成交价格作为被评估森林资源资产评估价值的一种评估方法,该方法适用于各龄组的林木资产评估,其计算公式为:

$$E = \frac{X}{N} \sum_{i=1}^{N} K_i \times K_{bi} \times G_i \tag{10-18}$$

式中:E——评估值;

X——拟评估森林资产的实物量;

K_i——第 i 个参照交易案例林分质量综合调整系数;

K_{bi}——第 i 个参照交易案例物价调整系数;

G_i——第 i 个参照交易案例市场交易价格;

N——参照交易案例个数。

对同一评估对象应选取 3 个以上参照案例,并从评估资料、评估参数指标等的代表性、适宜性、准确性方面,客观分析参照交易案例,对各估算结果进行分析判断后,可采用简单的算术平均法、加权算术平均法、中位数法、众数法、综合分析法等方法确定评估结果,并在评估报告中披露所采用的方法和理由。

2)用材林异龄林林木评估

根据异龄林的特点,异龄林的资产评估宜采用周期收益资本化法和市场成交价比较法进行评估,周期收益资本化法是将评估林木资产稳定的周期收益作为资本投资的收益,再按适当的投资收益率求出资产的价值,使用该方法以实现森林资源永续利用为前提条件。根据林木资产经营的具体情况,分为刚择伐后的林木资产评估和择伐 m 年后的林木资产评估,异龄林的评估公式相对比较复杂。

3)经济林评估

(1)产前期经济林资产评估

产前期经济林资产评估宜选用重置成本法,在经济林交易市场公开、活跃、发育完善的条件下,也可使用市场成交价比较法。

(2)初产期经济林资产评估

①重置成本法。经济林在产前期没有收入,采用重置成本法评估林木价值与用材林幼龄林林木的评估是一样的,到了初产期后,开始有收入,重置成本的全价应计算到经济林资产年经营收入大于年投入的前一年,并通过经济林林分质量调整系数来修正重置成本值,以确定经济林资产评估值。

当 $n>m$ 时，其计算公式为：

$$E = K \times \sum_{i=1}^{m} (C_i - A_i) \times (1+P)^{m-i+1} \quad (10\text{-}19)$$

当 $n<m$ 时，其计算公式为：

$$E = K \times \sum_{i=1}^{n} (C_i - A_i) \times (1+P)^{n-i+1} \quad (10\text{-}20)$$

式中：E——评估值；

K——林分质量综合调整系数；

C_i——第 i 年投入；

A_i——第 i 年经营收入；

P——投资收益率；

m——投入大于经营收入的时间，年；

n——林分年龄。

②收益现值法。初产期阶段采用收益现值法应明确该品种经济林的经济寿命，拟评估经济林初产期和盛产期的平均产量，分阶段计算。其计算公式为：

$$E = K \times \left[\sum_{i=n}^{n_1-1} \frac{A_i}{(1+p)^{i-n+1}} + AI \times \frac{(1+P)^{u-n_1+1}}{P \times (1+P)^{u-n+1}} + \frac{AJ}{(1+P)^{u-n+1}} \right] \quad (10\text{-}21)$$

式中：E——评估值；

AI——盛产期平均年净收益；

AJ——经济寿命期末经济林木材的净收益；

A_i——初产期各年的净收益；

u——经济寿命期；

n——林分年龄；

n_1——盛产期的开始年；

K——林分质量综合调整系数；

P——投资收益率。

(3) 盛产期经济林资产评估

①收获现值法。盛产期是经济林资产获取收益的阶段，这一阶段产品产量高、收益多且相对稳定，其资产评估值的计算公式为：

$$E = K \times AI \times \frac{(1+P)^{u-n+1}-1}{P \times (1+P)^{u-n+1}} \quad (10\text{-}22)$$

式中：E——评估值；

AI——盛产期内年净收益；

K——经济林林分质量综合调整系数；

u——经济寿命期；

n——林分年龄；

P——投资收益率。

(4) 衰产期经济林资产评估

衰产期经济林的产量明显下降，一年不如一年，继续经营将是高成本低收益，甚至出现亏损，因此应及时采伐更新。这个阶段的经济林资产可用剩余价值法进行评估。特别是乔木树种的经济林中，其剩余价值主要是林木的价值。

4) 竹林评估

(1) 新造未投产竹林资产评估

新造竹林资产投资的成本明确，宜采用重置成本法，也可用市场成交价比较法，重置成本法和市场成交价比较法。采用重置成本法时，成本的计算应以社会的平均成本计算，并且应达到一定质量标准。因此，应对现在林分立竹的成活和生长情况等进行比较，以确定一个综合调整系数。由于竹林培育成林的短周期性与后续收益的连续和稳定性，使用重置成本法时应考虑其增值收益。

(2) 已投产竹林资产评估

已投产的竹林又分为结构不合理和结构合理的竹林，结构合理的竹林的竹材、竹笋产量稳定，投入也稳定，其资产评估可直接用年金资本化法。

大小年竹林的收入已达稳定，但大小年的收入差异明显，因此，可看作2年为周期的两个总体的年金相加。其计算公式为：

$$E = \frac{AI_1 \times (1+P) + AI_2}{(1+P)^2 - 1} \tag{10-23}$$

式中：E——评估值；

AI_1——进入稳产期后大年的年净收益；

AI_2——进入稳产期后小年的年净收益；

P——投资收益率。

不管竹林结构是否合理，只要市场足够活跃、案例合适均可采用市场成交价比较法。

5) 防护林和特种用途林资产评估

防护林是以水土保持、防风固沙、改善生态环境等防护功能为主要目的的森林。防护林资产评估应考虑林木的价值和生态服务的价值。

特种用途林包括试验林、母树林、风景林、名胜古迹和革命纪念林等，实验林是以提供教学或科学研究实验场所为主要目的的森林。实验林资产评估宜选用收益净现值法和成本法。在采用收益净现值法时，收益的预测应在满足原经营目的条件下进行；在采用成本法时，应考虑历史成本的投入；树林是以培育优良种子为主要目的的森林。母树林林木资产评估宜参照经济林林木资产评估的方法进行。在评估时应充分考虑母树林木材价值较高和优良种子资源保存价值的特点。

10.3.2.4 林地评估

(1) 市场成交价比较法

市场成交价比较法是以具有相同或类似条件林地的现行市价作为比较基础，估算林地评估值的方法。评估时应选取3个以上与拟评估的林地条件相类似的参照交易案例，并从评估资料、评估参数指标等的代表性、适宜性、准确性方面，客观分析参照交易案例，对各估算结果进行分析判断后,可采用简单算术平均法、加权算术平均法、中位数法、众数法、综合分析法等方法确定评估结果,并在评估报告中披露所采用的方法和理由。其中,简单算术平均法计算公式为:

$$E = \frac{S}{N} \sum_{i=1}^{N} K_i \times K_{bi} \times G_i \quad (10\text{-}24)$$

式中:E——评估值;
S——拟评估林地面积;
K_i——林地质量调整系数,调整系数的确定见附录C;
K_{bi}——物价指数调整系数;
G_i——参照案例的单位面积林地交易价格;
N——参照交易案例个数。

(2)林地期望价法

林地期望价法以实现森林永续利用为前提,并假定每个轮伐期林地上的收益相同,支出也相同,从无林地造林开始进行计算,将无穷多个轮伐期的净收益全部折为现值累加求和作为拟评估林地资产评估值。其计算公式为:

$$E = \frac{A_u + A_a(1+P)^{u-a} + A_b(1+P)^{u-b} + \cdots - \sum_{i=1}^{u} C_i(1+P)^{u-i+1}}{(1+P)^u - 1} - \frac{V}{P} \quad (10\text{-}25)$$

式中:E——林地期望价;
A_u——林分u年主伐时的净收益;
A_a、A_b——分别为一个轮伐期内第a年、第b年间伐或其他净收益;
C_i——各年度营林直接投资;
V——平均营林生产间接费用;
u——轮伐期;
P——投资收益率。

(3)年金资本化法

年金资本化法是以实现森林永续利用为前提,且林地每年有稳定的收益,按恰当的投资收益率求出林地资产价值的方法。

当林地使用期为无限期时,年金资本化法评估林地可用林地平均年净收益除以投资收益率即可,当使用权为有限期时,林地评估如下。

①林地期望价法。

$$E_n = \left[\frac{A_u + A_a(1+P)^{u-a} + A_b(1+P)^{u-b} + \cdots - \sum_{i=1}^{u} C_i(1+P)^{u-i+1}}{(1+P)^u - 1} - \frac{V}{P} \right] \times \left[1 - \frac{1}{(1+P)^n} \right]$$

$$(10\text{-}26)$$

②年金资本化法。

$$E_n = \frac{A}{P} \times \left[1 - \frac{1}{(1+P)^n} \right] \quad (10\text{-}27)$$

式中：E_n——林地使用权为 n 年的评估值；
    A——年平均收益；
    n——林地使用权期限；
    P——投资收益率。

③林地费用价法。是以取得林地所需要的费用和维持林地到现在状态所需的费用来确定林地价格的方法，其计算公式为：

$$E = CI \times (1 + P)^n + \sum_{i=1}^{n} C_i \times (1 + P)^{n-i+1} \qquad (10\text{-}28)$$

式中：E——林地评估值；
    CI——林地购置费；
    C_i——林地购置后第 i 年的林地改良费；
    n——林地购置年限；
    P——投资收益率。

林地费用价法适用于林地购入后、经改良使之适合于林业用途的林地评估。

任务 10.4 编制森林资源资产评估报告书

任务描述

森林资源报告书是承担评估项目的单位提交给委托方的最终成果，报告书编写内容包括评估目的、程序、标准、依据、方法、结果及其选用条件等基本情况的文字说明，提出对被评估森林资源资产在特定条件下公允市价的专家意见，以及对评估机构履行委托协议的情况进行总结，收集备齐毕业报告附件等的工作过程。

本次任务主要是熟悉评估报告的基本内容和结构，初步学会编写评估报告，从编写报告的过程加深在评估项目操作中应注意的事项。要求完成包含用材林林木或经济林林木、林地评估两个类型以上的资产评估报告。

任务目标

(一)能力目标
1. 能根据评估报告所需材料，收集齐材料。
2. 能单独编写一份评估报告。
3. 能合理安排评估报告正文、附件顺序，正确排版打印，出具预评报告和正式报告。

(二)知识目标
1. 熟悉评估报告正文及相关附件的内容。
2. 熟悉评估报告的格式要求。
3. 通过撰写评估报告加深对评估方法的理解和总结项目经验。

模块三 森林资源管理综合能力运用

 **实践操作**

10.4.1 编制森林资源资产评估报告的过程和重点分析

第一步：了解项目情况和归集相关数据、图表

这一步是对评估项目所有工作的一个资料归集整理，要准确掌握评估项的目的、评估方法、评估基准日等情况，同时把之前做的评估计算过程和结果、评估范围等图表准备好，才能开始写报告。

第二步：撰写评估报告正文

(1) 撰写评估报告书封面

评估报告书的封面是展示给委托方成果的第一页，排版上要求美观、正规、整齐，封面内容一般包括项目名称、报告编号、资产评估机构全称和评估报告提出日期等，有企业标志图标，可以在封面进行展示，部分评估机构设计有固定的评估报告封面，只需要修改评估名称、文号等，封面设计非常成熟。

(2) 撰写评估报告书摘要

评估报告摘要是正文的简单概括，表达评估报告的关键内容，让使用者了解评估的主要信息，摘要与评估报告书正文一样具有同等法律效力，注册资产评估师、评估机构法定代表及评估机构要在摘要后签字盖章和署名提交日期。

(3) 撰写评估报告书正文

评估报告书正文的主要内容包括以下方面。

①首部。正文首部一般包括标题和报告书序号。

②序言。应写明该评估报告委托方全称、受托评估事项及评估工作整体情况。

③委托方与资产占有方简介。应较为详细地分别介绍委托方、资产占有方（两者合一的可作为资产占有方介绍）的情况，主要包括：名称、注册地址及主要经营场所地址、法定代表人、历史情况简介；企业资产、财务、经营状况，行业、地域的特点与地位，以及相关的国家产业政策；须写明委托方和资产占有方之间的隶属关系或经济关系，如无隶属或经济关系，则写明发生评估的原因。如资产占有方为多家企业，须逐一介绍。

④评估目的。应写明本次资产评估是为了满足委托方的何种需要，及其所对应的经济行为类型；须简要、准确说明该经济行为的发生是否经过批准，如已获批准，则应写明已获得的相关经济行为批准文件，含批件名称、批准单位名称、确定日期及文号。

⑤评估范围和对象。须简要写明纳入评估范围的资产在评估前的账面金额及对应的主要资产类型；如纳入评估的资产为多家占有，应说明各自的份额及对应的主要资产类型；须写明纳入评估范围的资产是否与委托评估立项时确定的资产范围一致，如不一致则应说明原因。

⑥评估基准日。要写明评估基准日的具体日期。评估基准日是确认资产、评估价格的基准时间，本项目所选取的评估基准日为一特定会计期间的终止时间，评估基准日的选择要能够全面反映评估对象整体情况，同时评估基准日与拟定的评估目的计划实施日较

接近。

⑦评估原则。写明评估工作过程遵循的各类原则及本次资产评估遵循国家及行业规定的公认原则；对于所遵循的特殊原则，应作适当阐述。

⑧评估依据。在此主要是列举评估项目所用到的评估依据，包括行为依据、法规依据、产权依据和取价依据等，如有关条法、文件及涉及资产评估的有关法律、法规、申请文件、资产权属文件以及取价依据等；对评估项目中所采用的特殊依据应在本节内容中披露。

⑨评估方法。简要说明评估人员在评估过程中所选择并使用的评估方法；简要说明选择评估方法的依据或原因；如对某项资产评估采用一种以上的评估方法，应适当说明原因并说明该资产评估价值确定方法；对于所选择的特殊评估方法，应适当介绍其原理与适用范围。

⑩评估过程。评估过程应反映评估机构自接受评估项目委托起至提交评估报告的工作过程，包括接受委托、资产清查、评定估算、评估汇总、提交报告等过程；

⑪评估结论。评估结论是报告的重要内容，必须表述全面、准确。评估结论应包括评估结果汇总表、评估后各资产占有方的份额和评估机构对评估结果发表的结论；评估机构如对所揭示的评估结果尚有疑义，则应对实际情况充分提示并在评估报告中发表自己的看法，以提示资产评估报告使用者注意；对不纳入评估结果的各类资产，其评估结果应单独表述。

⑫评估报告评估基准日后重大事项。揭示评估基准日之日后发生的重要事项对评估结论的影响；说明所揭示期后事项系评估基准日至评估报告提出日期之间发生的重大事项；说明发生在评估基准日后不能直接使用评估结论的事项。

⑬评估报告法律效力。具体写明评估报告成立的前提条件和假设条件；评估报告的作用依照法律法规的有关规定发生法律效力；评估结论的有效使用期限；使用范围权限和保密要求。

⑭特别事项说明。评估报告中陈述的特别事项是指在已确定评估结果的前提下，评估人员揭示在评估过程中已发现可能影响评估结论，但非评估人员执业水平和能力所能评定估算的有关事项；揭示评估报告使用者应注意特别事项对评估结论的影响；揭示评估人员认为需要说明的其他问题。

⑮评估报告提出日期。写明评估报告提交委托方的具体时间，评估报告原则上应在确定的评估基准日后 3 个月内提出。

⑯尾部。评估报告尾部为评估机构名称并加盖公章，注册资产评估师签字（至少两名）和法人代表和其他主要负责人签字盖章，最后注明评估报告提出日期。

第三步：编制评估明细表及其附件

这部分主要总体概括说明评估结论，应包括6方面内容：①评估结论；②评估结果与调整后账面值比较变动情况及原因；③评估结论成立的条件；④评估结论的瑕疵事项；⑤评估基准日的期后事项说明及对评估结论的影响；⑥评估结论的效力，使用范围与有效期。

第四步：编制资产评估明细表及其附件

资产评估明细表是反映被评估资产评估前后的资产负债明细情况的表格。它是资产评估报告书的组成部分，也是资产评估结果得到认可、评估目的的经济行为实现后作为调整账目的主要依据之一。具体应包括以下内容。

①资产及其负债的名称、发生日期、账面价值、评估价值等。

②反映资产及其负债特征的项目。

③反映评估增减值情况的栏目和备注栏目。

④反映被评估资产会计科目名称、资产占有单位、评估基准日、表号、金额单位、页码内容的资产评估明细表表头。

⑤写明清查人员、评估人员的表尾。

评估明细表设立逐级汇总。资产评估明细表样表包括以下几个层次：资产评估结果汇总表、资产评估结果分类汇总表、各项资产清在评估汇总表及各项资产清查评估明细表。

按现行有关规定，资产评估报告书主要包括资产评估报告书正文、资产评估说明、资产评估明细表及相关附件。

资产评估机构对评定估算结果进行分析确定，撰写评估说明，汇集资产评估工作底稿，形成森林资源资产评估报告书，并提交给委托方。

理论基础

10.4.2 编制森林资源资产评估报告书的理论基础与内容

10.4.2.1 资产评估报告的概念及特点

资产评估报告是指评估机构按照评估工作制度的有关规定，在完成评估工作后向委托方提交的说明评估过程及结果的书面报告。它是按照一定格式和内容来反映评估目的、假设、程序、标准、依据、方法、结果及适用条件等基本情况的报告书。资产评估报告应具备公正性、守法性和规范性。

10.4.2.2 资产评估报告书的作用

资产评估报告书可以为被委托评估的资产提供作价意见，可以反映和体现资产评估工作情况，明确委托方、受托方及有关方面责任，是管理部门监督评估业务开展情况，完善资产评估管理的重要手段，也是建立评估档案的重要来源。

10.4.2.3 森林资源资产评估报告格式要求

(1) 文字表达方面的技能要求

资产评估报告书既是一份对被评估资产价值有咨询性和公正性作用的文书，又是一份用来明确资产评估机构和评估人员工作责任的文字依据，所以它的文字表达技能要求既要清楚、准确，又要提供充分的依据说明，还要全面地叙述整个评估的具体过程。其文字的表达必须准确，不得使用模棱两可的措辞。注册资产评估师应当在评估报告中提供必要信息，使评估报告使用者能够合理理解评估结论。

(2) 格式和内容方面的技能要求

对资产评估报告书格式和内容方面的技能要求，目前应遵循中国资产评估协会颁发的《资产评估执业准则——资产评估报告》。

(3) 评估报告书的复核与反馈

通过对工作底稿、评估说明、评估明细表和报告书正文的文字、格式及内容的复核和反馈，可以使有关错误、遗漏等问题在出具正式报告书之前得以修正。对资产评估报告必须建立起多级复核的制度，明确复核人的职责，防止流于形式的复核。

(4) 撰写报告书注意事项

编制资产评估报告时，需清楚地表达评估结果，并对评估依据进行充分说明，其主要相的是明确评估机构的义务与责任，有效地规避评估风险。资产评估报告书的制作技能除了需要掌握上述3个方面的技术要点外，还应注意以下几个事项：实事求是，切勿出具虚假报告；坚持一致性做法，切勿出现表里不一；内容全面、准确、简练；提交报告书要及时、齐全和保密。

任务 10.5　森林资源资产评估结果的确认与资料归档

任务描述

评估成果出来以后，评估机构和人员要做两方面的事情：一是把评估成果给委托方并得到委托方的确认，以方便委托方使用评估成果办理相关业务；二是评估机构按照资产评估相关规定整理好工作底稿并归档保存。任务结束后，将上一任务完成的评估成果进行评估成果移交并把评估工作资料归档。

任务目标

（一）能力目标
1. 能进行评估成果的移交和验收。
2. 能按照规定科学地整理森林资源资产评估资料并归档。

（二）知识目标
1. 熟悉森林资源资产评估结果确认的程序和方法。
2. 熟悉整理森林资源资产评估资料并归档的内容和方法。

实践操作

10.5.1　森林资源资产评估成果确认和资料归档的过程与要点分析

第一步：森林资源资产评估评估结果审核和成果确认

国有单位委托的评估项目，不管评估对象权属是不是国有，评估结果都要到主管部门备案或者审核(如开评审会),并保留有关档案。属于集体所有的(或部分国有资源)已经承包或转让的森林资源资产评估,需到相关部门(如自然资源局等)进行登记,登记过程主要是提交报告及其佐证材料,经主管部门受理审核,登记森林资源资产评估结果,评估登记的内容一般包括以下内容。

第二步:评估报告提交

评估机构进行资产评估结果审核后,出具正式资产评估报告,提交报告给委托方使用,以及主管部门存档。提交报告要有一个报告书送达回证,主要是证明委托方收到评估成果,送达回证一般形式见表10-3。

表10-3 ××资产评估有限公司评估成果送达回证

委托方					单位或个人		
序号	项目名称	材料清单	报告书编号	数量	送达时间	领取人签名	领取日期
1		资产评估报告书		1	年 月 日		年 月 日
		资产核查报告		1			
		成果电子版及外业调查相片(光盘)		1			
备注							

第三步:评估资料整理

评估资料整理在资产评估职业准则中有专门的行业规定即《资产评估执业准则——资产评估档案》,下面是部分重要的规定:

评估项目全部完成后评估机构应安排评估专业人员应当在资产评估报告日后90日内将工作底稿、资产评估报告及其他相关资料归集形成资产评估档案,并在归档目录中注明文档介质形式。重大或者特殊项目的归档时限为评估结论使用有效期届满后30日内。

工作底稿通常不包括已被取代的工作底稿的草稿或财务报表的草稿、对不全面或初步思考的记录、存在印刷错误或其他错误而作废的文本以及重复的文件记录等。因各种原因造成的评估业务未完成就终止而形成的底稿,报公司总经理决定保存或销毁。

第四步:评估资料立卷归档

评估资料立卷归档之前要仔细检查,发现装订不规则的,在不影响资料完整的情况之下可以进行裁剪、复印等操作,检查是否有金属物等,防止发生意外;发现底稿中有问题如评估人员、项目负责人未签字,归档资料不全,页码混乱等,要及时将档案退回给相关人员,补齐后重新整理、验收。

检查完毕以后,对资产评估档案进行登记、归类立卷,相关表格可参考表10-4和表10-5。

表 10-4　评估档案登记表

委托单位：	
报告文号：	
业务项目：	
工作底稿名称： (管理类、操作类、备查类)	
评估基准日：	保管期限：
本项目共　　册 本册为第　　册	档号：

表 10-5　档案立卷备考表

情况说明：

复合主管		业务主管		经理		项目负责人	
评估人员 组成部分	评估人员						
	注册资产评估师						
	组员						

第五步：评估资料档案保存管理

评估资料保存管理包括保存管理、借阅管理、档案销毁等过程。

保存管理：注意"三防"，防虫防腐烂、防火、防盗工作要做细致，保存要有良好的条件，及时检查，保证保存资料完整。

借阅管理：有关部门借阅评估评估资料，要登记清楚，及时追还。

档案销毁：有关资料保存超过保存期限，一般组织人员将资料粉碎后再做处理，做好保密工作。

资产评估档案自资产评估报告日起保存期限不少于 15 年；属于法定资产评估业务的，不少于 30 年。资产评估档案应当由资产评估机构集中统一管理，不得由原制作人单独分散保存。

理论基础

10.5.2　森林资源资产评估结果确认与资料归档理论的基础与内容

10.5.2.1　森林资源资产评估结果确认

森林资源资产评估结果确认是指评估机构的评估结果或者评估报告送审稿，获得主管部门的核准的过程。

根据评估对象的权属性质，分为国有和集体（企业、个人）所有，评估结果要上报政府机构备案或者企业、个人等相关报告的使用方进行确认，评估成果确认的方法有评审、协商、审核等方式，确认的内容包括：

①评估机构的资质条件，评估项目的程序合法性；
②评估的方法合理性；
③评估价格参数标准；
④评估实物量清单、评估范围的确定情况；
⑤评估项目时间的进度安排情况；
⑥评估成果的资料要求。

评估机构可参考表10-6的样式向主管部门或业主反馈修改意见。

表10-6 委托方意见反馈表

项目名称	
初稿送出日期	
反馈意见：	
针对反馈意见的回复：	
	项目负责人
机构负责人批示：	

填表说明：1. 本表供评估师在提交评估报告前，与委托方就评估报告有关内容进行必要沟通使用。2. 填表内容：(1)反馈意见，应当在不影响评估机构独立性的前提下，就评估项目发表委托方的意见；(2)针对反馈意见的解决方案，注册资产评估师对委托方的合理要求提出处置意见。

评估成果认定后一般评估机构要求业主单位提供下列回执见表10-7和表10-8。

表10-7 评估报告客户意见表

我单位因＿＿＿＿事宜委托＿＿＿＿以＿＿＿＿为评估基准日对＿＿＿＿资产进行评估，现已收到资产评估征求意见稿＿＿＿份。我单位已全面仔细阅读了资产评估报告书及备查文件与评估明细表，评估结果（见下表）客观、公正，备查文件、评估明细表账面数与我单位提供材料的一致。

签字或盖章：＿＿＿＿林业公司
年　　月　　日

表10-8 评估结果汇总简表

资产类型	账面价值		评估值	
	原值	净值	原值	净值
亩林木价值				
亩林地价值				
合计				

国家发展改革委员会、商务部印发《市场准入负面清单(2020年版)》新版清单直接放开"森林资源资产评估项目核准",政府不再对森林资源资产评估项目进行核准(就是评估项目的备案),是否需要进行评估直接由业主根据相关法律法规决定。

10.5.2.2　森林资源资产评估资料归档

森林资源资产评估档案是指资产评估机构开展资产评估业务形成的,反映资产评估程序实施情况、支持评估结论的工作底稿、资产评估报告及其他相关资料。

工作底稿通常分为管理类工作底稿和操作类工作底稿,管理类工作底稿是指在执行资产评估业务过程中,为受理、计划、控制和管理资产评估业务所形成的工作记录及相关资料;操作类工作底稿是指在履行现场调查、收集评估资料和评定估算程序时所形成的工作记录及相关资料。第十条管理类工作底稿通常包括:资产评估业务基本事项的记录;资产评估委托合同;资产评估计划;资产评估业务执行过程中重大问题处理记录;资产评估报告的审核意见。

操作类工作底稿的内容因评估目的、评估对象和评估方法等不同而有所差异,通常包括以下内容。

①现场调查记录与相关资料。通常包括:委托人或者其他相关当事人提供的资料,如资产评估明细表,评估对象的权属证明资料,与评估业务相关的历史、预测、财务、审计等资料,以及相关说明、证明和承诺等;现场勘查记录、书面询问记录、函证记录等;其他相关资料。

②收集的评估资料。通常包括:市场调查及数据分析资料,询价记录,其他专家鉴定及专业人士报告,其他相关资料。

③评定估算过程记录。通常包括:重要参数的选取和形成过程记录,价值分析、计算、判断过程记录,评估结论形成过程记录,与委托人或者其他相关当事人的沟通记录,其他相关资料。

资产评估档案的管理应当严格执行保密制度。除下列情形外,资产评估档案不得对外提供:国家机关依法调阅的;资产评估协会依法依规调阅的;其他依法依规查阅的。

> 自测题

一、名词解释

1.市场价倒算法;2.森林资源资产;3.林地期望价法;4.森林资源资产评估;5.重置成本法;6.森林资源资产评估报告书;7.森林资源资产清单;8.收获现值法。

二、填空题

1. 森林资源资产主要可分为（   ）、（   ）、（   ）、（   ）、（   ）5类。
2. 幼龄林林木资源资产评估中，林分质量调整系数通常由（   ）、（   ）、（   ）综合构成。其中株数调整系数 K，当保存率 $r \geq 85\%$ 时，$K=($ $)$；$r<85\%$ 时，$K=($ $)$。
3. 林地资源资产的评估方法主要有（   ）、（   ）。

三、简答题

1. 怎样确定森林资源资产评估中利率？
2. 评估人员执行森林资源资产评估业务应履行的基本评估程序有哪些？
3. 依据财政部、国家林业局颁布的《森林资源资产评估管理暂行规定》的规定，国有森林资源资产占有单位有哪些经济行为的应当进行评估？
4. 开展森林资源资产评估核查时，用材林资产核查内容主要有哪些？

四、计算题

1. 根据广西有营林场2004年主要技术经济指标，杉木人工林投资，第一年4550元/hm^2，第二年1600元/hm^2，第三年1050元/hm^2，第四年1300元/hm^2。每年管护费用为2元/亩，30年主伐的产量200 m^3/hm^2，出材率65%，其中原木45%，非规格材20%。第10年进行第一次间伐，产非规格材10 m^3/hm^2，扣除成本、税费后，纯收入为600元/hm^2。杉原木价格600元/m^3，生产及销售成本80元/m^3（含生产段利润）；非规格材价格350元/m^3，生产及销售成本80元/m^3，税金费为木材价的20%，利率按4%计算其地价及地租。

2. 某马尾松小班面积为4.6 hm^2。林分年龄为4年，平均高1.7 m，株数2000株/hm^2，要求用重置成本法评估其价值。据调查，该地区评估基准日的第一年造林投资（含林地清理、挖坑造林、幼林抚育）3650元/hm^2，第二和第三年投资为1500元/hm^2，第四年为300元/hm^2，年利率为4%，当地平均水平的林分平均高为1.6 m，造林株数为2500株/hm^2，成活率要求为85%。

参 考 文 献

常庆瑞，蒋平安，周勇，等．遥感技术导论［M］．北京：科学出版社，2004．
党安荣．ERDAS IMAGINE 遥感图像处理方法［M］．北京：清华大学出版社，2003．
邓华锋．森林生态系统经营综述［J］．世界林业研究，1998（4）：9-16．
董建辉．旅游资源开发［M］．北京：电子工业出版社，2009．
傅肃性．遥感专题分析与地学图谱［M］．北京：中国林业出版社，2002．
甘肃省森林资源连续清查第六次复查领导小组办公室．甘肃省森林资源连续清查第六次复查技术操作细则［Z］．兰州：甘肃省林业厅，2011．
郭群，陈亚非．浅谈中国森林可持续经营［J］．中国包装科技博览，2010（6）：185．
国家林业和草原局．2020 年森林督查暨森林资源管理"一张图"年度更新操作细则［Z］．北京：国家林业和草原局，2020．
国家林业和草原局．全国森林资源保护管理监测平台宣传册［Z］．北京：国家林业和草原局，2020．
国家林业和草原局．森林督查暨森林资源管理"一张图"年度更新技术规定（暂行）［Z］．北京：国家林业和草原局，2020．
国家林业局．《国家级公益林区划界定办法》和《国家级公益林管理办法》的通知［Z］．北京：国家林业局，2017．
国家林业局．国家级公益林区划界定办法［Z］．北京：国家林业局，2009．
国家林业局．国家级森林公园总体规划规范：LY/T 2005—2012［S］．北京：中国标准出版社，2005．
国家林业局．国家森林资源连续清查技术规定［Z］．北京：国家林业局，2014．
国家林业局．国家湿地公园管理办法［Z］．北京：国家林业局，2017．
国家林业局．国家湿地公园总体规划导则［Z］．北京：国家林业局，2010．
国家林业局．国有林场森林经营方案编制和实施工作指导意见［Z］．北京：国家林业局，2012．
国家林业局．简明森林经营方案编制技术规程：LY/T 2008—2012［S］．北京：中国标准出版社，2012．
国家林业局．林业基础信息代码编制规范：LY/T 2267—2014［S］．北京：中国标准出版社，2014．
国家林业局．全国林地保护利用规划纲要（2010—2020 年）［Z］．北京：国家林业局，2010．
国家林业局．全国林地变更调查技术方案（试行）［Z］．北京：国家林业局，2015．
国家林业局．全国森林经营规划（2016—2050）［Z］．北京：国家林业局，2016．
国家林业局．森林经营方案编制与实施纲要［Z］．北京：国家林业局，2006．
国家林业局．森林经营方案编制与实施规范：LY/T 2007—2012［S］．北京：中国标准出版社，2012.

国家林业局．森林资源规划设计调查技术规程：GB/T 26424—2010[S]．北京：中国标准出版社，2010.

国家林业局．森林资源规划设计调查主要技术规定[Z]．北京：国家林业局，2003.

国家林业局．森林资源资产评估技术规范：LY/T 2047—2015[S]．北京：中国标准出版社，2015.

国家林业局．湿地公园总体规划导则[Z]．北京：国家林业局，2018.

国家林业局．县级林地保护利用规划编制技术规程：LY/T 1956—2011[S]．北京：中国标准出版社，2011.

国家质量监督检验检疫总局．地理信息分类与编码规则标准：GB/T 25529—2010[S]．北京：中国标准出版社，2010.

韩海荣．森林资源与环境导论[M]．北京：中国林业出版社，2002.

胡中洋，刘锐之，刘萍．建立森林经营规划与森林经营方案编制体系的思考[J]．林业资源管理，2020(3)：11-14，71.

湖北省林业厅．湖北省森林资源规划设计调查操作细则[Z]．武汉：湖北省林业厅，2017.

黄杏元，马劲松，汤勤．地理信息系统概论[M]．北京：高等教育出版社，2002.

江西省林业局．2017年江西省林地变更调查暨森林资源数据更新操作细则[Z]．南昌：江西省林业局，2017.

江西省林业局．江西省森林资源二类调查技术规程（2019年版）[Z]．南昌：江西省林业局，2019.

江西省林业厅．江西省国有林场森林经营方案编制技术要点（试行）[Z]．南昌：江西省林业厅，2016.

井上由夫．森林经理学[M]．陆兆苏，等译．北京：中国林业出版社，1982.

亢新刚．森林经理学[M]．4版．北京：中国林业出版社，2011.

亢新刚．森林资源经营管理[M]．北京：中国林业出版社，2002.

李凤日．森林资源经营管理[M]．沈阳：辽宁大学出版社，2004.

李云平，韩东锋．林业"3S"技术[M]．北京：中国林业出版社，2015.

李志刚，马兴堂．国家森林资源一类连续清查外业操作方法[J]．现代农业科技，2014(20)：157，162.

刘成林，余国宝．森林资源管理概论[M]．北京：中国林业出版社，2001.

刘静．新型森林经营方案编制与实施[J]．林业资源管理，2020，6(3)：6-10.

刘于鹤，林进．加强森林经营 提高森林质量——从编制实施森林经营方案出发[J]．林业经济，2008(7)：6-10.

陆元昌，雷相东，李增元．数字林业信息分类体系与编码研究[J]．林业科技管理，2002(2)：22-27.

陆元昌．近自然森林经营的理论与实践[M]．北京：科学出版社，2006.

梅安新，彭望琭，秦其明，等．遥感导论[M]．北京：高等教育出版社，2001.

孟宪宇．森林资源与环境管理[M]．北京：经济科学出版社，1999.

牟乃夏，刘文宝，王海银，等．ArcGIS10 地理信息系统教程——从初学到精通[M]．北京：测绘出版社，2013．

亓兴兰．林业 GIS 数据处理与应用[M]．北京：中国林业出版社，2018．

秦安臣，白顺江，封新国，等．森林经营管理[M]．北京：中国林业出版社，1998．

全国中等林业学校《森林经理学》编写组．森林经理学[M]．2 版．北京：中国林业出版社，1993．

邵青还．第二次林业革命——"接近自然的林业"在中欧兴起[J]．世界林业研究，1991，4(4)：14-19．

沈焕锋，钟燕飞，王毅，等．ENVI 遥感影像处理方法[M]．武汉：武汉大学出版社，2009．

宋新民，李金良．抽样调查技术[M]．北京：中国林业出版社，2007．

汤国安，杨昕．ArcGIS 地理信息系统空间分析实验教程[M]．2 版．北京：科学出版社，2012．

唐守正．中国林科院森林经理学发展 50 年回顾[N]．中国绿色时报，2008-10-17．

王巨斌．森林经理[M]．北京：高等教育出版社，2002．

王巨斌．森林经理学[M]．北京：中国科学技术出版社，2003．

王巨斌．森林资源管理[M]．北京：高等教育出版社，2017．

王巨斌．森林资源经营管理[M]．北京：中国林业出版社，2006．

邬福肇，等．中华人民共和国森林法释义[M]．北京：法律出版社，1998．

肖兴威．中国森林资源清查[M]．北京：中国林业出版社，2005．

谢阳生，陆元昌，刘宪钊，等．多功能森林经营方案编制技术及案例[M]．北京：中国林业出版社，2019．

徐尚平．森林资源连续清查样地和样木复位技术[J]．安徽农学通报，2013，19(13)：128．

姚昌恬．WTO 与中国林业[M]．北京：中国林业出版社，2002．

于政中．森林经理学[M]．2 版．北京：中国林业出版社，1993．

袁博，邵进达．地理信息系统基础与实践[M]．北京：国防工业出版社，2006．

云南省林业和草原局．云南省森林经营方案编制操作细则（试行）[Z]．昆明：云南林业和草原局，2019．

张会儒．森林经理学研究方法与实践[M]．北京：中国林业出版社，2017．

张力．林业政策与法规[M]．北京：中国林业出版社，2003．

张凌云．旅游景区管理[M]．北京：旅游教育出版社，2009．

赵英时．遥感应用分析原理与方法[M]．2 版．北京：科学出版社，2013．

郑小贤．森林资源经营管理[M]．北京：中国林业出版社，1999．

周天福．森林动物[M]．北京：中国林业出版社，2005．

住房和城乡建设部．国家森林公园设计规范：GB/T 51046—2014[S]．北京：中国标准出版社，2014．